国家自然科学基金资助项目(项目编号:11472139)
江苏高校优势学科建设工程资助项目(PAPD)
南京信息工程大学教材基金资助项目

计算流体力学

陆昌根　沈露予　编著

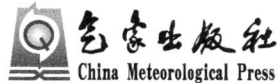

内容简介

本书针对海洋科学学科的特点,总结了作者长期以来从事于计算流体力学的教学和研究工作,重点叙述了计算流体力学(CFD)的基础知识,并精心挑选实例剖析了计算流体力学的重要方法和处理技巧。本书所述所著均穿插实例,详细分析数值计算格式的优劣性。全书尽可能从简单到复杂、从传统型有限差分到紧致型有限差分、从模型方程到不可压缩流体运动的微分方程;层次结构清楚,既具有较强的理论性,又具有很好的可读性和操作性。另外,全书配备一定的例题和习题,典型实例算法附带源程序设计,以便学生自学、练习与参考。

可作为海洋科学专业以及相关专业本科生和硕士生的教学参考用书,也可供气象、海洋、环境和工程力学等专业人员、师生和研究人员参考。

图书在版编目(CIP)数据

计算流体力学 / 陆昌根,沈露予编著. -- 北京：气象出版社,2016.11(2017.5 重印)

ISBN 978-7-5029-6381-1

Ⅰ.①计… Ⅱ.①陆…②沈… Ⅲ.①计算流体力学-高等学校-教材 Ⅳ.①O35

中国版本图书馆 CIP 数据核字(2016)第 196598 号

JISUAN LIUTI LIXUE
计算流体力学

出版发行：气象出版社	
地　　址：北京市海淀区中关村南大街 46 号	邮政编码：100081
电　　话：010-68407112(总编室)　010-68408042(发行部)	
网　　址：http://www.qxcbs.com	E-mail：qxcbs@cma.gov.cn
责任编辑：黄红丽　张　媛	终　　审：邵俊年
责任校对：王丽梅	责任技编：赵相宁
封面设计：博雅思企划	
印　　刷：北京中石油彩色印刷有限责任公司	
开　　本：720 mm×960 mm　1/16	印　　张：12.75
字　　数：305 千字	
版　　次：2016 年 11 月第 1 版	印　　次：2017 年 5 月第 2 次印刷
定　　价：38.00 元	

本书如存在文字不清、漏印以及缺页、倒页、脱页等,请与本社发行部联系调换

前　　言

　　近几十年来,由于高速计算机以及相应的数值计算技术的快速发展,计算流体力学已成为研究流体动力学的另一个新的重要分支,日益受到流体动力学研究者们的高度重视。这是因为流体力学的理论和实验研究都存在着某些不足之处,需要通过数值计算加以补充与完善。地球上的海洋和大气是最常见的自然流体,海洋科学是研究物理海洋动力学的各种自然现象及其演变规律的学科,而计算流体力学是海洋动力学的主要研究手段之一,因此,计算流体力学是海洋科学的一门重要基础课程。目前,国内外已有许多计算流体力学的教科书,但绝大多数的教科书侧重于能源、水利、环境、工程力学以及燃烧等方面的内容,很少考虑到海洋科学专业本身的特点和需求。

　　南京信息工程大学海洋科学学院长期承担海洋科学类不同层次的专业教学任务,一直开设计算流体力学课程。针对现代海洋科学的发展及其现代海洋科学人才培养的需要,在教学过程中不断完善课程框架及教学大纲,结合学校海洋科学类人才培养的特点和教学要求,广泛听取了各方面的意见,编写了《计算流体力学》这本教材,填补了南京信息工程大学海洋科学类计算流体力学教材的空白。

　　全书共 7 章:第 1 章介绍流体力学基本方程和模型方程;第 2 章介绍有限差分的基础概念和理论;第 3 章、第 4 章和第 5 章着重讲解抛物型、椭圆型和双曲型偏微分方程的数值计算方法,针对不同有限差分格式的稳定性、收敛性和相容性分别进行讨论,并通过典型实例验证不同格式所具有的优劣性;第 6 章重点讲述高精度、高分辨紧致有限差分格式;第 7 章重点描述直接数值模拟不可压缩流体纳维—斯托克斯方程的计算方法,并针对经典驱动方腔流动详细地验证了数值模拟方法的可靠性与正确性。另外,附录给出了具有代表性算例计算的程序设计,以便学生学习时参考。

　　本书重点强调计算流体力学的理论、基本概念和方法,突出海洋科学学科的特点,加强计算流体力学与专业课程之间的衔接;在这本教材的主要章节中均穿插实例,突显数值计算格式的优劣性,具有很强的可读性。为避免教材内容过于抽象化,精心筛选了一些例题、习题以及典型算例的源程序设计,以便学生自学和练习时参考。

　　本书可作为海洋科学专业及相关专业学生的教学参考用书,也可为从事于水利、环境、气象、航空航天、海洋、能源、化工等相关部门的专业人员、师生和研究人员参考。

　　作者感谢教务处和海洋学院的领导以及同事们对本书的关心和支持。感谢戚琴娟女士对全书资料的收集、整理及文字润色等。特别要感谢国家自然科学基金委对作者在计算方法等方面的支持(项目编号:11472139),以及江苏高校优势学科建设工程资助项目(PAPD)和南京信息工程大学教材基金资助项目的大力支持。另外,还要感谢赵玲惠和曹卫东对本书所做的工作。

由于作者水平有限,错误和不足在所难免,欢迎读者和各方面的专家学者提出宝贵意见。

编 者

2016 年 9 月于南京信息工程大学

目　　录

前　言

第 1 章　流体力学的基本方程 ……………………………………………（ 1 ）
　1.1　流体运动的微分方程 …………………………………………………（ 1 ）
　1.2　偏微分方程的分类 ……………………………………………………（ 4 ）
　1.3　模型方程 ………………………………………………………………（ 9 ）

第 2 章　有限差分的基本概念与基础知识 ………………………………（15）
　2.1　有限差分方程 …………………………………………………………（15）
　2.2　有限差分方程的收敛性、相容性和稳定性 …………………………（21）
　2.3　有限差分方程的稳定性分析 …………………………………………（25）

第 3 章　抛物型方程的有限差分方法 ……………………………………（36）
　3.1　一维抛物型方程的有限差分格式 ……………………………………（36）
　3.2　二维抛物型方程的有限差分格式 ……………………………………（47）
　3.3　三维抛物型方程有限差分格式 ………………………………………（53）
　本章习题 ……………………………………………………………………（55）

第 4 章　椭圆型方程的有限差分方法 ……………………………………（57）
　4.1　椭圆型方程的有限差分格式 …………………………………………（57）
　4.2　比较不同迭代法在求解椭圆型有限差分方程中的作用 ……………（59）
　本章习题 ……………………………………………………………………（64）

第 5 章　双曲型方程的有限差分方法 ……………………………………（65）
　5.1　线性双曲型方程的有限差分格式 ……………………………………（65）
　5.2　非线性双曲型方程的有限差分格式 …………………………………（81）
　5.3　TVD 的有限差分格式 …………………………………………………（98）
　5.4　其他类型的有限差分格式 ……………………………………………（109）
　本章习题 ……………………………………………………………………（112）

第 6 章　紧致型有限差分方法 ……………………………………………（114）
　6.1　高精度有限差分格式 …………………………………………………（114）
　6.2　双曲型方程的紧致有限差分方法 ……………………………………（123）
　6.3　抛物型方程的紧致有限差分方法 ……………………………………（127）
　6.4　椭圆型方程的紧致有限差分方法 ……………………………………（129）

  本章习题……………………………………………………………………………（135）
第 7 章 不可压缩流体运动的直接数值模拟 ……………………………（136）
  7.1 经典有限差分格式的数值方法 ………………………………………（137）
  7.2 混合显—隐相结合的数值方法 ………………………………………（139）
  7.3 显式格式的数值方法 …………………………………………………（148）
  7.4 经典算例数值结果的比较与分析 ……………………………………（154）
参考文献 ……………………………………………………………………………（161）
附录 …………………………………………………………………………………（164）
  附录 I FTCS 格式和 Crank-Nicolson 格式求解抛物型方程源程序设计 …（164）
  附录 II Gauss-Seidel 格式求解椭圆型方程源程序设计 ………………（168）
  附录 III 一阶迎风格式求解线性双曲型方程源程序设计……………（173）
  附录 IV 一阶迎风格式求解非线性双曲型方程源程序设计…………（176）
  附录 V Harten-Yee 迎风 TVD 格式求解非线性双曲型方程源程序设计 …（178）
  附录 VI 附录 I～V 程序所用到的通用子程序………………………（182）
  附录 VII 经典有限差分格式计算不可压二维 Navier-Stokes 方程源程序设计 …（184）

第 1 章 流体力学的基本方程

计算流体力学是依据流体力学的基本方程以及初始条件和边界条件,用最有效的数值计算方法进行求解,获得整个流场的信息。基本方程依据描述流体运动规律的质量守恒定律、动量守恒定律和能量守恒定律,推导出流体运动的连续性方程、动量方程以及能量方程。

1.1 流体运动的微分方程

根据质量守恒定律、动量守恒定律、能量守恒定律以及黏性规律,推导建立了流体运动的连续性方程、运动微分方程、能量方程以及应力张量和变形速度张量之间的关系,这些方程以及关系式再加上状态方程,便组成了流体动力学的运动方程组。

下面我们给出具体微分形式流体动力学的运动方程的矢量表达式:

(1) 连续性方程的矢量表达式

$$\frac{\partial \rho}{\partial t} + \mathrm{div}(\rho \boldsymbol{V}) = 0 \qquad (1.1\mathrm{a})$$

(2) 运动微分方程的矢量表达式

$$\rho \frac{\mathrm{d}\boldsymbol{V}}{\mathrm{d}t} = \rho \boldsymbol{F} + \mathrm{div}\boldsymbol{P} \qquad (1.1\mathrm{b})$$

(3) 能量方程的表达式

$$\rho \frac{\mathrm{d}U}{\mathrm{d}t} = \boldsymbol{P} \cdot \boldsymbol{S} + \mathrm{div}(\lambda \mathrm{grad}\ T) + \rho q \qquad (1.1\mathrm{c})$$

(4) 应力张量和变形速度张量之间的关系

Stokes 依据弹性力学中的虎克定律,假设流体运动中的应变率与应力之间存在着线性关系,并作了如下三个假设:

① 应力与应变率之间存在线性关系;

② 流体是各向同性的,也就是说流体的性质与方向无关;

③ 当流体静止时,即应变率张量为零时,流体中的应力就是流体的静压力。

根据 Stokes 的三个假设,可导出应力张量和变形速度张量之间的关系如下

$$\boldsymbol{P} = -\left(p + \frac{2}{3}\mu \mathrm{div}\ \boldsymbol{V}\right)\boldsymbol{I} + 2\mu \boldsymbol{S} \qquad (1.1\mathrm{d})$$

(5) 状态方程

$$p = f(\rho, T) \qquad (1.1\mathrm{e})$$

在上述方程中，V 为速度场，且 $V=\{u,v,w\}^{\mathrm{T}}$；p 为压力；ρ 为密度；F 为单位质量力；μ 为流体的动力黏性系数；λ 为热传导系数；T 为温度；q 为单位质量热流入量；U 为单位质量内能总量；div 为散度算子；grad 为梯度算子；P 为应力张量；S 为变形速度张量；I 为单位张量。

1.1.1 不可压缩流体运动的微分方程

不可压缩流体运动的无量纲连续性方程

$$\frac{\partial u}{\partial x}+\frac{\partial v}{\partial y}+\frac{\partial w}{\partial z}=0 \tag{1.2a}$$

或矢量式的无量纲连续性方程

$$\nabla \cdot V = 0 \tag{1.2b}$$

在不考虑外力作用下，不可压缩流体的无量纲运动微分方程也可称为纳维—斯托克斯方程（Navier-Stokes 方程，简称 N—S 方程）

$$\frac{\partial u}{\partial t}+u\frac{\partial u}{\partial x}+v\frac{\partial u}{\partial y}+w\frac{\partial u}{\partial z}=-\frac{\partial p}{\partial x}+\frac{1}{Re}\left(\frac{\partial^2 u}{\partial x^2}+\frac{\partial^2 u}{\partial y^2}+\frac{\partial^2 u}{\partial z^2}\right) \tag{1.3a}$$

$$\frac{\partial v}{\partial t}+u\frac{\partial v}{\partial x}+v\frac{\partial v}{\partial y}+w\frac{\partial v}{\partial z}=-\frac{\partial p}{\partial y}+\frac{1}{Re}\left(\frac{\partial^2 v}{\partial x^2}+\frac{\partial^2 v}{\partial y^2}+\frac{\partial^2 v}{\partial z^2}\right) \tag{1.3b}$$

$$\frac{\partial w}{\partial t}+u\frac{\partial w}{\partial x}+v\frac{\partial w}{\partial y}+w\frac{\partial w}{\partial z}=-\frac{\partial p}{\partial z}+\frac{1}{Re}\left(\frac{\partial^2 w}{\partial x^2}+\frac{\partial^2 w}{\partial y^2}+\frac{\partial^2 w}{\partial z^2}\right) \tag{1.3c}$$

矢量式的无量纲运动微分方程

$$\frac{\mathrm{d}V}{\mathrm{d}t}=-\nabla p+\frac{1}{Re}\nabla^2 V \tag{1.3d}$$

在上述基本方程中，V 为速度场，且 $V=\{u,v,w\}^{\mathrm{T}}$；p 为压力；$\nabla=\left\{\frac{\partial}{\partial x},\frac{\partial}{\partial y},\frac{\partial}{\partial z}\right\}$；$\nabla^2=\frac{\partial^2}{\partial x^2}+\frac{\partial^2}{\partial y^2}+\frac{\partial^2}{\partial z^2}$；$Re$ 为雷诺数，即 $Re=\frac{U_\infty l}{\upsilon}$，且 U_∞ 为无穷远来流速度，l 为特征尺度，υ 为流体的运动黏性系数。对上述基本方程进行数值求解，可获得不可压缩流体运动的速度场和压力场，从而获得整个流体运动的全部流场信息。

在推导上述基本方程时，作了以下六个假设：

①流体是连续介质，流动的特征物理参数是空间变量和时间变量的连续函数，因而某物理问题可用数学分析中的方法进行求解和分析；

②流体是各向同性的牛顿流体，也就是说流体的性质与方向无关。因此，无论坐标系如何选取，流体运动中的应力与应变率的关系都是相同的；

③流体保持热力平衡，并且任何流体微元包含足够大量的流体分子，根据分子运动论得到的统计平衡规律可以应用；

④流体在运动过程中，没有考虑外力的作用。若考虑质量力作用，只需在流体运

动微分方程中,添加相应的单位质量力,即 $\boldsymbol{F}=\{F_x,F_y,F_z\}^{\mathrm{T}}$;

⑤上述流体运动的微分方程仅适合于不可压缩流体;

⑥方程(1.2)和(1.3)式仅适用于惯性坐标系,而连续性方程(1.2)式则与所选取的坐标系无关。如果选取的坐标系是非惯性坐标系,则方程(1.3)式中还必须包括相应的惯性力。

当上述假设不成立时(例如非牛顿流体),则本章所建立的基本方程将不再适用。

1.1.2 黏性流体运动的初始条件和边界条件

为了获取真实流体运动的流场,不仅要建立一组封闭的基本方程组,而且还必须给出适定的初始条件和边界条件。

(1) 初始条件

对于非定常流动的流体问题,给出初始时刻($t=t_0$)时流场中各相关参数的分布,称为初始条件问题。数学表达式为

当 $t=t_0$ 时,

$$\boldsymbol{V}(x,y,z,t_0) = \boldsymbol{V}_0(x,y,z) \text{ 或 } \begin{Bmatrix} u(x,y,z,t_0) \\ v(x,y,z,t_0) \\ w(x,y,z,t_0) \end{Bmatrix} = \begin{Bmatrix} u_0(x,y,z) \\ v_0(x,y,z) \\ w_0(x,y,z) \end{Bmatrix}$$

$$p(x,y,z,t_0) = p_0(x,y,z)$$

式中 $\boldsymbol{V}_0$ 和 p_0 为已知函数。

(2) 边界条件

物理问题的理论解在流体运动的边界上,应该满足一定的条件,则称它为边界条件。边界条件的形式多种多样,通常情况下需要根据具体流体运动状态的不同边界问题加以决定,下面我们对于常用的几种边界条件分别加以讨论。

①静止固体壁面

假设固体壁面是光滑的、不可渗透的,则在一般情况下,流体在固体壁面上没有相对滑动,即无滑移运动,所以在固体壁面上的法向和切向速度均等于零。

数学表达式为

$$V_n = 0, V_\tau = 0$$

或改写成合成速度的表达式

$$\boldsymbol{V} = 0$$

②运动固体壁面

假设固体壁面是光滑的、不可渗透的,则在一般情况下,流体在固体壁面上没有相对滑动,所以在固体壁上流体质点的速度和固壁点上的速度相等。

数学表达式为

$$\boldsymbol{V}_F = \boldsymbol{V}_S$$

注:在这里下标 F 表示流体的物理量,下标 S 表示固体壁面上的物理量。

③两种流体(如液体)分界面上

由分子运动论和实验结果验证可知,在两种流体(如液体)分界面的两侧速度、压力和摩擦力均相等。

数学表达式为

$$\boldsymbol{V}_1 = \boldsymbol{V}_2; p_1 = p_2; \tau_1 = \tau_2$$

或

$$\mu_1\left(\frac{\partial V}{\partial n}\right)_1 = \mu_2\left(\frac{\partial V}{\partial n}\right)_2$$

注:在这里下标 1 和 2 分别表示两种流体分界面两侧的一种流体(如液体)和另一种流体(如液体),n 表示分界面垂直方向的坐标。

④液体与气体分界面上

一般来说,液体与气体分界面上的边界条件和两种流体(如液体)分界面上的条件相同。最常见的是液体与气体的分界面,例如水和空气的分界面,通常称作为自由表面。在水的自由表面上,由运动学的边界条件可知,水在平均自由面的垂直方向上的速度必须等于自由表面的垂直波动速度。如果忽略水的表面张力,在自由表面上,水的压力等于当地大气压。

⑤入流和出流的边界条件

在有些情况下,需要给出入流、出流断面上的速度 V 和 p 的分布,这就是入流、出流边界条件。

1.2 偏微分方程的分类

偏微分方程的数值求解方法取决于偏微分方程的类型。因此,不同类型的偏微分方程对应着不同的数值解法,求解时所需要的初值条件和边值条件也不尽相同。

下面以一个二阶线性偏微分方程为例子,简单说明偏微分方程是如何分类的。

$$a_{11}\frac{\partial^2 \Phi}{\partial x^2} + 2a_{12}\frac{\partial^2 \Phi}{\partial x \partial y} + a_{22}\frac{\partial^2 \Phi}{\partial y^2} + a_1\frac{\partial \Phi}{\partial x} + b_1\frac{\partial \Phi}{\partial y} + c\Phi + f = 0 \quad (1.4)$$

式中 $a_{11}, a_{12}, a_{22}, a_1, b_1, c$ 及 f 是与 Φ 无关的函数,它们都是 (x, y) 的已知函数,且 a_{11}, a_{12} 及 a_{22} 不全为零。

我们设想把方程(1.4)式,能否通过自变量的换元法,使方程变成更简单一些,主要是指二阶偏导数形式上的简化,即通过自变量的非奇异变换,化简二阶偏导数项。同时,用方程在这种变换下保持不变的性质对方程进行数学上的分类。这种想法也是比较自然的,就好像二次曲线的化简与分类一样;事实上,这二者确有很多相似的地方,后面我们将获得椭圆型、抛物型、双曲型方程的名称也由此而来。

作自变量非奇异变换
$$\begin{cases} \xi = \xi(x,y) \\ \eta = \eta(x,y) \end{cases}$$

这样,我们可得到关于自变量$(\xi,\eta)^{\mathrm{T}}$的新方程,我们的目的是选取适当的ξ和η,使新方程的二阶偏导数项具有最简单的表达形式。首先,求出函数Φ对自变量的偏导数(为简单起见,将未知函数Φ作为新的自变量ξ和η的函数,这里仍记为$\Phi(\xi,\eta)$),有

$$\frac{\partial \Phi}{\partial x} = \frac{\partial \Phi}{\partial \xi}\frac{\partial \xi}{\partial x} + \frac{\partial \Phi}{\partial \eta}\frac{\partial \eta}{\partial x}; \quad \frac{\partial \Phi}{\partial y} = \frac{\partial \Phi}{\partial \xi}\frac{\partial \xi}{\partial y} + \frac{\partial \Phi}{\partial \eta}\frac{\partial \eta}{\partial y}$$

$$\frac{\partial^2 \Phi}{\partial x^2} = \frac{\partial^2 \Phi}{\partial \xi^2}\left(\frac{\partial \xi}{\partial x}\right)^2 + 2\frac{\partial^2 \Phi}{\partial \xi \partial \eta}\frac{\partial \xi}{\partial x}\frac{\partial \eta}{\partial x} + \frac{\partial^2 \Phi}{\partial \eta^2}\left(\frac{\partial \eta}{\partial x}\right)^2 + \frac{\partial \Phi}{\partial \xi}\frac{\partial^2 \xi}{\partial x^2} + \frac{\partial \Phi}{\partial \eta}\frac{\partial^2 \eta}{\partial x^2}$$

$$\frac{\partial^2 \Phi}{\partial x \partial y} = \frac{\partial^2 \Phi}{\partial \xi^2}\left(\frac{\partial \xi}{\partial x}\frac{\partial \xi}{\partial y}\right) + \frac{\partial^2 \Phi}{\partial \xi \partial \eta}\left(\frac{\partial \xi}{\partial x}\frac{\partial \eta}{\partial y} + \frac{\partial \eta}{\partial x}\frac{\partial \xi}{\partial y}\right) + \frac{\partial^2 \Phi}{\partial \eta^2}\left(\frac{\partial \eta}{\partial x}\frac{\partial \eta}{\partial y}\right) + \frac{\partial \Phi}{\partial \xi}\frac{\partial^2 \xi}{\partial x \partial y} + \frac{\partial \Phi}{\partial \eta}\frac{\partial^2 \eta}{\partial x \partial y}$$

$$\frac{\partial^2 \Phi}{\partial y^2} = \frac{\partial^2 \Phi}{\partial \xi^2}\left(\frac{\partial \xi}{\partial y}\right)^2 + 2\frac{\partial^2 \Phi}{\partial \xi \partial \eta}\frac{\partial \xi}{\partial y}\frac{\partial \eta}{\partial y} + \frac{\partial^2 \Phi}{\partial \eta^2}\left(\frac{\partial \eta}{\partial y}\right)^2 + \frac{\partial \Phi}{\partial \xi}\frac{\partial^2 \xi}{\partial y^2} + \frac{\partial \Phi}{\partial \eta}\frac{\partial^2 \eta}{\partial y^2}$$

将上述表达式,代入到原方程(1.4)式中,有

$$A_{11}\frac{\partial^2 \Phi}{\partial \xi^2} + 2A_{12}\frac{\partial^2 \Phi}{\partial \xi \partial \eta} + A_{22}\frac{\partial^2 \Phi}{\partial \eta^2} + A_1\frac{\partial \Phi}{\partial \xi} + B_1\frac{\partial \Phi}{\partial \eta} + C\Phi + F = 0$$

式中

$$\begin{cases} A_{11} = a_{11}\left(\frac{\partial \xi}{\partial x}\right)^2 + 2a_{12}\frac{\partial \xi}{\partial x}\frac{\partial \xi}{\partial y} + a_{22}\left(\frac{\partial \xi}{\partial y}\right)^2 \\ A_{12} = a_{11}\frac{\partial \xi}{\partial x}\frac{\partial \eta}{\partial x} + a_{12}\left(\frac{\partial \xi}{\partial x}\frac{\partial \eta}{\partial y} + \frac{\partial \xi}{\partial y}\frac{\partial \eta}{\partial x}\right) + a_{22}\frac{\partial \xi}{\partial y}\frac{\partial \eta}{\partial y} \\ A_{22} = a_{11}\left(\frac{\partial \eta}{\partial x}\right)^2 + 2a_{12}\frac{\partial \eta}{\partial x}\frac{\partial \eta}{\partial y} + a_{22}\left(\frac{\partial \eta}{\partial y}\right)^2 \end{cases} \quad (1.5)$$

$$A_1 = a_{11}\frac{\partial^2 \xi}{\partial x^2} + 2a_{12}\frac{\partial^2 \xi}{\partial x \partial y} + a_{22}\frac{\partial^2 \xi}{\partial y^2} + a_1\frac{\partial \xi}{\partial x} + b_1\frac{\partial \xi}{\partial y}$$

$$B_1 = a_{11}\frac{\partial^2 \eta}{\partial x^2} + 2a_{12}\frac{\partial^2 \eta}{\partial x \partial y} + a_{22}\frac{\partial^2 \eta}{\partial y^2} + a_1\frac{\partial \eta}{\partial x} + b_1\frac{\partial \eta}{\partial y}$$

$$C = c$$
$$F = f$$

由(1.5)式可表示为矩阵表达式

$$\begin{bmatrix} A_{11} & A_{12} \\ A_{21} & A_{22} \end{bmatrix} = \begin{bmatrix} \frac{\partial \xi}{\partial x} & \frac{\partial \xi}{\partial y} \\ \frac{\partial \eta}{\partial x} & \frac{\partial \eta}{\partial y} \end{bmatrix} \begin{bmatrix} a_{11} & a_{12} \\ a_{21} & a_{22} \end{bmatrix} \begin{bmatrix} \frac{\partial \xi}{\partial x} & \frac{\partial \xi}{\partial y} \\ \frac{\partial \eta}{\partial x} & \frac{\partial \eta}{\partial y} \end{bmatrix}^{\mathrm{T}} \quad (1.6)$$

式中$A_{12} = A_{21}, a_{12} = a_{21}$。

由此可知,在自变量变换下的原方程和新方程中,分别由二阶偏导数项系数组成

的对称矩阵是合同的,其变换矩阵是自变量变换的雅可比(Jacobi)矩阵

$$\frac{\partial(\xi,\eta)}{\partial(x,y)} = \begin{bmatrix} \dfrac{\partial\xi}{\partial x} & \dfrac{\partial\xi}{\partial y} \\ \dfrac{\partial\eta}{\partial x} & \dfrac{\partial\eta}{\partial y} \end{bmatrix}$$

因为变换是非奇异的,即 Jacobi 矩阵的行列式不为零。所以,可以根据方程的二阶偏导数项系数组成的对称矩阵 $(a_{ij})_{2\times 2}$ 在非奇异合同变换下不变的性质对方程进行完全的分类,再等价地根据二次型 $Q(\lambda) = \sum\limits_{i=1}^{2}\sum\limits_{j=1}^{2}a_{ij}\lambda_i\lambda_j$ 在非奇异线性变换下不变的性质来进行分类。在只有两个自变量的情况下,只要根据 $(a_{ij})_{2\times 2}$ 的行列式的符号就可以分类。同时,所谓方程得到某种简化或化为某种标准形式,这不过是使 $(A_{ij})_{2\times 2}$ 简单一些或为某种标准形式。

引入记号

$$\Delta = -\begin{vmatrix} a_{11} & a_{12} \\ a_{21} & a_{22} \end{vmatrix} = a_{12}^2 - a_{11}a_{22}$$

① 若在点 (x,y) 处,$\Delta > 0$,称方程(1.4)式在点 (x,y) 为双曲型;
② 若在点 (x,y) 处,$\Delta = 0$,称方程(1.4)式在点 (x,y) 为抛物型;
③ 若在点 (x,y) 处,$\Delta < 0$,称方程(1.4)式在点 (x,y) 为椭圆型。

由(1.6)式知,方程的类型在自变量的非奇异变换下是保持不变的。

显然,当 $a_{11} = a_{22} = 0, a_{12} \neq 0$ 时,或 $a_{12} = 0, a_{11}a_{22} < 0$ 时,方程(1.4)式是属于双曲型的;当 $a_{11} = 0, a_{12} = 0, a_{22} \neq 0$ 时,或 $a_{11} \neq 0, a_{12} = 0, a_{22} = 0$ 时,方程(1.4)式是属于抛物型的;当 $a_{12} = 0, a_{11}a_{22} > 0$ 时,方程(1.4)式是属于椭圆型的。

现在的问题是能否把一般情况下的二阶线性方程根据不同类型的区域,找到适当的自变量变换使方程变为这些特殊的或更简单的标准形式。

根据(1.5)式,若能选取 $\xi(x,y), \eta(x,y)$ 为一阶偏微分方程

$$a_{11}\left(\frac{\partial\Psi}{\partial x}\right)^2 + 2a_{12}\frac{\partial\Psi}{\partial x}\frac{\partial\Psi}{\partial y} + a_{22}\left(\frac{\partial\Psi}{\partial y}\right)^2 = 0 \qquad (1.7)$$

的解,则必有

$$a_{11} = a_{22} = 0, a_{12} \neq 0$$

这是可以做到的,我们可以引入一个基本定理。

定理 设函数 $\Psi(x,y)$ 满足隐函数存在定理中的条件,则 $\Psi(x,y)$ 是方程(1.7)式的解的充分必要条件是 $\Psi(x,y) = c$ 是一阶常微分方程

$$a_{11}(\mathrm{d}y)^2 - 2a_{12}\mathrm{d}x\mathrm{d}y + a_{22}(\mathrm{d}x)^2 = 0 \qquad (1.8)$$

的通积分。

证 设 $\Psi(x,y)$ 是方程(1.8)式的解,即

$$a_{11}(\Psi_x)^2 - 2a_{12}\Psi_x\Psi_y + a_{22}(\Psi_y)^2 = 0$$

或
$$a_{11}\left(-\frac{\Psi_x}{\Psi_y}\right)^2 - 2a_{12}\left(-\frac{\Psi_x}{\Psi_y}\right) + a_{22} = 0$$

由方程 $\Psi(x,y)=c$ 所确定的函数,设为 $y=f(x,c)$,则有
$$\frac{\mathrm{d}y}{\mathrm{d}x} = -\frac{\Psi_x}{\Psi_y}\bigg|_{y=f(x,c)}$$

故
$$a_{11}\left(\frac{\mathrm{d}y}{\mathrm{d}x}\right)^2 - 2a_{12}\left(\frac{\mathrm{d}y}{\mathrm{d}x}\right) + a_{22} = 0$$

将上式两边同乘以 $(\mathrm{d}x)^2$,即可获得方程(1.8)式。这证明了必要性。其充分性也可类似证明。定理证毕。

通常我们把常微分方程(1.8)式分解成两个方程
$$\begin{cases} \dfrac{\mathrm{d}y}{\mathrm{d}x} = \dfrac{a_{12} + \sqrt{a_{12}^2 - a_{11}a_{22}}}{a_{11}} \\ \dfrac{\mathrm{d}y}{\mathrm{d}x} = \dfrac{a_{12} - \sqrt{a_{12}^2 - a_{11}a_{22}}}{a_{11}} \end{cases} \quad (1.9)$$

我们把常微分方程(1.8)式或(1.9)式称为二阶线性偏微分方程(1.4)式的特征微分方程,特征微分方程的积分曲线称为(1.4)式的特征曲线。

下面我们就方程(1.4)式,依据 $\Delta = a_{12}^2 - a_{11}a_{22}$ 符号的不同情况,来分别讨论它的三种类型的标准形式及其对应的自变量变换情况。

(1)若在区域 G 内,$\Delta = 0$,即在 G 内方程(1.4)式是抛物型的,这时特征微分方程(1.9)式只有一个(相同的两个)一阶常微分方程,并由此可求得一族特征曲线,设为 $\Psi(x,y)=c_1$,作代换
$$\begin{cases} \xi = \Psi(x,y) \\ \eta = \varphi(x,y) \end{cases}$$

这里 $\varphi(x,y)$ 是任一函数,使得 $\left|\dfrac{\partial(\xi,\eta)}{\partial(x,y)}\right| \neq 0$,则必有 $A_{11}=A_{12}=0$,且 $A_{22}\neq 0$,方程(1.4)式变为
$$A_{22}\frac{\partial^2 \Phi}{\partial \eta^2} + A_1\frac{\partial \Phi}{\partial \xi} + B_1\frac{\partial \Phi}{\partial \eta} + C\Phi + F = 0$$

除以 A_{22},可得
$$\frac{\partial^2 \Phi}{\partial \eta^2} + A_2\frac{\partial \Phi}{\partial \xi} + B_2\frac{\partial \Phi}{\partial \eta} + C_2\Phi + F_2 = 0$$

称上式为抛物型方程的标准形式。

(2)若在区域 G 内,$\Delta < 0$,即在 G 内方程(1.4)式是椭圆型的,这时特征微分方程(1.9)式无实轴的特征曲线,但有一对复的特征曲线族,设为 $\Psi(x,y)=c_1$,$\Psi^*(x,y)=c_2$

这里 $\Psi^*(x,y)$ 是 $\Psi(x,y)$ 的共轭,若作代换

$$\begin{cases} \xi = \Psi(x,y) \\ \eta = \Psi^*(x,y) \end{cases}$$

可得与下面第二种双曲型标准形式一样的表达式,但要注意此时 ξ 和 η 是复变数。

下面我们作变换

$$\begin{cases} \xi = \alpha + \mathrm{I}\beta \\ \eta = \alpha - \mathrm{I}\beta \end{cases}$$

上式也可转变为下列表达式

$$\begin{cases} \alpha = \dfrac{1}{2}(\xi+\eta) = \mathrm{Re}\,\xi \\ \beta = \dfrac{1}{2\mathrm{I}}(\xi-\eta) = \mathrm{Im}\,\xi \end{cases}$$

在上述表达式中 $\mathrm{I}=\sqrt{-1}$。若记 $\Psi(x,y)=\Psi_1(x,y)+\Psi_2(x,y)$,有

$$\begin{cases} \alpha = \Psi_1(x,y) \\ \beta = \Psi_2(x,y) \end{cases}$$

在此变换下(这里的 α,β 均为实变数),可推得下列式子成立,数学表达式为

$$A_{11}(\alpha,\beta) = A_{22}(\alpha,\beta) \neq 0$$
$$A_{12}(\alpha,\beta) = 0$$

这样方程(1.4)式可变为

$$A_{11}\frac{\partial^2 \Phi}{\partial \alpha^2} + A_{22}\frac{\partial^2 \Phi}{\partial \beta^2} + A_1\frac{\partial \Phi}{\partial \alpha} + B_1\frac{\partial \Phi}{\partial \beta} + C\Phi + F = 0$$

除以 A_{11},可得下式

$$\frac{\partial^2 \Phi}{\partial \alpha^2} + \frac{\partial^2 \Phi}{\partial \beta^2} + A_2\frac{\partial \Phi}{\partial \alpha} + B_2\frac{\partial \Phi}{\partial \beta} + C_2\Phi + F_2 = 0$$

称上式为椭圆型方程的标准形式。

(3)若在区域 G 内,$\Delta>0$,即在 G 内方程(1.4)式是双曲型的,这时特征微分方程(1.9)式为两个不相同一阶常微分方程,由此可求得两族的不同特征曲线。设为 $\Psi_1(x,y)=c_1,\Psi_2(x,y)=c_2$,作代换

$$\begin{cases} \xi = \Psi_1(x,y) \\ \eta = \Psi_2(x,y) \end{cases}$$

则必有 $A_{11}=A_{22}=0$,且 $A_{12}\neq 0$,方程(1.4)式变为

$$2A_{12}\frac{\partial^2 \Phi}{\partial \xi \partial \eta} + A_1\frac{\partial \Phi}{\partial \xi} + B_1\frac{\partial \Phi}{\partial \eta} + C\Phi + F = 0$$

除以 $2A_{12}$,可得

$$\frac{\partial^2 \Phi}{\partial \xi \partial \eta} + A_2\frac{\partial \Phi}{\partial \xi} + B_2\frac{\partial \Phi}{\partial \eta} + C_2\Phi + F_2 = 0$$

称上式为双曲型方程的第二种标准形式。

如果再作变换

$$\begin{cases} \xi = \dfrac{1}{2}(s+t) \\ \eta = \dfrac{1}{2}(s-t) \end{cases}, 即 \begin{cases} s = \xi + \eta \\ t = \xi - \eta \end{cases}$$

则得

$$\frac{\partial^2 \Phi}{\partial s^2} - \frac{\partial^2 \Phi}{\partial t^2} + A_3 \frac{\partial \Phi}{\partial s} + B_3 \frac{\partial \Phi}{\partial t} + C_3 \Phi + F_3 = 0$$

并称上式为双曲型方程的第一种标准形式,或简称为标准形式。

1.3 模型方程

1.3.1 扩散型方程

一般扩散型方程为

$$\frac{\partial u}{\partial t} + f \frac{\partial u}{\partial x} = \mu \frac{\partial^2 u}{\partial x^2}, 且\ f = f(t,x,u), \mu = 常数 > 0 \tag{1.10}$$

(1)当 $f=c$ 时,得线性对流扩散方程,它既具有双曲型方程性质,又具有抛物型方程的特征;即兼有波动性和扩散性的特征,描述了物理问题中对流和扩散的综合过程。

$$\frac{\partial u}{\partial t} + c \frac{\partial u}{\partial x} = \mu \frac{\partial^2 u}{\partial x^2}, c = 常数, \mu = 常数 > 0 \tag{1.11}$$

定义域:$-\infty < x < \infty, t \geqslant 0$
初始条件:$u(x,0) = \varphi(x)$

在这里,用 $U(\alpha,t)$ 和 $\phi(\alpha)$ 分别表示函数 $u(x,t)$ 和 $\varphi(x)$ 关于 x 的傅里叶(Fourier)变换。对上述方程和初始条件两边关于 x 作傅里叶变换,得到一个以 α 为参数的常微分方程初值问题。

$$\begin{cases} \dfrac{\mathrm{d}U}{\mathrm{d}t} + (\mu \alpha^2 - \mathrm{I}c\alpha)U = 0 \\ U(\alpha,0) = \phi(\alpha) \end{cases} \quad t > 0$$

其解为

$$U(\alpha,t) = \varphi(\alpha) \mathrm{e}^{-(\mu\alpha^2 - \mathrm{I}c\alpha)t}$$

根据卷积定理,可得原方程的精确解为

$$u(x,t) = \frac{1}{\sqrt{4\pi\mu t}} \int_{-\infty}^{\infty} \exp\left[-\frac{(x-\eta-ct)^2}{4\mu t}\right] \varphi(\eta) \mathrm{d}\eta \tag{1.12}$$

(2)当 $f=0$ 时,得到抛物型的扩散方程,反映浓度、温度的扩散性质,其方程为

$$\frac{\partial u}{\partial t} - \mu \frac{\partial^2 u}{\partial x^2} = 0, \mu = 常数 > 0 \tag{1.13}$$

定义域:$-\infty < x < \infty, t \geq 0$
初始条件:$u(x,0) = \varphi(x)$

在这里,同样采用 $U(\alpha,t)$ 和 $\phi(\alpha)$ 分别表示函数 $u(x,t)$ 和 $\varphi(x)$ 关于 x 的傅里叶变换。对上述方程和初始条件两边关于 x 作傅里叶变换,得到一个以 α 为参数的常微分方程初值问题。

$$\begin{cases} \dfrac{\mathrm{d}U}{\mathrm{d}t} + \mu \alpha^2 U = 0 \\ U(\alpha,0) = \phi(\alpha) \end{cases} \quad t > 0$$

其解析解为

$$U(\alpha,t) = \varphi(\alpha) \mathrm{e}^{-\mu \alpha^2 t}$$

根据卷积定理,可得原方程的精确解为

$$u(x,t) = \frac{1}{\sqrt{4\pi\mu t}} \int_{-\infty}^{\infty} \exp\left[-\frac{(x-\eta)^2}{4\mu t}\right] \varphi(\eta) \mathrm{d}\eta \tag{1.14}$$

该理论解使得比较集中的扰动渐渐平滑稀释,反映了扩散和均匀化的物理过程。

(3)当 $f=c, \mu=0$ 时,得到双曲型的单波方程,反映了波的传播,其方程为

$$\frac{\partial u}{\partial t} + c \frac{\partial u}{\partial x} = 0, c = 常数 \tag{1.15}$$

定义域:$-\infty < x < \infty, t \geq 0$
初始条件:$u(x,0) = \varphi(x)$

令 $\xi = ct, \eta = x$,则 $\dfrac{\partial u}{\partial t} = c \dfrac{\partial u}{\partial \xi}; \dfrac{\partial u}{\partial x} = \dfrac{\partial u}{\partial \eta}$

故 $\dfrac{\partial u}{\partial \xi} + \dfrac{\partial u}{\partial \eta} = 0$

令 $p = \xi + \eta, q = \xi - \eta$,则 $\dfrac{\partial u}{\partial \xi} = \dfrac{\partial u}{\partial p} + \dfrac{\partial u}{\partial q}; \dfrac{\partial u}{\partial \eta} = \dfrac{\partial u}{\partial p} - \dfrac{\partial u}{\partial q}$

故得 $\dfrac{\partial u}{\partial p} = 0$

所以,$u = f(q)$,即 $u = f(\xi - \eta) = f(ct - x)$
又因为 $\varphi(x) = u(x,0) = f(-x)$
所以,$u(x,t) = f(ct-x) = \varphi(x-ct)$,则该问题的精确解为

$$u(x,t) = \varphi(x-ct) \tag{1.16}$$

该理论解,可以理解为单波方程描述的在 $t=0$ 时刻的某个空间扰动 $\varphi(x)$,将保持形状不变,以速度 c 在空间运动,即在 (x,t) 平面内沿 $x-ct$ 等于常数的每一条直线上,$u=$ 常数。

对于有限空间区域,如 $0 \leqslant x \leqslant X_l$,要在适当的边界上给定边界条件;对于 $c>0$,要给定 $x=0$ 处的边界条件 $u(0,t)=u_0(t)$;对于 $c<0$,要给定 $x=X_l$ 处的边界条件 $u(X_l,t)=u_l(t)$。

(4)当 $f=u$ 时,得非线性对流扩散方程伯格斯(Burgers)方程,Burgers 方程是 Navier-Stokes 方程的模型方程,它保留了 Navier-Stokes 方程的非线性性,又具有混合型的特征。

$$\frac{\partial u}{\partial t} + u \frac{\partial u}{\partial x} = \mu \frac{\partial^2 u}{\partial x^2}, \mu = 常数 > 0 \tag{1.17}$$

定义域:$0 \leqslant x \leqslant X_l, t \geqslant 0$

初始条件:$u(0,t)=u_0, u(X_l,t)=0$,且 u_0 等于常数

该方程的精确解为:$u = u_0 \bar{u} \dfrac{1-\exp[\bar{u}Re(x/X_l-1)]}{1+\exp[\bar{u}Re(x/X_l-1)]}$ \tag{1.18}

式中 $Re=u_0L/\mu$,$\dfrac{\bar{u}-1}{\bar{u}+1}=\exp(-\bar{u}Re)$,(1.18)式精确解有助于检验数值结果的正确性以及校验数值方法的可靠性和精度的好坏。在这里限于篇幅,精确解的求解步骤略去。

1.3.2 椭圆型方程

一般变系数方程为

$$\frac{\partial}{\partial x}\left(\alpha \frac{\partial u}{\partial x}\right) + \frac{\partial}{\partial y}\left(\beta \frac{\partial u}{\partial y}\right) + \frac{\partial}{\partial z}\left(\gamma \frac{\partial u}{\partial z}\right) = f \tag{1.19}$$

注:在这里,$\alpha\beta\gamma=\alpha(x,y,z)\beta(x,y,z)\gamma(x,y,z)>0$,$f(x,y,z)$ 为已知函数。

当 $\alpha=\beta=\gamma=1, f=f(x,y,z)=0$ 时,方程(1.19)式转变成三维拉普拉斯方程,得

$$\frac{\partial^2 u}{\partial x^2} + \frac{\partial^2 u}{\partial y^2} + \frac{\partial^2 u}{\partial z^2} = 0 \tag{1.20}$$

若考虑的问题是平面的,则一般变系数方程可简化为下列形式

$$\frac{\partial}{\partial x}\left(\alpha \frac{\partial u}{\partial x}\right) + \frac{\partial}{\partial y}\left(\beta \frac{\partial u}{\partial y}\right) = f \tag{1.21}$$

式中 $\alpha\beta=\alpha(x,y)\beta(x,y)>0$,$f(x,y)$ 为已知函数。

若平面问题,则拉普拉斯方程为

$$\frac{\partial^2 u}{\partial x^2} + \frac{\partial^2 u}{\partial y^2} = 0 \tag{1.22}$$

在上述方程中,无论是二维的,还是三维的定解问题,都属于椭圆型的定解问题。它们的求解方法主要依赖于边值问题,即要求解 u 在某一封闭区域 D 内满足方程,在边界 Γ 上满足给定的边界条件,其边界条件可分为以下三大类:

①第一类边界条件(Dirichlet 问题)

在边界 Γ 上给定函数值:$u|_\Gamma = g$ (1.23)

②第二类边界条件(Neumann 问题)

在边界 Γ 上给定函数的方向偏导数值:$\alpha\dfrac{\partial u}{\partial n}\bigg|_\Gamma = g$ (1.24)

③第三类边界条件(Robin 问题)

第三类边界条件(Robin 问题),也称为混合边值问题,在边界 Γ 上给定函数值及其方向偏导数值的组合,其形式:$\left(\alpha\dfrac{\partial u}{\partial n} + \beta u\right)\bigg|_\Gamma = g$ (1.25)

一般来说,边界条件可以是分段的,即在边界的不同部位可以有不同类型的边界条件。

1.3.3 双曲型方程

计算流体力学中,边界条件的选取是求解流体动力学问题的先决条件,本节针对一维方程组,以特征线理论为基础,详细描述双曲型方程组的边值问题的处理方法。

(1)特征值和特征矢量

考虑一维方程组

$$\frac{\partial \boldsymbol{V}}{\partial t} + \boldsymbol{B}\frac{\partial \boldsymbol{V}}{\partial x} = 0 \quad (1.26)$$

式中 $\boldsymbol{V} = \{u_1, u_2, \cdots, u_n\}^{\mathrm{T}}$,$\boldsymbol{B}$ 是 $n\times n$ 的系数矩阵。

对于 $\boldsymbol{B}$,若非零的矢量 $\boldsymbol{x}$ 存在,有下式成立

$$\boldsymbol{B}\boldsymbol{x} = \lambda \boldsymbol{x} \quad (1.27)$$

则称 λ 为 $\boldsymbol{B}$ 的特征值,对应的 $\boldsymbol{x}$ 为特征矢量。

特征值 λ 满足如下特征方程

$$|\boldsymbol{B} - \lambda \boldsymbol{I}| = 0 \quad (1.28)$$

称为特征方程。由矩阵论可知,在一般情况下,特征方程存在 n 个特征值 λ_n,存在矩阵 $\boldsymbol{A}$ 使 $\boldsymbol{B} = \boldsymbol{A}^{-1}\boldsymbol{\Lambda}\boldsymbol{A}$,再将矩阵 $\boldsymbol{A}$ 由左乘特征矢量组成的矩阵,$\boldsymbol{\Lambda}$ 为特征值 λ_n 组成的对角矩阵,即

$$\boldsymbol{\Lambda} = \begin{bmatrix} \lambda_1 & 0 & \cdots & 0 & 0 \\ 0 & \lambda_2 & \cdots & 0 & 0 \\ \vdots & \vdots & & \vdots & \vdots \\ 0 & 0 & \cdots & \lambda_{n-1} & 0 \\ 0 & 0 & \cdots & 0 & \lambda_n \end{bmatrix} \quad (1.29)$$

如 λ_n 均为实数,方程称为双曲型方程;如 λ_n 均为复数,方程为椭圆型方程;如 λ_n 有实数也有复数,方程为混合型方程。

(2) 双曲型方程的边界条件

考虑到边界条件的提法,用 $\boldsymbol{A}$ 左乘以方程(1.26)式,可得特征型方程

$$\frac{\partial \boldsymbol{W}}{\partial t} + \boldsymbol{\Lambda} \frac{\partial \boldsymbol{W}}{\partial x} = 0 \tag{1.30}$$

式中 $\boldsymbol{W}=\boldsymbol{AV}$, $\boldsymbol{\Lambda}=\boldsymbol{ABA}^{-1}$, $\boldsymbol{A}$ 为常数矩阵。这样原来的方程就被组合成 n 个独立的方程,每一个方程为单波方程,其边界条件根据 λ_n 的正负来决定。设有 n^+ 个正特征值,有 n^- 个负特征值,则可将 $\boldsymbol{\Lambda}$ 写成为

$$\boldsymbol{\Lambda} = \begin{bmatrix} \boldsymbol{\Lambda}^+ & \\ & \boldsymbol{\Lambda}^- \end{bmatrix} \tag{1.31}$$

式中 $\boldsymbol{\Lambda}^+$ 由正特征值组成 $n^+ \times n^+$ 阶对角矩阵,$\boldsymbol{\Lambda}^-$ 由负特征值组成 $n^- \times n^-$ 阶对角矩阵。

将 $\boldsymbol{W}$ 相对应地分解为 $\boldsymbol{W}^+$ 和 $\boldsymbol{W}^-$,则方程(1.30)式可转化如下形式

$$\frac{\partial \boldsymbol{W}^+}{\partial t} + \boldsymbol{\Lambda}^+ \frac{\partial \boldsymbol{W}^+}{\partial x} = 0 ; \frac{\partial \boldsymbol{W}^-}{\partial t} + \boldsymbol{\Lambda}^- \frac{\partial \boldsymbol{W}^-}{\partial x} = 0 \tag{1.32}$$

式中 $\boldsymbol{W}^+$ 表示沿 x 的正方向传播的波,$\boldsymbol{W}^-$ 表示沿 x 的负方向传播的波。因此,如果计算区域为 $0 \leqslant x \leqslant X_l$,则在 $x=0$ 的边界上,要给定 n^+ 个边界条件,表示 n^+ 个波 $\boldsymbol{W}^+$ 沿 x 的正方向传入计算区域内。边界条件可以写在 $x=X_l$ 的边界上,要给定 n^- 个边界条件,表示 n^- 个波 $\boldsymbol{W}^-$ 沿 x 的负方向传入计算区域内。

根据分析两边的边界条件,其数学表达式为

$$\begin{cases} \boldsymbol{A}_0^+ \boldsymbol{W}_0^+ + \boldsymbol{A}_0^- \boldsymbol{W}_0^- = g_0(t) & x=0 \\ \boldsymbol{A}_l^+ \boldsymbol{W}_l^+ + \boldsymbol{A}_l^- \boldsymbol{W}_l^- = g_l(t) & x=X_l \end{cases} \tag{1.33}$$

式中 $\boldsymbol{A}_0^+$ 与 $\boldsymbol{A}_0^-$ 和 $\boldsymbol{A}_l^+$ 与 $\boldsymbol{A}_l^-$ 分别都是 $n^+ \times n^+$ 与 $n^- \times n^-$ 的满秩矩阵。根据波的传播方向,$\boldsymbol{W}_l^+$,$\boldsymbol{W}_l^-$ 是传出计算区域的波,其值由计算区域内部给出;$\boldsymbol{W}_0^+$,$\boldsymbol{W}_0^-$ 是传入计算区域的波,其值由上述边界条件给出。

(3) 黎曼(Riemann)不变量

当 $\boldsymbol{A}$ 不为常数矩阵,可得方程:$\boldsymbol{A} \dfrac{\partial \boldsymbol{V}}{\partial t} + \boldsymbol{\Lambda} \boldsymbol{A} \dfrac{\partial \boldsymbol{V}}{\partial x} = 0$ \tag{1.34}

若 $n=2$ 时,则有 $\boldsymbol{A}_1 \left(\dfrac{\partial \boldsymbol{V}}{\partial t} + \lambda_1 \dfrac{\partial \boldsymbol{V}}{\partial x} \right) = 0 ; \boldsymbol{A}_2 \left(\dfrac{\partial \boldsymbol{V}}{\partial t} + \lambda_2 \dfrac{\partial \boldsymbol{V}}{\partial x} \right) = 0$ \tag{1.35}

下面分别以 $\dfrac{\mathrm{d}x}{\mathrm{d}t} = \lambda_1$ 和 $\dfrac{\mathrm{d}x}{\mathrm{d}t} = \lambda_2$ 为斜率的特征线组成 (α, β) 的坐标系,其特征关系可写为

$$\boldsymbol{A}_1 \frac{\partial \boldsymbol{V}}{\partial \alpha} = 0 ; \boldsymbol{A}_2 \frac{\partial \boldsymbol{V}}{\partial \beta} = 0 \tag{1.36}$$

即

$$\boldsymbol{A}_{11} \frac{\partial \boldsymbol{V}_1}{\partial \alpha} + \boldsymbol{A}_{12} \frac{\partial \boldsymbol{V}_2}{\partial \alpha} = 0 ; \boldsymbol{A}_{21} \frac{\partial \boldsymbol{V}_2}{\partial \beta} + \boldsymbol{A}_{22} \frac{\partial \boldsymbol{V}_1}{\partial \beta} = 0 \tag{1.37}$$

这样可以找到积分因子,使得

$$\begin{cases} \mu_1 \boldsymbol{A}_{11} \mathrm{d}\boldsymbol{V}_1 + \mu_1 \boldsymbol{A}_{12} \mathrm{d}\boldsymbol{V}_2 = \mathrm{d}R \\ \mu_2 \boldsymbol{A}_{21} \mathrm{d}\boldsymbol{V}_2 + \mu_2 \boldsymbol{A}_{22} \mathrm{d}\boldsymbol{V}_1 = \mathrm{d}L \end{cases} \tag{1.38}$$

则有

$$\frac{\partial R}{\partial \alpha} = 0, R = R(\beta) \tag{1.39}$$

$$\frac{\partial L}{\partial \beta} = 0, L = L(\alpha) \tag{1.40}$$

式中 R, L 为沿特征线的不变量,称为 Riemann 不变量。

第 2 章　有限差分的基本概念与基础知识

2.1　有限差分方程

什么叫有限差分方程？简单地说就是用差商代替微分方程中出现的偏导数后，推导出的一组代数方程式。但是要用有限差分方程来计算偏微分方程，首先必须证明有限差分方程与偏微分方程的等价性，即有限差分方程的解必需逼近偏微分方程的解。

在这里，我们首先介绍构造有限差分方程的几种常见方法。

(1) 泰勒(Taylor)级数展开法

一般情况下，采用 Taylor 级数展开的方法来构造有限差分方程。例如，在数值计算的离散格点上，函数值可以展开为

$$f(t+\Delta t) = f(t) + \Delta t \frac{\partial f}{\partial t} + \frac{(\Delta t)^2}{2!}\frac{\partial^2 f}{\partial t^2} + \frac{(\Delta t)^3}{3!}\frac{\partial^3 f}{\partial t^3} + \cdots \quad (2.1)$$

经整理，可得

$$\frac{f(t+\Delta t)-f(t)}{\Delta t} = \frac{\partial f}{\partial t} + \frac{\Delta t}{2!}\frac{\partial^2 f}{\partial t^2} + \cdots \quad (2.2)$$

当 $\Delta t \to 0$ 时，由上式可知

$$-\frac{\Delta t}{2!}\frac{\partial^2 f}{\partial t^2} + \cdots \to 0 \quad (2.3)$$

所以

$$\frac{f(t+\Delta t)-f(t)}{\Delta t} \to \frac{\partial f}{\partial t} \quad (2.4)$$

上式表明，当 $\Delta t \to 0$ 时，差分 $\dfrac{f(t+\Delta t)-f(t)}{\Delta t}$ 与偏导数 $\dfrac{\partial f}{\partial t}$ 是等价的。同样，也可以写成差分形式的表达式

$$\frac{\partial f}{\partial t} = \frac{f(t+\Delta t)-f(t)}{\Delta t} + O(\Delta t), O(\Delta t) = -\frac{\Delta t}{2!}\frac{\partial^2 f}{\partial t^2} + \cdots \quad (2.5)$$

上式表示一阶精度的差分逼近，偏导数与差分表达式的差 $O(\Delta t)$ 称为截断误差。$\dfrac{f(t+\Delta t)-f(t)}{\Delta t}$ 也可以写成 $\dfrac{f^{n+1}-f^n}{\Delta t}$ 的形式。

在上述表达式中，n 和 $n+1$ 分别代表不同时刻的时间层。

同理，采用 Taylor 级数展开式，可推导一、二阶偏导数的差分格式

$$f(x+\Delta x) = f(x) + \Delta x \frac{\partial f}{\partial x} + \frac{(\Delta x)^2}{2!}\frac{\partial^2 f}{\partial x^2} + \frac{(\Delta x)^3}{3!}\frac{\partial^3 f}{\partial x^3} + \frac{(\Delta x)^4}{4!}\frac{\partial^4 f}{\partial x^4} + \cdots \tag{2.6}$$

$$f(x-\Delta x) = f(x) - \Delta x \frac{\partial f}{\partial x} + \frac{(\Delta x)^2}{2!}\frac{\partial^2 f}{\partial x^2} - \frac{(\Delta x)^3}{3!}\frac{\partial^3 f}{\partial x^3} + \frac{(\Delta x)^4}{4!}\frac{\partial^4 f}{\partial x^4} - \cdots \tag{2.7}$$

将上述(2.6)式和(2.7)式相加,得

$$f(x+\Delta x) + f(x-\Delta x) = 2f(x) + (\Delta x)^2\frac{\partial^2 f}{\partial x^2} + 2\frac{(\Delta x)^4}{4!}\frac{\partial^4 f}{\partial x^4} + \cdots \tag{2.8}$$

经适当整理(2.6)式、(2.7)式和(2.8)式后,可获得一、二阶偏导数的差分表达式

$$\frac{f(x+\Delta x) - f(x)}{\Delta x} = \frac{\partial f}{\partial x} + O[\Delta x] \tag{2.9a}$$

$$\frac{f(x+\Delta x) - f(x-\Delta x)}{2\Delta x} = \frac{\partial f}{\partial x} + O[(\Delta x)^2] \tag{2.9b}$$

$$\frac{f(x) - f(x-\Delta x)}{\Delta x} = \frac{\partial f}{\partial x} + O[\Delta x] \tag{2.9c}$$

$$\frac{f(x+\Delta x) - 2f(x) + f(x-\Delta x)}{(\Delta x)^2} = \frac{\partial^2 f}{\partial x^2} + O[(\Delta x)^2] \tag{2.9d}$$

式中 $\frac{f(x+\Delta x)-f(x)}{\Delta x}$ 和 $\frac{f(x)-f(x-\Delta x)}{\Delta x}$ 分别以一阶精度的差分格式来逼近一阶偏导数 $\frac{\partial f}{\partial x}$,且 $O[\Delta x] = \frac{\Delta x}{2}\frac{\partial^2 f}{\partial x^2} + \cdots$ 是表示偏导数与差分格式的差,$O[\Delta x]$ 称为截断误差;$\frac{f(x+\Delta x)-f(x-\Delta x)}{2\Delta x}$ 是以二阶精度的差分格式来逼近一阶偏导数 $\frac{\partial f}{\partial x}$,且 $O[(\Delta x)^2] = 2\frac{(\Delta x)^2}{3!}\frac{\partial^3 f}{\partial x^3} + \cdots$ 是表示偏导数与差分格式的差,$O[(\Delta x)^2]$ 也称为截断误差;$\frac{f(x+\Delta x)-2f(x)+f(x-\Delta x)}{(\Delta x)^2}$ 是以二阶精度的差分格式来逼近二阶偏导数 $\frac{\partial^2 f}{\partial x^2}$,且 $O[(\Delta x)^2] = 2\frac{(\Delta x)^2}{4!}\frac{\partial^4 f}{\partial x^4} + \cdots$ 是表示偏导数与差分格式的差,$O[(\Delta x)^2]$ 同样称为截断误差。另外,(2.9d)式的左边 $\frac{f(x+\Delta x)-2f(x)+f(x-\Delta x)}{(\Delta x)^2}$ 也可以写成 $\frac{f_{i+1}-2f_i+f_{i-1}}{(\Delta x)^2}$ 的形式,式中 $i+1, i, i-1$ 分别代表空间离散格点上的不同位置。

综上所述,可得常用有限差分的表达式及精度,其形式如下:

一阶偏导数具有一阶精度的向前差分的表达式为

$$\frac{\partial f}{\partial x} = \frac{f(x+\Delta x) - f(x)}{\Delta x} + O[\Delta x]$$

一阶偏导数具有一阶精度的向后差分的表达式为

$$\frac{\partial f}{\partial x} = \frac{f(x) - f(x - \Delta x)}{\Delta x} + O[\Delta x]$$

一阶偏导数具有二阶精度的中心差分的表达式为

$$\frac{\partial f}{\partial x} = \frac{f(x + \Delta x) - f(x - \Delta x)}{2\Delta x} + O[(\Delta x)^2]$$

二阶偏导数具有二阶精度的中心差分的表达式为

$$\frac{\partial^2 f}{\partial x^2} = \frac{f(x + \Delta x) - 2f(x) + f(x - \Delta x)}{(\Delta x)^2} + O[(\Delta x)^2]$$

下面我们以扩散型方程 $\frac{\partial u}{\partial t} = \mu \frac{\partial^2 u}{\partial x^2}$ 为例,详细讨论和分析逼近微分方程的有限差分方程,其表达式为

$$\frac{u_j^{n+1} - u_j^n}{\Delta t} = \mu \frac{u_{j+1}^n - 2u_j^n + u_{j-1}^n}{(\Delta x)^2}$$

将上式中的函数在 (j,n) 点,按 Taylor 级数展开,有

$$u_j^{n+1} = u_j^n + \Delta t \frac{\partial u_j^n}{\partial t} + \frac{(\Delta t)^2}{2!} \frac{\partial^2 u_j^n}{\partial t^2} + \frac{(\Delta t)^3}{3!} \frac{\partial^3 u_j^n}{\partial t^3} + \cdots$$

$$u_{j+1}^n = u_j^n + \Delta x \frac{\partial u_j^n}{\partial x} + \frac{(\Delta x)^2}{2!} \frac{\partial^2 u_j^n}{\partial x^2} + \frac{(\Delta x)^3}{3!} \frac{\partial^3 u_j^n}{\partial x^3} + \cdots$$

$$u_{j-1}^n = u_j^n - \Delta x \frac{\partial u_j^n}{\partial x} + \frac{(\Delta x)^2}{2!} \frac{\partial^2 u_j^n}{\partial x^2} - \frac{(\Delta x)^3}{3!} \frac{\partial^3 u_j^n}{\partial x^3} + \cdots$$

将上述表达式代入有限差分方程 $\frac{u_j^{n+1} - u_j^n}{\Delta t} = \mu \frac{u_{j+1}^n - 2u_j^n + u_{j-1}^n}{(\Delta x)^2}$,经整理可得

$$\frac{u_j^{n+1} - u_j^n}{\Delta t} = \mu \frac{u_{j+1}^n - 2u_j^n + u_{j-1}^n}{(\Delta x)^2}$$

$$= \frac{\partial u_j^n}{\partial t} - \mu \frac{\partial^2 u_j^n}{\partial x^2} + \left[\left(\frac{\partial^2 u_j^n}{\partial t^2}\right)\frac{\Delta t}{2} - \left(\frac{\partial^4 u_j^n}{\partial x^4}\right)\frac{\Delta x^2}{12} + \cdots\right]$$

则微分方程与有限差分方程的差,称为有限差分方程的截断误差,截断误差的阶数是由各偏导数的截断误差的阶数组成,上式中截断误差为方括号内的项,其截断误差为 $O(\Delta t) + O[(\Delta x)^2]$,也可表示为 $O[\Delta t, (\Delta x)^2]$;称上述有限差分方程是时间偏导数具有一阶精度的向前差分,空间偏导数具有二阶精度的中心差分。如果在有限差分方程中,$n+1$ 时间层上只含有一个未知函数,称有限差分方程为显式的有限差分方程。如果在有限差分方程中,$n+1$ 时间层上含有多个未知函数,则称有限差分方程为隐式的有限差分方程。

若将上述扩散型方程改写成隐式的有限差分方程,其数学表达式为

$$\frac{u_j^{n+1} - u_j^n}{\Delta t} = \mu \frac{u_{j+1}^{n+1} - 2u_j^{n+1} + u_{j-1}^{n+1}}{(\Delta x)^2}$$

在 $n+1$ 时间层上,$u_{j+1}^{n+1}, u_j^{n+1}, u_{j-1}^{n+1}$ 都是未知量,这类方程要求解一个代数方程组,具

体的求解方法,以后再详细讨论。

(2) 多项式的拟合法

推导有限差分方程的另一种方法是多项式的拟合法(更广泛地说是解析函数的拟合法),为了方便起见,只考虑一维问题,并将坐标原点放在 x_i 点处,于是有 $x_{i+1} = \Delta x, x_{i-1} = -\Delta x, x_i = 0$。

在区间 (x_i, x_{i+1}) 中,用直线即一次多项式拟合真实函数 f,于是

$$f(x) = a + bx, \left(\frac{\partial f}{\partial x}\right)_i = b$$

显然

$$f_i = a, f_{i+1} = a + b\Delta x$$

即

$$\left(\frac{\partial f}{\partial x}\right)_i = \frac{f_{i+1} - f_i}{\Delta x}$$

这就是向前差分公式。

完全同样地在区间 (x_{i-1}, x_i) 中,用直线拟合 f,于是

$$f(x) = a + bx, \left(\frac{\partial f}{\partial x}\right)_i = b$$

显然

$$f_i = a, f_{i-1} = a - b\Delta x$$

即

$$\left(\frac{\partial f}{\partial x}\right)_i = \frac{f_i - f_{i-1}}{\Delta x}$$

这就是向后差分公式。

若过 x_{i-1}, x_i, x_{i+1} 三点做抛物线拟合,则有

$$f(x) = a + bx + cx^2, \left(\frac{\partial f}{\partial x}\right)_i = b + 2cx\mid_{x=0} = b, \left(\frac{\partial^2 f}{\partial x^2}\right)_i = 2c$$

将 x_{i-1}, x_i, x_{i+1},三点处的函数值代入,得

$$f_{i-1} = a - b\Delta x + c(\Delta x)^2$$
$$f_i = a$$
$$f_{i+1} = a + b\Delta x + c(\Delta x)^2$$

解之,得

$$\left(\frac{\partial f}{\partial x}\right)_i = \frac{f_{i+1} - f_{i-1}}{2\Delta x}$$

$$\left(\frac{\partial^2 f}{\partial x^2}\right)_i = \frac{f_{i+1} - 2f_i + f_{i-1}}{(\Delta x)^2}$$

即 $\frac{\partial f}{\partial x}$ 和 $\frac{\partial^2 f}{\partial x^2}$ 为中心差分。

二次多项式不能直接显示拐点,因此有时采用三次多项式,最常用的三次多项式是三次样条函数,它在各段交界处具有直到二阶的连续偏导数。

一阶、二阶多项式的拟合法,实质上和 Taylor 级数展开法完全相同。一阶精度的向前、向后差分表达式相当于线性插值,二阶精度的中心差分表达式相当于二次插值。由此可见,拟合函数在各段交界处是不连续的。例如,如果采用一阶精度的向前、向后差分表达式,则在各段交界处,一阶偏导数是不连续的。

二阶以上的高阶多项式所得到的表达式与高阶 Taylor 级数展开法得到的结果并不相同,由于高阶多项式拟合对数据中随机性的小振幅误差很敏感,通常情况下不采用高阶多项式的拟合法。

(3) 积分方法

对微分方程进行积分,建立积分方法。积分方法是在总体意义下近似地满足基本方程。这与边界层方程采用积分运算,导出卡门积分关系式十分类似。

以模型方程 $\dfrac{\partial \zeta}{\partial t} = \alpha \dfrac{\partial^2 \zeta}{\partial x^2}$ 为例进行讨论。

现在对该模型方程进行积分,时间从 t 积到 $t+\Delta t$,空间从 $x-\dfrac{\Delta x}{2}$ 积到 $x+\dfrac{\Delta x}{2}$,由于对 t 和 x 的积分顺序可交换,故有

$$\int_{x-\Delta x/2}^{x+\Delta x/2}\left(\int_{t}^{t+\Delta t}\frac{\partial \zeta}{\partial t}\mathrm{d}t\right)\mathrm{d}x = \alpha\int_{t}^{t+\Delta t}\left(\int_{x-\Delta x/2}^{x+\Delta x/2}\frac{\partial^2 \zeta}{\partial x^2}\mathrm{d}x\right)\mathrm{d}t$$

完成括号内的积分运算,得

$$\int_{x-\Delta x/2}^{x+\Delta x/2}(\zeta^{t+\Delta t}-\zeta^{t})\mathrm{d}x = \alpha\int_{t}^{t+\Delta t}\left(\frac{\partial \zeta}{\partial x}\bigg|_{x+\Delta x/2}-\frac{\partial \zeta}{\partial x}\bigg|_{x-\Delta x/2}\right)\mathrm{d}t$$

由高等数学中的中值定理,可知

$$\int_{z_1}^{z_1+\Delta z}f(z)\mathrm{d}z = f(\bar{z})\Delta z, \bar{z}\in[z_1, z_1+\Delta z]$$

利用中值定理,对 x 的积分,$\bar{x}$ 取中点 x,对 t 的积分,$\bar{t}$ 取下限 t,则得

$$(\zeta_x^{t+\Delta t}-\zeta_x^{t})\Delta x = \alpha\left(\frac{\partial \zeta}{\partial x}\bigg|_{x+\Delta x/2}^{t}-\frac{\partial \zeta}{\partial x}\bigg|_{x-\Delta x/2}^{t}\right)\Delta t$$

对 $\zeta_{x+\Delta x} = \zeta_x + \displaystyle\int_{x}^{x+\Delta x}\frac{\partial \zeta}{\partial x}\mathrm{d}x$ 中积分运用中值定理,$\bar{x}$ 取中点,得

$$\zeta_{x+\Delta x}^{t} = \zeta_x^{t} + \frac{\partial \zeta}{\partial x}\bigg|_{x+\Delta x/2}^{t}\Delta x$$

或

$$\frac{\partial \zeta}{\partial x}\bigg|_{x+\Delta x/2}^{t} = \frac{\zeta_{x+\Delta x}^{t}-\zeta_x^{t}}{\Delta x}$$

同理,有

$$\left.\frac{\partial \zeta}{\partial x}\right|_{x-\Delta x/2}^{t} = \frac{\zeta_x^t - \zeta_{x-\Delta x}^t}{\Delta x}$$

将上述两式代入到 $(\zeta_x^{t+\Delta t} - \zeta_x^t)\Delta x = \alpha \left(\left.\frac{\partial \zeta}{\partial x}\right|_{x+\Delta x/2}^{t} - \left.\frac{\partial \zeta}{\partial x}\right|_{x-\Delta x/2}^{t}\right)\Delta t$ 式中，并在方程两边同除以 $\Delta x \Delta t$ 后，得

$$\frac{\zeta_x^{t+\Delta t} - \zeta_x^t}{\Delta t} = \alpha \frac{\zeta_{x+\Delta x}^t - 2\zeta_x^t + \zeta_{x-\Delta x}^t}{(\Delta x)^2}$$

若回到 (j, n) 标记上，则上式可改写为下列表达式

$$\frac{\zeta_j^{n+1} - \zeta_j^n}{\Delta t} = \alpha \frac{\zeta_{j+1}^n - 2\zeta_j^n + \zeta_{j-1}^n}{(\Delta x)^2}$$

注：利用积分方法推导有限差分方程有很大的任意性。若对时间积分不是从 t 积到 $t+\Delta t$，而是从 $t-\Delta t$ 积到 $t+\Delta t$，可能得到另一种有限差分方程。

(4) 控制体方法

控制体方法本质上和积分方法非常类似，一种是积分微分方程，另一种是从物理定律出发。控制体方法相当于边界层理论中用动量定理推导卡门积分关系式。

同样，根据守恒定律及扩散定律，采用控制体方法可导出一维扩散模型方程的有限差分方程

$$\frac{\zeta_j^{n+1} - \zeta_j^n}{\Delta t} = \alpha \frac{\zeta_{j+1}^n - 2\zeta_j^n + \zeta_{j-1}^n}{(\Delta x)^2}$$

注：在这里，省略具体推导步骤。

控制体方法是积分方法的一种，但它的物理意义更为明确。该方法的优点在于它直接从宏观的守恒定律出发，而不是从偏微分方程出发。因此，当出现偏微分方程所不能描述的稀薄气体或激波间断面时，仍可用该方法进行处理，因为守恒定律总是成立的。

以上我们介绍了推导有限差分方程的四种方法，而且对某个物理模型方程可获得相同的有限差分方程，这种一致性和我们选择了特定的具体做法有关。如果在每种方法中选择另一种做法，则它们所得到的结果就不会相同。四种方法中，Taylor 级数展开的方法是最简单最实用的，常常被人们所采用；但是 Taylor 级数展开方法的局限是不能应用在具有间断面的物理问题中，积分方法和控制体方法一般说来具有守恒性，尤其在非直角坐标系中使用起来更为方便灵活。其中控制体方法因建立在物理定律的基础上，不仅物理意义明确，而且在连续的微分方程不成立时仍可采用此方法。这种方法在流体力学数值计算中取得成功的可能性很大。另外，在计算流体力学中多项式的拟合方法用得较少；通常情况下不采用多项式的拟合方法来构造有限差分方程。

2.2 有限差分方程的收敛性、相容性和稳定性

以 L 表示微分算子，L_h 表示差分算子，其微分方程和有限差分方程为

$$Lu = 0 \text{ 和 } L_h u_h = 0 \tag{2.10}$$

为深入理解有限差分方程的收敛性、相容性和稳定性，本节将以一维线性扩散模型方程为例，进行详细分析。

模型方程的数学表达式为

$$\frac{\partial u}{\partial t} + c \frac{\partial u}{\partial x} = \mu \frac{\partial^2 u}{\partial x^2}, c = \text{常数}, \mu = \text{常数} > 0$$

或

$$Lu = \frac{\partial u}{\partial t} + c \frac{\partial u}{\partial x} - \mu \frac{\partial^2 u}{\partial x^2} = 0 \tag{2.11}$$

对上述模型方程，时间偏导数采用一阶精度的向前差分，空间偏导数采用二阶精度的中心差分，离散后的有限差分方程称为 Forward-Time Central-Space 格式的有限差分方程，简称为 FTCS 格式的有限差分方程

$$(L_h u)_i^n = \frac{u_i^{n+1} - u_i^n}{\Delta t} + c \frac{u_{i+1}^n - u_{i-1}^n}{2\Delta x} - \mu \frac{u_{i+1}^n - 2u_i^n + u_{i-1}^n}{(\Delta x)^2} = 0 \tag{2.12}$$

显然 L_h 只在网格点 (x_i, t_n) 上对函数值作用。

用有限差分方程(2.12)式近似代替微分方程(2.11)式，首先产生一个重要的数学问题就是求出来的有限差分方程的解，当 $\Delta x \to 0$，$\Delta t \to 0$ 时，有限差分方程是否收敛于微分方程的解？如果有限差分方程的解不收敛微分方程的解，那么这样的有限差分方程和它的解是毫无意义的；只有当有限差分方程的解收敛于微分方程的解才是人们感兴趣的问题。

下面我们给出有限差分方程收敛性的定义。

(1) 有限差分方程的收敛性

当 $\Delta t \to 0$，$\Delta x \to 0$ 时，如果在网格点上，有限差分方程 $L_h u_h = 0$ 的解 u_i^n 趋向于微分方程 $Lu = 0$，满足某个定解条件的解 $u(x, t)$，即满足如下关系

$$\lim_{\Delta x \to 0, \Delta t \to 0} \{u_i^n - u(x_i, t_n)\} = 0 \tag{2.13}$$

则称有限差分方程的解是收敛的，并称 $u_i^n - u(x_i, t_n)$ 为解的误差，解的误差关于 Δx 和 Δt 的阶数，称为有限差分方程解的收敛精度。

虽然有限差分方程的收敛性十分重要，但是要从数学上证明以及检验有限差分方程的收敛性往往是相当困难的。因此，有时我们不得不绕一个弯，或者说走一条相对简捷的路，那就是通过有限差分方程的其他一些容易证明的性质间接地验证有限差分方程的收敛性。

很容易理解,如果有限差分方程的解当 $\Delta t \to 0$, $\Delta x \to 0$ 时收敛于微分方程的解,则有限差分方程 $L_h u_h = 0$ 当 $\Delta t \to 0$, $\Delta x \to 0$ 时一定趋向于微分方程 $Lu = 0$。因为当 $\Delta t \to 0$, $\Delta x \to 0$ 时,如果有限差分方程不趋向于原来的微分方程,则有限差分方程的解,一定不可能趋向于微分方程的解,上述性质称为有限差分方程的相容性。

(2) 有限差分方程的相容性

当 $\Delta t \to 0$, $\Delta x \to 0$ 时,如果微分方程的解 $u(x,t)$ 在网格点上满足如下关系

$$(Lu - L_h u_h)_i^n \to 0 \tag{2.14}$$

则称有限差分方程与微分方程是相容的,并称 $Lu - L_h u_h$ 为有限差分方程的截断误差,截断误差的阶数称为有限差分方程精度的阶数。有限差分方程相容性还有另外两种描述:①当 $\Delta t \to 0$, $\Delta x \to 0$ 时,截断误差趋向于零。②微分方程的解在网格点上近似满足有限差分方程,其误差为截断误差 $Lu - L_h u_h$。

例如,FTCS 格式的有限差分方程(2.12)式的截断误差 $O[\Delta t, (\Delta x)^2]$,因此有限差分方程(2.12)式与微分方程(2.11)式是相容的,而且它关于时间步长 Δt 是一阶精度的,空间步长 Δx 是二阶精度的。

又例如:无条件不稳定的理查森(Richardson)格式

$$\frac{u_i^{n+1} - u_i^{n-1}}{2\Delta t} + c \frac{u_{i+1}^n - u_{i-1}^n}{2\Delta x} = \mu \frac{u_{i+1}^n - 2u_i^n + u_{i-1}^n}{(\Delta x)^2} \tag{2.15}$$

若在有限差分方程(2.15)式中,用平均值 $\frac{1}{2}(u_i^{n+1} + u_i^{n-1})$ 代替(2.15)式中右端项中的 u_i^n,则得方程(2.11)式的杜福特—弗兰克尔(Dufort-Frankel)格式

$$\frac{u_i^{n+1} - u_i^{n-1}}{2\Delta t} + c \frac{u_{i+1}^n - u_{i-1}^n}{2\Delta x} = \mu \frac{u_{i+1}^n + u_{i-1}^n - u_i^{n+1} - u_i^{n-1}}{(\Delta x)^2} \tag{2.16}$$

现在,我们考虑(2.16)式的截断误差,为讨论方便起见,将(2.16)式改写为

$$\frac{u_i^{n+1} - u_i^{n-1}}{2\Delta t} + c \frac{u_{i+1}^n - u_{i-1}^n}{2\Delta x} - \mu \frac{u_{i+1}^n + u_{i-1}^n - 2u_i^n}{(\Delta x)^2} = -\mu \frac{u_i^{n+1} - u_i^n - (u_i^n - u_i^{n-1})}{(\Delta x)^2}$$

显然,等式左边的截断误差为 $O[(\Delta t)^2, (\Delta x)^2]$。

利用 Taylor 级数展开,上述方程右端项为

$$-\mu \frac{u_i^{n+1} - u_i^n - (u_i^n - u_i^{n-1})}{(\Delta x)^2} = -\frac{\mu}{(\Delta x)^2} \left[\frac{1}{2} \frac{\partial^2 u}{\partial t^2}(\Delta t)^2 + \frac{1}{12} \frac{\partial^4 u}{\partial t^4}\Delta t + \cdots \right]$$

即截断误差为 $O\left[\mu \frac{(\Delta t)^2}{(\Delta x)^2}\right]$,于是 Dufort-Frankel 格式的截断误差为 $O\left[(\Delta t)^2, (\Delta x)^2, \mu \frac{(\Delta t)^2}{(\Delta x)^2}\right]$。

① 当 $\Delta t \to 0$, $\Delta x \to 0$, $\frac{\Delta t}{\Delta x} \to 0$ 时,有限差分方程(2.16)式与微分方程(2.11)式是相容的。

② 当 $\Delta t \to 0, \Delta x \to 0$，且 $\dfrac{\Delta t}{\Delta x}$ 等于常数时，则有限差分方程（2.16）式趋于双曲型方程

$$\frac{\partial u}{\partial t} + c\frac{\partial u}{\partial x} + \mu\alpha^2 \frac{\partial^2 u}{\partial t^2} = \mu \frac{\partial^2 u}{\partial x^2}$$

上述偏微分方程已经不是原来的抛物型方程（2.11）式，而是双曲型方程了。因此，采用不同的差分格式，其相容性条件可能不一定满足，在构造差分格式时需特别小心谨慎 $\left(\text{注：在上式中}, \alpha = \dfrac{\Delta t}{\Delta x}\right)$。

从上述这个例子可以看出，对于不同的差分格式，相容性条件并不是一定都能满足的，需要逐个验证。

另一方面，如果有限差分方程的解当 $\Delta t \to 0, \Delta x \to 0$ 时趋向于微分方程的解，则在计算差分格式时所产生的误差（含机器的舍入误差）将不会随时间 t 无限地增长，则有限差分方程是稳定的。

(3) 有限差分方程的稳定性

若某一差分格式在数值计算中产生的误差随时间 t 增长或被无限地放大，则称此差分格式是不稳定的；若在数值计算中产生的误差不随时间 t 增长或者不是被无限地放大，则称此差分格式是稳定的。有些差分格式，不管选取多小的时间步长 Δt，总是不稳定的，该格式为无条件不稳定格式。反过来，有些差分格式，不管选取多大的时间步长 Δt，它的数值计算总是稳定的，则称该格式为无条件稳定格式。还有些差分格式只是在时间步长 Δt 满足一定条件时才是稳定的，这种格式被称作为是有条件的稳定格式。

例如，考虑方程（2.11）式，在 $c=0$ 的特例情况，边界条件取 $u(0,t) = u(l,t)$。初始条件取 $u(x,0) = \varphi(x)$，其中 $\varphi(x)$ 关于 $x = \dfrac{l}{2}$ 对称，$\varphi(0) = \varphi(l) = 0$，且 $\varphi\left(\dfrac{l}{2}\right)$ 取极大值。如果将区间分成 20 等分，则 $\Delta x = \dfrac{l}{20}$；另外，Δt 的取法满足下列条件：

① $\dfrac{\mu \Delta t}{(\Delta x)^2} = \dfrac{5}{11}$，则数值计算结果非常光滑。随着时间 t 的增长，解越来越平坦，这种情况表明数值计算是稳定的。

② $\dfrac{\mu \Delta t}{(\Delta x)^2} = \dfrac{5}{9}$，则数值计算几步后，解就会马上发生上、下激烈地振荡；当计算到 27 步时，数值解就会变得面目全非；再算几步，将发生溢出现象；产生这种情况的解，表明数值计算的解是不稳定的或者是发散的。

有限差分方程的收敛性与相容性以及解的误差与截断误差的概念是两种不同的概念，我们不能把它们混为一谈。

截断误差是指差分算子与微分算子同时作用到微分方程的解时所产生的一种误差,它是两种算子之间的误差;有限差分方程解的误差是指有限差分方程的解与微分方程的解之间的差。有限差分方程的精度是由截断误差来定义的,它表示差分算子的精度;收敛速度是由有限差分方程解的误差来定义的,它表示有限差分方程解的精度,有限差分方程的收敛性与相容性既有联系又有区别。有限差分方程的收敛性保证了它的相容性;反过来,有限差分方程的相容性,并不能保证它的收敛性,也就是说相容的有限差分方程不一定收敛。例如,一维线性扩散方程的 Richardson 格式是相容的,但是它是无条件不稳定,因此它的解将绝不会是收敛的,而是发散的。又如(2.11)式,当 $c=0$ 时的 FTCS 格式是相容的,但当 $\dfrac{\mu\Delta t}{(\Delta x)^2}=\dfrac{5}{9}$ 时,却是不稳定的,因而也是不收敛的或者是发散的。

有限差分方程的收敛保证了它的相容性和稳定性,即有限差分方程的稳定性和相容性是微分方程收敛的必要条件,现在的问题是如果有限差分方程是相容的和稳定的,那么它是不是一定收敛的呢?用数学语言来说也就是稳定性和相容性是不是同时也是有限差分方程收敛的充分条件?

对于线性方程而言,拉克斯(Lax)定理建立了收敛性与相容性,稳定性之间的等价性。

(4) Lax 等价定理

在完备的函数空间中,如果线性微分方程的初边值问题是适定的(即解存在,唯一且连续地依赖于初值)且对应的有限差分方程又是相容的,则有限差分方程的解收敛于微分方程解的充分条件是该有限差分方程是稳定的。

Lax 等价定理告诉我们,在微分方程适定,有限差分方程又是在相容的条件下,有限差分方程的稳定性保证了它的收敛性。众所周知,有限差分方程的收敛性很难证明,而有限差分方程的相容性则很容易通过 Taylor 级数展开的方法加以证明。其次,验证有限差分方程的稳定性也存在一些比较有效的方法。有了 Lax 定理,人们不必直接去验证有限差分方程的收敛性,而只要通过验证它的相容性和稳定性就能判断它的解是否是收敛的,从而为证明有限差分方程的收敛性这一重要数学问题开拓了一条新的比较实用的途径。如果有限差分方程是相容的,且是稳定的,则其解一定收敛于微分方程的解。如果有限差分方程是相容的,且是不稳定的,则它的解一定不收敛于微分方程的解。对相容而不稳定的差分格式,下列事实成立:当步长越来越小时,微分方程的真解越来越满足有限差分方程,而有限差分方程的解却越来越远离微分方程的解。

Lax 等价定理确实是非常重要而且有用的,但在计算流体力学中它的重要性也不能强调得太过分。这是因为,Lax 等价定理只适用于线性系统问题,而流体力学问题本质上都属于是非线性系统的问题。对于非线性系统问题,Lax 等价定理是否成立还不是很清楚。因此,不能冒险地利用它来确认非线性有限差分方程是否收敛,但是线性系统的 Lax 等价定理可以被用来作为研究非线性系统问题的向导。例如,对于非线性的微分方程,常常采用局部线性化稳定性分析方法来研究它的稳定性。计算实践证明,满足局部线性化稳定性条件的某些有限差分方程实际上是不稳定的,而不满足局部线性化稳定性条件的某些有限差分方程实际上倒是稳定的。这一事实说明,对于非线性系统中的流体动力学问题,在计算中经常绕开有限差分方程的稳定性而直接进入问题的核心,即有限差分方程的收敛性问题。通常通过分析计算结果来确定解在物理上是否合理的办法简单地判断有限差分方程是否收敛。

(5)常用的基本概念

①定义几个常见参变量,具体如下:

A 为偏微分方程的精确解;

D 为有限差分方程的数值解;

N 为某个具有有限精度的计算机上,实际计算出来的解;

E 为离散误差;

ε 为舍入误差。

②离散误差

所谓离散误差就是微分方程的精确解与有限差分方程的数值解的差,其数学表达式为

$$E = (A - D)$$

③舍入误差

所谓舍入误差就是由于计算机储存数据的字节数有限而引起的误差,数学表达式为

$$\varepsilon = (N - D)$$

④修正方程

有限差分方程所能准确地逼近于微分方程(即截断误差为零),称为有限差分方程的修正方程。

2.3 有限差分方程的稳定性分析

对于线性系统,Lax 等价定理成立,有限差分方程的稳定性保证了它的收敛性,因此研究有限差分方程的稳定性,在数值计算中具有相当重要的实际意义。下面我们介绍三种常用的有限差分方程的稳定性分析方法。

(1)冯·诺依曼(Von Neumann)方法

Von Neumann 方法的实质是将差分方法解的初始误差展开成有限的 Fourier 级数。然后,考察每个波型随时间是增长的还是衰减的,如果对于所有波型来说,振

幅都不随时间增长,则这种差分格式属于稳定的差分格式,否则就是不稳定的差分格式。

以线性对流扩散模型方程的 FTCS 格式为例,讨论 Von Neumann 方法来研究线性对流扩散模型方程的稳定性问题。

线性对流扩散模型方程

$$\frac{\partial u}{\partial t} = -f \frac{\partial u}{\partial x} + \mu \frac{\partial^2 u}{\partial x^2} \qquad (2.17)$$

线性对流扩散模型方程 FTCS 格式为

$$\frac{u_i^{n+1} - u_i^n}{\Delta t} = -\frac{fu_{i+1}^n - fu_{i-1}^n}{2\Delta x} + \mu \frac{u_{i+1}^n - 2u_i^n + u_{i-1}^n}{(\Delta x)^2} \qquad (2.18)$$

或

$$u_i^{n+1} = u_i^n - \frac{c}{2}(u_{i+1}^n - u_{i-1}^n) + d(u_{i+1}^n - 2u_i^n + u_{i-1}^n) \qquad (2.19)$$

式中 $c = \frac{f\Delta t}{\Delta x}$ 称为库朗特(courant)数,$d = \frac{\mu \Delta t}{(\Delta x)^2} > 0$ 称为扩散系数。

若在上述有限差分方程(2.19)式的运算过程中产生了误差,于是新的 $\bar{u}_i^n$ 与旧的 u_i^n 间存在着关系为 $\bar{u}_i^n = u_i^n + \varepsilon_i^n$,$\bar{u}_{i\pm1}^n = u_{i\pm1}^n + \varepsilon_{i\pm1}^n$,$\bar{u}_i^{n+1} = u_i^{n+1} + \varepsilon_i^{n+1}$,其中 ε 是误差。由于 $\bar{u}_i^n$ 和 u_i^n 都满足方程(2.18)式,容易看出误差函数 $\varepsilon(n,i)$ 也满足有限差分方程(2.19)式。

$$\varepsilon_i^{n+1} = \varepsilon_i^n - \frac{c}{2}(\varepsilon_{i+1}^n - \varepsilon_{i-1}^n) + d(\varepsilon_{i+1}^n - 2\varepsilon_i^n + \varepsilon_{i-1}^n) \qquad (2.20)$$

为了考虑问题的简单起见,先考虑 $c=0$ 即只有扩散项的情形,此时方程(2.20)式将变为

$$\varepsilon_i^{n+1} = \varepsilon_i^n + d(\varepsilon_{i+1}^n - 2\varepsilon_i^n + \varepsilon_{i-1}^n) \qquad (2.21)$$

在解微分方程(2.17)式时,我们可以将解展开成 Fourier 级数

$$u(x,t) = \sum_{k=0}^{\infty} V(t) e^{Ikx} \qquad (2.22)$$

式中 $I = \sqrt{-1}$,$V(t)$ 是振幅,k 是波数(2π 中有多个波),代入到方程(2.17)式后可以将变数 t 和 x 分离;同样地,我们将有限差分方程(2.20)式的解展成有限 Fourier 级数

$$\varepsilon_i^n = \sum_{k_x=0}^{J} V^n e^{Ik_x \Delta x i} \qquad (2.23)$$

这里将 x 定义区间分成 J 份,ε_i^n,V^n,$i\Delta x$,$n\Delta t$ 分别对应于连续情形的 $u(x,t)$,$V(t)$,x,t。(2.23)式的物理意义就是将 ε 进行 Fourier 级数分解,认为它是由不同的波 $V^n e^{Ik_x(i\Delta x)}$ 组成的,将(2.23)式代入(2.21)式,并令 $\theta = k_x \Delta x$,得

第 2 章 有限差分的基本概念与基础知识

$$\sum_{k_x=0}^{J} V^{n+1} e^{Ii\theta} = \sum_{k_x=0}^{J} [V^n e^{Ii\theta} + d(V^n e^{I(i+1)\theta} + V^n e^{I(i-1)\theta} - 2V^n e^{Ii\theta})]$$

整理上式,得

$$\sum_{k_x=0}^{J} \{V^{n+1} e^{Ii\theta} - V^n [1 + 2d(\cos\theta - 1)]\} e^{Ii\theta} = 0$$

由于 $e^{Ii\theta}(i=0,1,\cdots)$ 是线性无关的函数族,由此推出对每一个波型都有

$$V^{n+1} = V^n [1 + 2d(\cos\theta - 1)] \tag{2.24}$$

定义增长因子 G

$$G = \frac{V^{n+1}}{V^n} \tag{2.25}$$

增长因子 G 是 k_x 的函数。由(2.24)式可求得下式

$$G = 1 + 2d(\cos\theta - 1) \tag{2.26}$$

显然,要使有限差分方程(2.19)式是稳定的,必须对所有的 θ(即所有不同波数的波)有

$$|G| \leqslant 1 \tag{2.27}$$

现在我们要证明满足 $|G| \leqslant 1$ 条件对有限差分方程的稳定也是充分的,也就是说误差 ε 随时间的变化是衰减的。利用(2.25)式,可得

$$\frac{V^{n+1}}{V^n} \times \frac{V^n}{V^{n-1}} \times \frac{V^{n-1}}{V^{n-2}} \times \cdots \times \frac{V^1}{V^0} = \underbrace{G \times G \times G \times \cdots \times G}_{n} = G^n$$

这样可将(2.23)式改写为

$$\varepsilon_i^n = \sum_{k_x} V^0 [G(k_x)]^n e^{Ii\theta}$$

容易看出,在方程(2.27)式成立的前提下,有

$$\|\varepsilon_i^n\| = J \sum_{m=0}^{J-1} \|V^0 G^n\|^2 \leqslant J \sum_{k_x=0}^{J-1} \|V^0\|^2 = \|\varepsilon_i^0\|$$

从上式可知,误差是趋于衰减状态,所以格式是稳定的。由此可见,有限差分方程稳定的充要条件是满足方程(2.27)式的成立条件,这称之为线性扩散方程(2.19)式的稳定性准则。

由(2.27)式可知,对所有可能的 θ 有

$$-1 \leqslant 1 + 2d(\cos\theta + 1) \leqslant 1$$

上式中右边的不等式对所有的 θ 都满足,且左边不等式要求

$$d \leqslant \frac{1}{1 - \cos\theta}$$

当 $1 - \cos\theta = 2$ 时,达到最苛刻的临界状态,此时有

$$d \leqslant \frac{1}{2} \text{ 或 } \Delta t \leqslant \frac{1}{2} \frac{(\Delta x)^2}{\mu} \tag{2.28}$$

方程(2.28)式告诉我们,当 Δx 取定后,为了使格式稳定, Δt 不能任意取,它必须小于等于 $\dfrac{1}{2}\dfrac{(\Delta x)^2}{\mu}$。由此可以理解在上一节中叙述的一个事实,为什么取 $\dfrac{\mu\Delta t}{(\Delta x)^2}=\dfrac{5}{11}$ 时,差分格式是稳定的,而取 $\dfrac{\mu\Delta t}{(\Delta x)^2}=\dfrac{5}{9}$ 时,差分格式是不稳定的原因所在。

由于 u 和 ε 满足同一个有限差分方程,我们在研究有限差分方程的稳定性时,常常将解 u 展开为离散的 Fourier 级数,将任一 Fourier 分量代入有限差分方程(2.19)式求得该 Fourier 分量的增长因子,当所有 Fourier 分量的增长因子的绝对值都不超过 1 时,有限差分方程就是稳定的。这种稳定性分析方法称为 Von Neumann 方法。

现在,我们考虑完全的线性模型方程(2.17)式的有限差分方程为

$$u_i^{n+1} = u_i^n - \frac{c}{2}(u_{i+1}^n - u_{i-1}^n) + d(u_{i+1}^n - 2u_i^n + u_{i-1}^n) \qquad (2.19)$$

将 $u_i^n = V^n e^{I\theta}$, $u_i^{n+1}=V^{n+1}e^{I\theta}$, $u_{i\pm 1}^n = V^n e^{I(i\pm 1)\theta}$ 代入上式整理,得

$$G = 1 - \frac{c}{2}(e^{I\theta} - e^{-I\theta}) + d(e^{I\theta} + e^{-I\theta} - 2) = 1 - 2d(1-\cos\theta) - Ic\sin\theta$$

令

$$\eta = 1 - \cos\theta$$

于是

$$\sin\theta = \sqrt{2\eta - \eta^2}$$

$$\|G\|^2 = F(\eta) = (1-2\eta d)^2 + c^2\eta(2-\eta)$$

稳定性准则 $\max\limits_{0\leqslant \eta\leqslant 2}\|G\|\leqslant 1$ 等价于

$$\max\limits_{0\leqslant\eta\leqslant 2} F(\eta) \leqslant 1$$

或

$$\min\limits_{0\leqslant\eta\leqslant 2}[1-F(\eta)] \geqslant 0 \qquad (2.29)$$

而

$$1 - F(\eta) = \eta[2(2d-c^2) + (c^2-4d^2)\eta] = \eta f(\eta) \qquad (2.30)$$

式中

$$f(\eta) = 2(2d-c^2) + (c^2-4d^2)\eta \qquad (2.31)$$

因函数 $1-F(\eta)$ 在区间 $0\leqslant\eta\leqslant 2$ 中的最小值 $\geqslant 0$,所以在 $0\leqslant\eta\leqslant 2$ 中,有

$$1 - F(\eta) - \eta f(\eta) \geqslant 0 \qquad (2.32)$$

在 $0\leqslant\eta\leqslant 2$ 中 $\eta\geqslant 0$,故有 $f(\eta)\geqslant 0(0\leqslant\eta\leqslant 2)$。因为 $f(\eta)$ 是 η 的线性函数,条件(2.32)式等价于在区间端点 $\eta=0, \eta=2, f(\eta)\geqslant 0$。由于 $f(0)=2(2d-c^2), f(2)=4d(1-2d)$,推出(2.32)式等价于

$$d \leqslant \frac{1}{2}, c^2 \leqslant 2d \qquad (2.33)$$

(2.33)式是有限差分方程(2.19)式稳定的充分必要条件。

现在我们证明
$$d \leqslant \frac{1}{2}, Re_c = \frac{|f|\Delta x}{\mu} \leqslant 0 \tag{2.34}$$
是方程(2.19)式稳定的充分条件,即由(2.34)式可推出(2.33)式。

显然
$$Re_c = \frac{f\Delta t}{\Delta x} \bigg/ \frac{\mu \Delta t}{(\Delta x)^2} = c/d \leqslant 2 \tag{2.35}$$

因 $d \leqslant \frac{1}{2}$,代入(2.35)式,得
$$c \leqslant 1 \tag{2.36}$$

将(2.35)式乘以(2.36)式,得
$$c^2 \leqslant 2d$$

上式即为(2.33)式的第二式。

Re_c 称为差分格式的网格雷诺数,相当于取网格宽度为特征长度所得的雷诺数。可见要使有限差分方程(2.19)式稳定对网格雷诺数要有一定的限制。Von Neumann 方法除了解决稳定性问题之外,还提供了弥散误差及阻尼误差的信息。

下面我们再讨论一下 Richardson 格式的稳定性问题。
$$u_i^{n+1} = u_i^{n-1} - c(u_{i+1}^n - u_{i-1}^n) + 2d(u_{i+1}^n - 2u_i^n + u_{i-1}^n)$$

式中 $c = \frac{f\Delta t}{\Delta x}, d = \frac{\mu \Delta t}{(\Delta x)^2}$,且截断误差为 $O[(\Delta t)^2, (\Delta x)^2]$。

采用 Von Neumann 方法,有
$$V^{n+1} = V^{n-1} - 2Ic\sin\theta V^n + 4d(\cos\theta - 1)V^n = aV^n + V^{n-1}$$

在上式中 $a = 4d(\cos\theta - 1) - 2Ic\sin\theta$

又知 $\frac{V^{n+1}}{V^{n-1}} = G^2, \frac{V^n}{V^{n-1}} = G$;于是得
$$G^2 - aG - 1 = 0$$

所以上述方程的解为
$$G = \frac{a}{2} \pm \sqrt{1 + \left(\frac{a}{2}\right)^2}$$

$|G_1||G_2| = 1$,当 $c = 0, \cos\theta = -1$ 时,$G_2 = -4d - \sqrt{2 + 16d^2} < -1$,所以 $|G| > 1$,其格式为无条件不稳定的;当 $c \neq 0, d \neq 0, \sin\theta = 0$ 时,$a = -8d$ 与 $c = 0$ 的情况一样,同样 $|G| > 1$ 条件成立,故该格式也是无条件不稳定的。

(2)离散扰动方法

离散扰动方法的思路是,在任意一点对 u 引入某种离散扰动,然后考察扰动的发展趋势。如果扰动是衰减的或者是不增长的,表明该格式是稳定的,否则是不稳定的。

首先,我们以扩散型方程为例,进行详细讨论。

$$\frac{\partial u}{\partial t} = \mu \frac{\partial^2 u}{\partial x^2}$$

对上述模型方程进行离散,其有限差分方程为

$$u_i^{n+1} = u_i^n + d(u_{i+1}^n - 2u_i^n + u_{i-1}^n)$$

其中,上述有限差分方程中 $d = \dfrac{\mu \Delta t}{(\Delta x)^2}$,且截断误差为 $O[\Delta t, (\Delta x)^2]$。令 $u = \varepsilon$,且 ε 为一个小量,则上述有限差分方程可改写为下式

$$\varepsilon_i^{n+1} = \varepsilon_i^n + d(\varepsilon_{i+1}^n - 2\varepsilon_i^n + \varepsilon_{i-1}^n) \tag{2.37}$$

设在第 n 时间层,第 i 点引入某一种离散扰动 ε,其他地方皆无扰动,则

$$\varepsilon_i^n = \varepsilon, \varepsilon_{i+1}^n = \varepsilon_{i-1}^n = \cdots = 0$$

于是,方程(2.37)式就会获得 $n+1$ 时间层扰动演化表达式为

$$\varepsilon_j^{n+1} = \begin{cases} \varepsilon(1-2d) & j = i \\ \varepsilon d & j = i \pm 1 \\ 0 & \text{其他} \end{cases}$$

具体如图 2.1 所示。

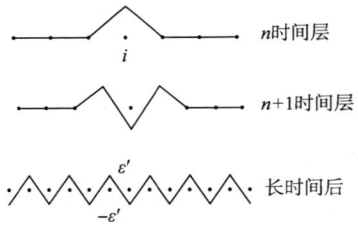

图 2.1　微小扰动 ε 的演变

要使该格式稳定,必须让扰动衰减,即 $\left|\dfrac{\varepsilon_i^{n+1}}{\varepsilon}\right| \leqslant 1$。由此推出 $-1 \leqslant 1 - 2d \leqslant 1$,右边自动满足,左边给出第一步稳定性要求

$$d \leqslant 1$$

现在考虑 $n+2$ 时间层。由方程(2.37)式,得

$$\varepsilon_j^{n+2} = \begin{cases} \varepsilon(1 - 4d + 6d^2) & j = i \\ \varepsilon(2d - 4d^2) & j = i \pm 1 \\ \varepsilon d^2 & j = i \pm 2 \\ 0 & \text{其他} \end{cases}$$

由稳定性要求 $\left|\dfrac{\varepsilon_i^{n+2}}{\varepsilon}\right| \leqslant 1$,则 $-1 \leqslant 1 - 4d + 6d^2 \leqslant 1$。左边自动满足,右边给出第

二步稳定性要求 $d \leqslant \frac{2}{3}$。

由上述可知 $n+1$、$n+2$ 时间层分别要求 $d \leqslant 1$，$d \leqslant \frac{2}{3}$，则对 d 的限制越来越苛刻，可以仿照这样的办法继续分析下去，可获得更高时间层对 d 的要求条件。通过数值计算发现，当 $t \rightarrow \infty$ 时，对 d 的最苛刻限制条件是什么呢？从物理上来看，i 点上的一个孤立扰动随着时间的不断推进，将逐渐传播开，且强度降低，最终趋于图 2.1 所示具有振荡的稳定状态。

现在研究图 2.1 中 ε' 的发展趋势。

由方程(2.37)式，得
$$\varepsilon'' = \varepsilon' + d(-\varepsilon' - \varepsilon' - 2\varepsilon') = \varepsilon'(1 - 4d)$$

稳定性要求 $\left|\frac{\varepsilon''}{\varepsilon'}\right| \leqslant 1$，给出 $-1 \leqslant 1 - 4d \leqslant 1$

或
$$d \leqslant \frac{1}{2} \tag{2.38}$$

这是长时间的最苛刻的稳定性要求，与 Von Neumann 方法的结果一致。

有趣的是，在第一步稳定性要求中，如果要求没有一点过冲量，即 $\frac{\varepsilon_i^{n+1}}{\varepsilon} \geqslant 0$，则得 $d \leqslant \frac{1}{2}$。"零过冲要求"等价于长时间的稳定性要求。"零过冲要求"并不是稳定性准则。这里的结果仅碰巧一致而言。

对于固定的网格步长 Δx 和固定的 μ，$d \leqslant \frac{1}{2}$ 对时间步长提出如下限制：
$$\Delta t \leqslant \frac{(\Delta x)^2}{2\mu} \tag{2.39}$$

当 $\Delta t > \frac{(\Delta x)^2}{2\mu}$ 时，格式不稳定，但是这种不稳定性并不是差分格式所固有的，它可以通过减少时间步长的办法来消除。例如 Δt 满足(2.39)式时，其格式是稳定，这种不稳定性称为动态不稳定性。

为了加深对动态不稳定性的理解，我们再做如下补充，设想在 n 时间存在如图 2.2 所示的小扰动。

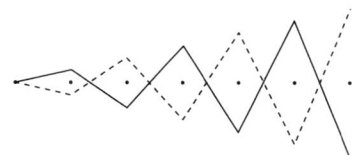

图 2.2 小扰动的演变

$\varepsilon_j < 0, j = i \pm$ 偶数；$\varepsilon_j > 0, j = i \pm$ 奇数。依据方程(2.37)式，对第 $n+1$ 时间层，有

$$\Delta \varepsilon_i^n = \varepsilon_i^{n+1} - \varepsilon_i^n = \frac{\mu \Delta t}{(\Delta x)^2}(\varepsilon_{i+1}^n - 2\varepsilon_i^n + \varepsilon_{i-1}^n) > 0$$

这说明 ε_i 往回走变大了。同样地，在 $i+1$ 点，有

$$\Delta \varepsilon_{i+1}^n = -\frac{\mu \Delta t}{(\Delta x)^2}(\varepsilon_{i+2}^n + \varepsilon_i^n - 2\varepsilon_{i+1}^n) < 0$$

这说明 ε_{i+1} 往回走变小了，可见扩散项总是起着抹平误差的作用。由于误差的改变量 $\Delta \varepsilon$ 与时间步长成正比，所以当 Δt 很大时，就会误差修正过头，产生"过冲现象"，如图 2.2 所示，$|\varepsilon_i^{n+1}| > |\varepsilon_i^n|$，$|\varepsilon_{i\pm1}^{n+1}| > |\varepsilon_{i\pm1}^n|$，$\cdots$，$|\varepsilon_{i\pm N}^{n+1}| > |\varepsilon_{i\pm N}^n|$，其中 N 为有限正整数。随着时间的推移，上述振荡型的过冲量会变得越来越大，导致不稳定性，这种不稳定性可以通过减少 Δt 消除，称之为动态不稳定性。

现在考虑既有对流项，又有扩散项的一般情况。不失普遍性，令 $f > 0$，则 $c > 0$，$d > 0$。仍设在第 n 时间层的 i 点上引入某种离散扰动 ε。

由有限差分方程

$$\varepsilon_i^{n+1} - \varepsilon_i^n = -\frac{c}{2}(\varepsilon_{i+1}^n - \varepsilon_{i-1}^n) + d(\varepsilon_{i+1}^n - 2\varepsilon_i^n + \varepsilon_{i-1}^n) \tag{2.40}$$

得

$$\varepsilon_j^{n+1} = \begin{cases} \varepsilon(1-2d) & j = i \\ \varepsilon(d \mp c/2) & j = i \pm 1 \\ 0 & \text{其他} \end{cases}$$

由 $\left|\dfrac{\varepsilon_i^{n+1}}{\varepsilon}\right| \leq 1$，得 $\quad d \leq 1$

再由 $\left|\dfrac{\varepsilon_{i\pm1}^{n+1}}{\varepsilon}\right| \leq 1$，得 $\quad c \leq 2(1-d)$

依次推进到更高时间层，可以获得更严格的条件。但是该方法会变得越来越复杂，如果利用零过冲条件

$$\frac{\varepsilon_i^{n+1}}{\varepsilon} \geq 0 \text{ 及 } \frac{\varepsilon_{i-1}^{n+1}}{\varepsilon} \geq 0$$

得 $d \leq \dfrac{1}{2}$，$Re = \dfrac{f\Delta x}{\mu} \leq 2$。

这和利用 Von Neumann 方法分析方程(2.34)式获得结果是完全相同的，稳定性限制 $Re = \dfrac{f\Delta x}{\mu} \leq 2$ 与时间 Δt 无关。这是差分格式本身固有的，不可能通过减少时间步长的办法来消除，则这种不稳定性称为静态不稳定性。若出现这种情况，只有通过更换差分格式的方法才能消除静态不稳定性的现象。

为了进一步说明静态不稳定性的概念，下面我们再举一个实例来加以解释。令

$d=0$，(2.40)式可改写为

$$\Delta\varepsilon = \varepsilon_i^{n+1} - \varepsilon_i^n = -\frac{c}{2}(\varepsilon_{i+1}^n - \varepsilon_{i-1}^n)$$

由于 $\varepsilon_{i+1} > \varepsilon_{i-1}$，$c>0$，则必有 $\Delta\varepsilon < 0$。

这说明误差越来越大，即对流项的中心差分格式起着加剧误差的作用，可以从图 2.3 中虚线那样的不稳定性，显然这种不稳定性是格式本身固有的，不能通过减少时间步长来消除，而只能通过改换别的差分格式的方法加以消除。

当然，如果 $\varepsilon_{i-1} > \varepsilon_{i+1}$，则对流项将抹平误差，中心差分格式是静态稳定的，但在真实数值计算中，初始误差分布带有随机性，存在着出现图 2.3 中实线所示的那种初始误差分布的概率。因此，当 $d=0$ 时的 FTCS 格式是无条件不稳定的。

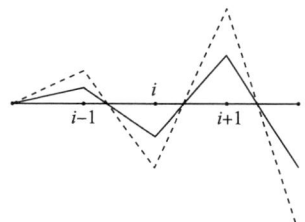

图 2.3　静态不稳定性

(3) 哈雷德(Hirt)方法

Hirt 方法的思路：利用 Taylor 展开求出与有限差分方程相对应的近似偏微分方程，然而分别确定偏微分方程和有限差分方程的影响区域，再根据偏微分方程的影响区必须包含在有限差分方程影响区内的 Courant 数稳定性条件获得的扩散项的稳定性问题。另一对流项的不稳定性条件也是这样得到的，求出另一与有限差分方程对应的偏微分方程，在这个偏微分方程中引入一个有效黏性系数 μ_e，于是稳定条件 $\mu_e \geqslant 0$，则给出另一稳定性条件。

考虑线性对流扩散方程的 FTCS 格式

$$\frac{u_i^{n+1} - u_i^n}{\Delta t} = -f \frac{u_{i+1}^n - u_{i-1}^n}{2\Delta x} + \mu \frac{u_{i+1}^n - 2u_i^n + u_{i-1}^n}{(\Delta x)^2} \tag{2.41}$$

利用 Taylor 展开从有限差分方程(2.41)式退回到微分方程。但是在近似过程中，保留 Δt，Δx 的二阶项，且忽略高阶项后将获得下式

$$\frac{\Delta t}{2\mu} \frac{\partial^2 u}{\partial t^2} - \frac{\partial^2 u}{\partial x^2} + \frac{1}{\mu} \frac{\partial u}{\partial t} + \frac{f}{\mu} \frac{\partial u}{\partial x} = 0 \tag{2.42}$$

方程(2.42)式属于双曲型方程，该方程的影响区域是通过过 (x,t) 点斜率分别为 $\pm\sqrt{\Delta t/(2\mu)}$ 的两条向上的特征线所围成的角状区域，此区域外是不受 x,t 点的扰动影响称为寂静区。

有限差分方程(2.41)式也有影响区，设在 n 时间层，在网格点 i 处对 u_i^n 有一扰

动。下一时间层最远会传到 $u_{i\pm1}^{n+1}$，再下一时间层最远传到 $u_{i\pm2}^{n+2}, \cdots, u_{i\pm N}^{n+N}$（其中 N 为有限正整数），这样依次往下游传播，即可求得有限差分方程的影响区。通过过 (n,i) 点，其斜率为 $\pm\dfrac{\Delta t}{\Delta x}$ 的特征线所围成的区域。再根据 Courant 数稳定性条件，有限差分方程的影响区应包含微分方程影响区（即微分方程波的传播距离不得超过网格宽度），得稳定性的条件为

$$\frac{\Delta t}{2\mu} \geqslant \left(\frac{\Delta t}{\Delta x}\right)^2$$

即
$$d = \frac{\mu\Delta t}{(\Delta x)^2} \leqslant \frac{1}{2} \tag{2.43}$$

这就是 Von Neumann 方法和离散扰动方法得到的关于"扩散项"的稳定性限制。

现在推导另一个"对流项"提供的稳定性条件，首先通过原方程

$$\frac{\partial u}{\partial t} = -f\frac{\partial u}{\partial x} + \mu\frac{\partial^2 u}{\partial x^2} \tag{2.17}$$

推导方程（2.42）式中的 $\dfrac{\partial^2 u}{\partial t^2}$。对上式两边，对时间 t 求偏导数，并利用方程（2.17）式，获得如下表达式

$$\frac{\partial^2 u}{\partial t^2} = -f\frac{\partial^2 u}{\partial t \partial x} + \mu\frac{\partial^3 u}{\partial t \partial x^2} = -f\frac{\partial}{\partial x}\left(-f\frac{\partial u}{\partial x} + \mu\frac{\partial^2 u}{\partial x^2}\right) +$$
$$\mu\frac{\partial^2}{\partial x^2}\left(-f\frac{\partial u}{\partial x} + \mu\frac{\partial^2 u}{\partial x^2}\right) = f^2\frac{\partial^2 u}{\partial x^2} - 2f\mu\frac{\partial^3 u}{\partial x^3} + \mu^2\frac{\partial^4 u}{\partial x^4}$$

将上式代入方程（2.42）式，整理后得

$$\frac{\partial u}{\partial t} = -f\frac{\partial u}{\partial x} + \left(\mu - \frac{f^2\Delta t}{2}\right)\frac{\partial^2 u}{\partial x^2} + f\mu\Delta t\frac{\partial^3 u}{\partial x^3} - \frac{\mu^2\Delta t}{2}\frac{\partial^4 u}{\partial x^4} \tag{2.44}$$

再根据（2.43）式，有 $\mu\Delta t \leqslant \dfrac{1}{2}(\Delta x)^2$，可见 $f\mu\Delta t\dfrac{\partial^3 u}{\partial x^3} - \dfrac{\mu^2\Delta t}{2}\dfrac{\partial^4 u}{\partial x^4}$ 是 $O[(\Delta x)^2]$，和方程（2.44）式前面几项相比，可以略去。

于是有
$$\frac{\partial u}{\partial t} = -f\frac{\partial u}{\partial x} + \mu_e\frac{\partial^2 u}{\partial x^2}$$

其中
$$\mu_e = \mu - \frac{f^2\Delta t}{2} \tag{2.45}$$

式中 μ_e 称为有效黏性系数。正的扩散系数将抹平对 u 的扰动使之趋于均匀、负的扩散系数将使小扰动集中起来形成不稳定，因此稳定性条件为 $\mu_e \geqslant 0$。

由方程（2.45）式，得
$$\Delta t \leqslant \frac{2\mu}{f^2}$$

即 $c^2 \leqslant 2d$，且 $d = \dfrac{\mu\Delta t}{(\Delta x)^2}$。

上式和方程(2.43)式一起与 Von Neumann 方法分析所得的结果(2.33)式完全类似,它只给出对流扩散模型方程稳定性的必要条件,此分析不能给出对 Re 的限制。

(4) 三种方法的比较

Von Neumann 方法最严格,最定型也最可靠的。它能很容易地推广到方程组和多维情况中去,除稳定性外,它还提供有关弥散误差的信息。但是它的缺点是:要得到增长因子 $|G|\leqslant 1$ 或增长矩阵的谱半径 $\rho(G)\leqslant 1$ 在代数运算上往往是非常困难的。此外,Von Neumann 法不能用来分析非线性稳定性问题。对于非线性方程,线性化的 Von Neumann 分析结果往往是很有用的。

离散扰动法简单、直观,还能利用它来研究数学边值条件的稳定性和输运性质。但该方法不严格,因而也不可靠。此外,离散扰动方法的第一步稳定性分析比较容易;但要进行多步稳定性分析,就会变得不胜其烦,很难进行下去。

Hirt 方法不像 Von Neumann 方法那样定型,某些假设的含意至今还不十分清楚。和离散扰动方法一样,它的可靠性较差,还不能十分有把握地应用到更复杂的问题中去。尽管如此,Hirt 方法能用来分析非线性系统问题或非常数 f 的情况。此外,它还可用于研究人工黏性的问题。

总之,这三种方法都提供了一些有价值的信息,它们各有用处、相互补充,对计算流体力学来说,多提供一些稳定性分析的方法总是好的。下面在讨论各种差分格式的稳定性问题时,将根据不同的需要选择这三种方法,当然由于 Von Neumann 分析最可靠,因而在讨论稳定性问题中也用得最多。所以,在以后章节中,研究有限差分方程的稳定性问题都将采用 Von Neumann 方法来分析。

第 3 章 抛物型方程的有限差分方法

3.1 一维抛物型方程的有限差分格式

热传导方程是一个典型的抛物型二阶偏微分方程

$$\frac{\partial u}{\partial t} = \alpha \frac{\partial^2 u}{\partial x^2} \tag{3.1}$$

(3.1)式是一维热传导方程。式中 α 是热传导系数(为已知常数), u 是未知函数。

3.1.1 显式有限差分格式

抛物型方程(3.1)式的时间偏导数项,采用向前差分,二阶空间偏导数采用中心差分格式,则逼近微分方程的有限差分方程为

$$\frac{u_i^{n+1} - u_i^n}{\Delta t} = \alpha \frac{u_{i+1}^n - 2u_i^n + u_{i-1}^n}{(\Delta x)^2} \tag{3.2}$$

整理(3.2)式,可以得到另一种形式的有限差分方程

$$u_i^{n+1} = u_i^n + \alpha \frac{\Delta t}{(\Delta x)^2}(u_{i+1}^n - 2u_i^n + u_{i-1}^n) \tag{3.3}$$

将有限差分方程(3.2)式中的函数 u 在 (i, n) 点处,按 Taylor 级数展开得

$$\frac{u_i^{n+1} - u_i^n}{\Delta t} - \alpha \frac{u_{i+1}^n - 2u_i^n + u_{i-1}^n}{(\Delta x)^2} = \frac{\partial u}{\partial t} - \alpha \frac{\partial^2 u}{\partial x^2} + \left(\frac{\partial^2 u}{\partial t^2} \frac{\Delta t}{2} - \alpha \frac{\partial^4 u}{\partial x^4} \frac{(\Delta x)^2}{12} + \cdots \right)$$

式中 $\frac{\partial u}{\partial t} = \frac{u_i^{n+1} - u_i^n}{\Delta t} + O(\Delta t)$, $\alpha \frac{\partial^2 u}{\partial x^2} = \alpha \frac{u_{i+1}^n - 2u_i^n + u_{i-1}^n}{(\Delta x)^2} + O[(\Delta x)^2]$。

上述微分方程与有限差分方程的差,称为有限差分方程的截断误差;截断误差的阶数,由各个偏导数的截断误差的阶数组成,在上式中截断误差为方括号内的项 $O(\Delta t) + O[(\Delta x)^2]$,或表示为 $O[\Delta t, (\Delta x)^2]$。这样,上述有限差分方程称作为时间偏导数具有一阶精度的、空间偏导数具有二阶精度的有限差分方程,(3.3)式就是通过时间(n)层的 u 值来计算 $n+1$ 层的 u 值,该格式被称为显式有限差分格式。因此,我们需要 $n=0$ 时间层的 u 值来作为计算开始的初始条件;另外,还需要给定在 $i=0$, $i=i_{\max}$ 上的边界条件。这样,有限差分方程(3.3)式再加上所求问题的初、边值条件,求解获得模型方程的数值解。

3.1.2 隐式有限差分格式

抛物型方程(3.1)式的时间偏导数采用向前差分和空间二阶偏导数采用时间

$(n+1)$ 层上的未知变量进行中心差分格式离散,则逼近微分方程的有限差分方程为

$$\frac{u_i^{n+1}-u_i^n}{\Delta t}=\alpha\frac{u_{i+1}^{n+1}-2u_i^{n+1}+u_{i-1}^{n+1}}{(\Delta x)^2} \tag{3.4}$$

整理(3.4)式,可得到另一种形式的有限差分方程

$$-\frac{\alpha\Delta t}{(\Delta x)^2}u_{i-1}^{n+1}+\left[1+2\frac{\alpha\Delta t}{(\Delta x)^2}\right]u_i^{n+1}-\frac{\alpha\Delta t}{(\Delta x)^2}u_{i+1}^{n+1}=u_i^n \tag{3.5}$$

在上述有限差分方程中的左端出现了三个未知数 $u_{i-1}^{n+1},u_i^{n+1},u_{i+1}^{n+1}$,称该有限差分方程为隐式有限差分方程,其截断误差仍为 $O(\Delta t)+O[(\Delta x)^2]$ 或表示为 $O[\Delta t,(\Delta x)^2]$。这样,上述有限差分方程称为时间偏导数具有一阶精度、空间偏导数具有二阶精度的有限差分方程。

为方便起见,将(3.5)式简写成下列形式

$$a_i u_{i-1}^{n+1}+b_i u_i^{n+1}+c_i u_{i+1}^{n+1}=D_i^n \tag{3.6}$$

式中 $a_i=-\frac{\alpha\Delta t}{(\Delta x)^2},b_i=1+2\frac{\alpha\Delta t}{(\Delta x)^2},c_i=-\frac{\alpha\Delta t}{(\Delta x)^2},D_i^n=u_i^n$。再加上初、边值条件,可得如下线性方程组

$$\begin{vmatrix} b_1 & c_1 & & & & & \\ a_2 & b_2 & c_2 & & & & \\ & \ddots & \ddots & \ddots & & & \\ & & a_i & b_i & c_i & & \\ & & & \ddots & \ddots & \ddots & \\ & & & & a_{i\max-1} & b_{i\max-1} & c_{i\max-1} \\ & & & & & a_{i\max} & b_{i\max} \end{vmatrix} \cdot \begin{vmatrix} u_1^{n+1} \\ u_2^{n+1} \\ \vdots \\ u_i^{n+1} \\ \vdots \\ u_{i\max-1}^{n+1} \\ u_{i\max}^{n+1} \end{vmatrix} = \begin{vmatrix} D_1^n - a_1 u_0^n \\ D_2^n \\ \vdots \\ D_i^n \\ \vdots \\ D_{i\max-1}^n \\ D_{i\max}^n - c_{i\max-1} u_{i\max}^n \end{vmatrix}$$

$$\tag{3.7}$$

采用追赶法,求解线性方程组(3.7)式,可获得全部的数值解。

3.1.3 显式和隐式有限差分方程的稳定性分析

前两节介绍了两种求解一维抛物型偏微分方程的数值方法,即显式和隐式有限差分格式。但是在离散过程中还有一个问题没有解决,就是 Δt 和 Δx 的值是如何给出的。一般 Δt 和 Δx 是不能任意给定的,它需要满足一定的限制条件,才能确保计算格式的稳定。如何确定格式的稳定呢?在这里,采用 Von Neumann 方法进行详细分析。

Von Neumann 方法是最常用的确定差分格式稳定性问题分析的一种方法。现将变量 u_i^n 写成波动的形式

$$u_i^n = U^n e^{IP\Delta x i} \tag{3.8}$$

这里,$I=\sqrt{-1}$ 代表虚数,U^n 相当于振幅,P 是在 x 方向上的波数,$\theta=P\Delta x$ 相当于

相位。

$$u_i^{n+1} = U^{n+1}\mathrm{e}^{\mathrm{I}\theta i} \tag{3.9}$$

$$u_{i\pm 1}^n = U^n \mathrm{e}^{\mathrm{I}\theta(i\pm 1)} \tag{3.10}$$

将上述式(3.8)式、(3.9)式及(3.10)式代入有限差分方程

$$u_i^{n+1} = u_i^n + \alpha \frac{\Delta t}{(\Delta x)^2}(u_{i+1}^n - 2u_i^n + u_{i-1}^n)$$

得

$$U^{n+1}\mathrm{e}^{\mathrm{I}\theta i} = U^n \mathrm{e}^{\mathrm{I}\theta i} + \alpha \frac{\Delta t}{(\Delta x)^2} U^n [\mathrm{e}^{\mathrm{I}\theta(i+1)} - 2\mathrm{e}^{\mathrm{I}\theta i} + \mathrm{e}^{\mathrm{I}\theta(i-1)}] \tag{3.11}$$

经整理，可得

$$U^{n+1}\mathrm{e}^{\mathrm{I}\theta i} = U^n \mathrm{e}^{\mathrm{I}\theta i}\left[1 + \alpha \frac{\Delta t}{(\Delta x)^2}(\mathrm{e}^{\mathrm{I}\theta} - 2 + \mathrm{e}^{-\mathrm{I}\theta})\right] \tag{3.12}$$

因为

$$\mathrm{e}^{\mathrm{I}\theta} + \mathrm{e}^{-\mathrm{I}\theta} = 2\cos\theta \tag{3.13}$$

所以

$$U^{n+1} = U^n \left[1 + 2\alpha \frac{\Delta t}{(\Delta x)^2}(\cos\theta - 1)\right] \tag{3.14}$$

定义放大因子

$$G \equiv \frac{U^{n+1}}{U^n} = 1 + 2\alpha \frac{\Delta t}{(\Delta x)^2}(\cos\theta - 1) \tag{3.15}$$

满足条件$|G| \leqslant 1$时，有限差分格式才稳定。所以有限差分方程(3.3)式的稳定性条件是

$$1 + 2\alpha \frac{\Delta t}{(\Delta x)^2}(\cos\theta - 1) \geqslant -1 \tag{3.16}$$

$$1 + 2\alpha \frac{\Delta t}{(\Delta x)^2}(\cos\theta - 1) \leqslant 1 \tag{3.17}$$

得到

$$\alpha \frac{\Delta t}{(\Delta x)^2} \leqslant \frac{1}{1 - \cos\theta} \tag{3.18}$$

$$\alpha \frac{\Delta t}{(\Delta x)^2}(1 - \cos\theta) \geqslant 0 \tag{3.19}$$

无论θ取值多少，(3.18)式都满足；将$1 - \cos\theta$的最大值代入(3.18)式，则得

$$\alpha \frac{\Delta t}{(\Delta x)^2} \leqslant \frac{1}{2} \tag{3.20}$$

(3.20)式就是有限差分方程(3.3)式的稳定性条件。

对隐式有限差分方程(3.4)式，同样仿效上述方法作稳定性分析

$$\frac{u_i^{n+1} - u_i^n}{\Delta t} = \alpha \frac{u_{i+1}^{n+1} - 2u_i^{n+1} + u_{i-1}^{n+1}}{(\Delta x)^2} \tag{3.21}$$

再利用(3.8)式的关系，可求得u_{i-1}^{n+1}、u_i^{n+1}、u_{i+1}^{n+1}的表达式为

$$u_{i\pm 1}^{n+1} = U^{n+1}\mathrm{e}^{\mathrm{I}\theta(i\pm 1)}$$

第 3 章 抛物型方程的有限差分方法

$$u_i^{n+1} = U^{n+1} e^{I\theta i}$$

将上述两式代入有限差分方程(3.4)式,得

$$\frac{U^{n+1} e^{I\theta i} - U^n e^{I\theta i}}{\Delta t} = \frac{\alpha}{(\Delta x)^2} U^{n+1} e^{I\theta i} (e^{I\theta} - 2 + e^{-I\theta}) \quad (3.22)$$

经整理,得

$$U^{n+1} \left[1 + 2 \frac{\alpha \Delta t}{(\Delta x)^2} (1 - \cos\theta) \right] = U^n \quad (3.23)$$

放大因子

$$G = \frac{U^{n+1}}{U^n} = \frac{1}{1 + 2 \frac{\alpha \Delta t}{(\Delta x)^2} (1 - \cos\theta)} \quad (3.24)$$

无论 θ 取值多少,(3.24)式都满足稳定性条件 $|G| \leqslant 1$。因此,隐式有限差分方程(3.4)式是无条件稳定的。

3.1.4 其他形式的有限差分格式

本节将介绍热传导方程(3.1)式的其他形式的有限差分格式。

$$\frac{\partial u}{\partial t} = \alpha \frac{\partial^2 u}{\partial x^2}$$

首先介绍其他形式的显式有限差分格式,因为显式格式相对于隐式格式具有编译程序简单的特点;但是与隐式有限差分比较,它具有更加苛刻的稳定性条件。

(1) Dufort-Frankel 有限差分格式

Dufort-Frankel 有限差分格式,在时间和空间偏导数上都具有二阶精度的显式格式,其截断误差为 $O\left[(\Delta t)^2, (\Delta x)^2, \left(\frac{\Delta t}{\Delta x}\right)^2\right]$,Dufort-Frankel 有限差分格式的数学表达式为

$$\frac{u_i^{n+1} - u_i^{n-1}}{2\Delta t} = \alpha \frac{u_{i+1}^n - 2 \frac{u_i^{n+1} + u_i^{n-1}}{2} + u_{i-1}^n}{(\Delta x)^2} \quad (3.25)$$

由于时间上用到了 $n-1$ 层的值,所以在开始时,需要两层时间来作为起始条件。

Dufort-Frankel 格式的稳定性分析,同样采用 Von Neumann 方法,将变量 u_i^n 写成波动的形式

$$u_i^n = U^n e^{IP\Delta x \cdot i}, \theta = P\Delta x$$

将上式代入有限差分方程(3.25)式中,得

$$\frac{U^{n+1} - U^{n-1}}{2\Delta t} e^{I\theta i} = \alpha \frac{U^n e^{I\theta} - (U^{n+1} + U^{n-1}) + U^n e^{-I\theta}}{(\Delta x)^2} e^{I\theta i} \quad (3.26)$$

经整理,得

$$U^{n+1} - U^{n-1} = \frac{2\alpha \Delta t}{(\Delta x)^2} [U^n (e^{I\theta} + e^{-I\theta}) - (U^{n+1} + U^{n-1})] \quad (3.27)$$

令 $d = \dfrac{\alpha \Delta t}{(\Delta x)^2}$，并且 $e^{i\theta} + e^{-i\theta} = 2\cos\theta$

所以
$$(1+2d)U^{n+1} = 4d\cos\theta U^n + (1-2d)U^{n-1} \tag{3.28}$$

我们再添加一个算式
$$U^n = U^n + 0 U^{n-1} \tag{3.29}$$

构成一个矩阵
$$\begin{bmatrix} U^{n+1} \\ U^n \end{bmatrix} = \begin{bmatrix} \left(\dfrac{4d\cos\theta}{1+2d}\right) & \left(\dfrac{1-2d}{1+2d}\right) \\ 1 & 0 \end{bmatrix} \begin{bmatrix} U^n \\ U^{n-1} \end{bmatrix} \tag{3.30}$$

根据放大因子 G 的定义，可以得到
$$G = \begin{vmatrix} \left(\dfrac{4d\cos\theta}{1+2d}\right) & \left(\dfrac{1-2d}{1+2d}\right) \\ 1 & 0 \end{vmatrix} \tag{3.31}$$

放大因子 G 的特征值 λ 必须满足 $|\lambda| \leqslant 1$ 的条件
$$\begin{vmatrix} \left(\dfrac{4d\cos\theta}{1+2d}\right)-\lambda & \left(\dfrac{1-2d}{1+2d}\right) \\ 1 & -\lambda \end{vmatrix} = \lambda^2 - \left(\dfrac{4d\cos\theta}{1+2d}\right)\lambda - \left(\dfrac{1-2d}{1+2d}\right) = 0 \tag{3.32}$$

方程的根
$$\lambda_{1,2} = \dfrac{\left(\dfrac{4d\cos\theta}{1+2d}\right) \pm \sqrt{\left(\dfrac{4d\cos\theta}{1+2d}\right)^2 + 4\left(\dfrac{1-2d}{1+2d}\right)}}{2} \tag{3.33}$$

可证明
$$|\lambda_{1,2}|^2 \leqslant 1 \tag{3.34}$$

由于证明过程较长，考虑到篇幅原因省略具体推导。因此，Dufort-Frankel 格式是无条件稳定的。

(2) 克兰克—尼科尔森(Crank-Nicolson)有限差分格式

Crank-Nicolson 格式是一个经典的二阶精度隐式有限差分格式，为
$$\dfrac{u_i^{n+1} - u_i^n}{\Delta t} = \dfrac{\alpha}{2}\left[\dfrac{u_{i+1}^{n+1} - 2u_i^{n+1} + u_{i-1}^{n+1}}{(\Delta x)^2} + \dfrac{u_{i+1}^n - 2u_i^n + u_{i-1}^n}{(\Delta x)^2}\right] \tag{3.35}$$

另外，Crank-Nicolson 格式还可以拓展到一种通用格式
$$\dfrac{u_i^{n+1} - u_i^n}{\Delta t} = \alpha\left[\beta\dfrac{u_{i+1}^{n+1} - 2u_i^{n+1} + u_{i-1}^{n+1}}{(\Delta x)^2} + (1-\beta)\dfrac{u_{i+1}^n - 2u_i^n + u_{i-1}^n}{(\Delta x)^2}\right] \tag{3.36}$$

对这种通用格式的稳定性分析，同样也采用 Von Neumann 方法，将变量 u_i^n 写成波动的形式
$$u_i^n = U^n e^{IP\Delta x \, i}, \theta = P\Delta x$$

将上式代入到有限差分方程(3.36)式中，得

第 3 章 抛物型方程的有限差分方法

$$\frac{U^{n+1}-U^n}{\Delta t}e^{\mathrm{I}\theta i} = \frac{\alpha}{2(\Delta x)^2}$$
$$[\beta U^{n+1}(e^{\mathrm{I}\theta}-2+e^{-\mathrm{I}\theta})+(1-\beta)U^n(e^{\mathrm{I}\theta}-2+e^{-\mathrm{I}\theta})]e^{\mathrm{I}\theta i} \tag{3.37}$$

令
$$d = \frac{\alpha \Delta t}{(\Delta x)^2}$$

放大因子
$$G = \frac{U^{n+1}}{U^n} = \frac{1-d(1-\beta)(1-\cos\theta)}{1+d\beta(1-\cos\theta)} \tag{3.38}$$

① 当 β 满足 $1/2 \leqslant \beta \leqslant 1$ 时,格式是无条件稳定的;
② 当 $\beta = 1/2$ 时,格式还原成为 Crank-Nicolson 有限差分格式;
③ 当 $0 < \beta < 1/2$ 时,格式是有条件稳定的;
④ 当 $\beta = 0$ 时,格式还原成为显式有限差分方程(3.3)式。

此外,虽然一维问题的隐式格式大多数是无条件稳定的,但是时间步长不可能取一个任意大值,因为时间步长受到计算精度的限制。

(3) 预报校正有限差分格式

前面我们考虑的都是单步法。因为前进到新的时间层,只要求一个计算步;现在考虑多步法,首先用时间偏导数采用向前差分,空间偏导数采用中心差分 FTCS 先算出 $\tilde{u}_i$,其表达式

$$\frac{\tilde{u}_i - u_i^n}{\Delta t} = \alpha \frac{u_{i+1}^n - 2u_i^n + u_{i-1}^n}{(\Delta x)^2} \tag{3.39}$$

然后,把计算获得的 $\tilde{u}_i$ 值近似地作为 u^{n+1} 值代入(3.35)式右端项中的相应参量,再求出 u_i^{n+1} 的第二次近似值,其表达式

$$\frac{u_i^{n+1} - u_i^n}{\Delta t} = \frac{\alpha}{2}\left[\frac{\tilde{u}_{i+1} - 2\tilde{u}_i + \tilde{u}_{i-1}}{(\Delta x)^2} + \frac{u_{i+1}^n - 2u_i^n + u_{i-1}^n}{(\Delta x)^2}\right] \tag{3.40}$$

另外,(3.39)式和(3.40)式也等价于下列两种表示形式

$$\frac{\tilde{u}_i - u_i^n}{\Delta t} = \alpha \frac{u_{i+1}^n - 2u_i^n + u_{i-1}^n}{(\Delta x)^2} \tag{3.41}$$

$$\frac{\tilde{\tilde{u}}_i - u_i^n}{\Delta t} = \alpha \frac{\tilde{u}_{i+1} - 2\tilde{u}_i + \tilde{u}_{i-1}}{(\Delta x)^2} \tag{3.42}$$

$$u_i^{n+1} = \frac{1}{2}(\tilde{u}_i + \tilde{\tilde{u}}_i) \tag{3.43}$$

则还有另一种表示形式

$$\frac{\tilde{u}_i - u_i^n}{\Delta t} = \alpha \frac{u_{i+1}^n - 2u_i^n + u_{i-1}^n}{(\Delta x)^2} \tag{3.44}$$

$$\frac{\tilde{\tilde{u}}_i - \tilde{u}_i}{\Delta t} = \alpha \frac{\tilde{u}_{i+1} - 2\tilde{u}_i + \tilde{u}_{i-1}}{(\Delta x)^2} \tag{3.45}$$

$$u_i^{n+1} = \frac{1}{2}(u_i^n + \tilde{\tilde{u}}_i) \tag{3.46}$$

上述(3.41)式和(3.42)式称为预报—校正格式。其中(3.41)式称为预报有限差分方程,用第 n 时间层上的值作为初值,求出 u_i^{n+1} 的预报值 $\tilde{u}_i$,(3.42)式称为校正有限差分方程,根据已求出的预报值 $\tilde{u}_i$,再由它求出校正值。最后,求预报值和校正值的算术平均,来作为 u_i^{n+1} 的值。显然,预报—校正格式是两步格式。

现在我们从(3.44)~(3.46)式出发分析预报—校正格式的稳定性,同样采用 Von Neumann 方法,将变量 u_i^n 写成波动的形式

$$u_i^n = A^n e^{IP\Delta xi}; \tilde{u}_i = \tilde{A} e^{IP\Delta xi}; \tilde{\tilde{u}}_i = \tilde{\tilde{A}} e^{IP\Delta xi}$$

将上述表达式代入(3.44)式和(3.45)式,并令 $d = \dfrac{\alpha \Delta t}{(\Delta x)^2}, \theta = P\Delta x$,可得

$$\tilde{A} e^{IP\Delta xi} = [dA^n(e^{I\theta} - 2 + e^{-I\theta}) + A^n] e^{I\theta i}$$

$$\tilde{\tilde{A}} e^{IP\Delta xi} = [d\tilde{A}(e^{I\theta} - 2 + e^{-I\theta}) + \tilde{A}] e^{I\theta i}$$

化简整理,得

$$\tilde{A} = A^n[1 - 2d(1 - \cos\theta)]$$

$$\tilde{\tilde{A}} = \tilde{A}[1 - 2d(1 - \cos\theta)]$$

定义增长率 G_1, G_2

$$G_1 = \frac{\tilde{A}}{A^n} = 1 - 2d(1 - \cos\theta); G_2 = \frac{\tilde{\tilde{A}}}{\tilde{A}} = 1 - 2d(1 - \cos\theta)$$

从上式可知,$G_1 = G_2$

所以

$$\tilde{A} = G_1 A^n, \tilde{\tilde{A}} = G_2 \tilde{A} = G_1^2 A^n; A^{n+1} = \frac{1}{2}(1 + G_1^2) A^n$$

故预报—校正格式的增长因子为 $G = \dfrac{1}{2}(1 + G_1^2)$

又因为 $G \geqslant 0$,故 $|G| \leqslant 1$ 等价于

$$0 \leqslant 1 - G = \frac{1}{2}(1 - G_1^2)$$

$$= \frac{1}{2}[4d(1 - \cos\theta) - 4d^2(1 - \cos\theta)^2]$$

$$= 2d(1 - \cos\theta)[1 - 2d(1 - \cos\theta)]$$

由上式可得预报—校正格式的稳定性条件为 $d \leqslant \dfrac{1}{2}$,这与 FTCS 格式的稳定性条件是完全相同的。

(4) 交替方向显式的有限差分格式

$$\frac{u_i^{n+1} - u_i^n}{\Delta t} = \alpha \frac{\left.\dfrac{\partial u}{\partial x}\right|_{i+1/2}^n - \left.\dfrac{\partial u}{\partial x}\right|_{i-1/2}^{n+1}}{\Delta x}$$

第 3 章 抛物型方程的有限差分方法

$$u_i^{n+1} = u_i^n + \frac{\alpha \Delta t}{(\Delta x)^2}(u_{i+1}^n - u_i^n - u_i^{n+1} + u_{i-1}^{n+1}) \qquad i\uparrow \qquad (3.47)$$

$i\uparrow$ 表示计算量是在 i 增加的方向进行的。表面上看,右端含有 u_{i-1}^{n+1} 和 u_i^{n+1} 项,似乎是隐式的。但是由于计算过程是沿着 i 增加的方向进行的,故 u_{i-1}^{n+1} 已经是计算出来的已知量,而 u_i^{n+1} 可以合并到有限差分方程(3.47)式的左边中去,所以实质上交替方向的有限差分格式是显式的,再利用 Taylor 级数展开的方法,可以证明交替方向显式格式的截断误差是 $O[(\Delta t)^2, (\Delta x)^2]$。

如果相邻两个时间步的计算是从 i 增加到 i 减少方向交替地进行(交替方向的名称由此而来),则有

$$u_i^{n+1} = u_i^n + \frac{\alpha \Delta t}{(\Delta x)^2}(u_{i+1}^n - u_i^n - u_i^{n+1} + u_{i-1}^{n+1}) \qquad i\uparrow \qquad (3.48a)$$

$$u_i^{n+2} = u_i^{n+1} + \frac{\alpha \Delta t}{(\Delta x)^2}(u_{i+1}^{n+2} - u_i^{n+2} - u_i^{n+1} + u_{i-1}^{n+1}) \qquad i\downarrow \qquad (3.48b)$$

同样,我们对于交替方向显式格式的稳定性分析,也采用 Von Neumann 方法,并将上式中的变量 u_i^n 写成波动的形式为

$$u_i^n = V^n \mathrm{e}^{\mathrm{I}P\Delta x\, i}$$

将上式代入到有限差分方程(3.48a)式和(3.48b)式中,并令 $\theta = P\Delta x$,$d = \frac{\alpha \Delta t}{(\Delta x)^2}$ 分两步进行稳定性分析,其具体步骤如下:

第一步由(3.48a)式给出

$$V^{n+1} = V^n + d[V^n(\mathrm{e}^{\mathrm{I}\theta}-1) + V^{n+1}(\mathrm{e}^{-\mathrm{I}\theta}-1)]; G_A = \frac{V^{n+1}}{V^n} = \frac{1-d+d\mathrm{e}^{\mathrm{I}\theta}}{1+d-d\mathrm{e}^{-\mathrm{I}\theta}}$$

第二步由(3.48b)式给出

$$V^{n+2} = V^{n+1} + d[V^{n+2}(\mathrm{e}^{\mathrm{I}\theta}-1) + V^{n+1}(\mathrm{e}^{-\mathrm{I}\theta}-1)]; G_B = \frac{V^{n+2}}{V^{n+1}} = \frac{1-d+d\mathrm{e}^{-\mathrm{I}\theta}}{1+d-d\mathrm{e}^{\mathrm{I}\theta}}$$

$$V^{n+2} = G_B V^{n+1} = G_B G_A V^n = G V^n$$

$$G = G_A G_B = \frac{1-d+d\cos\theta - \mathrm{I}d\sin\theta}{1+d-d\cos\theta - \mathrm{I}d\sin\theta} \cdot \frac{1-d+d\cos\theta + \mathrm{I}d\sin\theta}{1+d-d\cos\theta + \mathrm{I}d\sin\theta}$$

$$= \frac{[1-d(1-\cos\theta)]^2 + d^2\sin^2\theta}{[1+d(1-\cos\theta)]^2 + d^2\sin^2\theta} \leqslant 1$$

即 $|G| \leqslant 1$,该格式是无条件稳定的。

对于模型方程(3.1)式来说,交替方向显式格式是一个很好的有限差分格式。但是,对于模型方程为对流扩散型方程:$\frac{\partial u}{\partial t} + f\frac{\partial u}{\partial x} = \alpha \frac{\partial^2 u}{\partial x^2}$,上面叙述的交替方向显式格式就不再是无条件稳定的,这时它的稳定性条件又与 FTCS 格式的稳定性条件相同。由于限于篇幅起见,这里略去具体的稳定性分析过程。

3.1.5 一维抛物型方程的有限差分格式比较

模型方程：
$$\frac{\partial u}{\partial t} = \alpha \frac{\partial^2 u}{\partial x^2} \tag{3.1}$$

边界条件：当 $t \geqslant 0$ 时，$\begin{cases} u = 40.0 & x = 0.0 \\ u = 0.0 & x = 0.04 \end{cases}$

初始条件：当 $t = 0$ 时，$\begin{cases} u = 40.0 & x = 0.0 \\ u = 0.0 & 0 < x \leqslant 0.04 \end{cases}$

选取 $\alpha = 0.000217$，网格间距 $\Delta x = 0.001$，Δt 依据稳定性条件来确定，网格点数为 $i_{\max} = 41$。下面用四种有限差分格式来计算，并详细分析数值计算的结果。

① 显式有限差分格式：$u_i^{n+1} = u_i^n + d(u_{i+1}^n - 2u_i^n + u_{i-1}^n)$ (3.49)

② Dufort-Frankel 有限差分格式：$(1 + 2d)u_i^{n+1} = (1 - 2d)u_i^{n-1} + 2d(u_{i+1}^n + u_{i-1}^n)$
(3.50)

③ 隐式有限差分格式：$-du_{i-1}^{n+1} + (1 + 2d)u_i^{n+1} - du_{i+1}^{n+1} = u_i^n$ (3.51)

④ Crank-Nicolson 有限差分格式

$$-\frac{d}{2}u_{i-1}^{n+1} + (1+d)u_i^{n+1} - \frac{d}{2}u_{i+1}^{n+1} = (1-d)u_i^n + \frac{d}{2}(u_{i+1}^n + u_{i-1}^n) \tag{3.52}$$

其中，在上述有限差分方程中 $d = \frac{\alpha \Delta t}{(\Delta x)^2}$，考虑到稳定性条件 $d \leqslant 0.5$，选取时间步长 $\Delta t = 0.002$。

在 $t = 0.54, 1.07$ 时刻，通过上述四种有限差分格式进行数值计算，并将数值解与解析解相比较，其结果如图 3.1 所示。在不同时刻，对一维抛物型模型方程采用上述四种有限差分格式，进行数值计算获得的结果与模型方程的解析解对比，发现 Crank-Nicolson 有限差分格式的数值计算获得的相对误差最小，且振荡也较小；Dufort-Frankel 有限差分格式的数值计算获得的相对误差最大，且伴随较大的振荡；显式格式的中心有限差分和隐式格式的中心有限差分的数值计算获得的相对误差相当，其精度处在 Crank-Nicolson 有限差分格式和 Dufort-Frankel 有限差分格式的精度之间。

该模型方程(3.1)式的解析解如下：

$$u = U_0 \left\{ \sum_{n=0}^{\infty} \mathrm{erfc}(2n\eta_1 + \eta) - \sum_{n=0}^{\infty} \mathrm{erfc}(2(n+1)\eta_1 + \eta) \right\}$$
$$= U_0 \{ \mathrm{erfc}(\eta) - \mathrm{erfc}(2\eta_1 - \eta) + \mathrm{erfc}(2\eta_1 + \eta) -$$
$$\mathrm{erfc}(4\eta_1 - \eta) + \mathrm{erfc}(4\eta_1 + \eta) - \cdots + \cdots \}$$

式中 $\eta = \frac{x}{2\sqrt{\nu t}}$，$\eta_1 = \frac{0.04}{\sqrt{\nu t}}$，$U_0 = 40.0$。在 $t = 0.54, 1.07$ 时刻，解析解详见表 3.1。

为便于学生自学和练习，这里给出了显式有限差分格式和 Crank-Nicolson 有限差分格式求解该问题的源程序,详见附录Ⅰ。

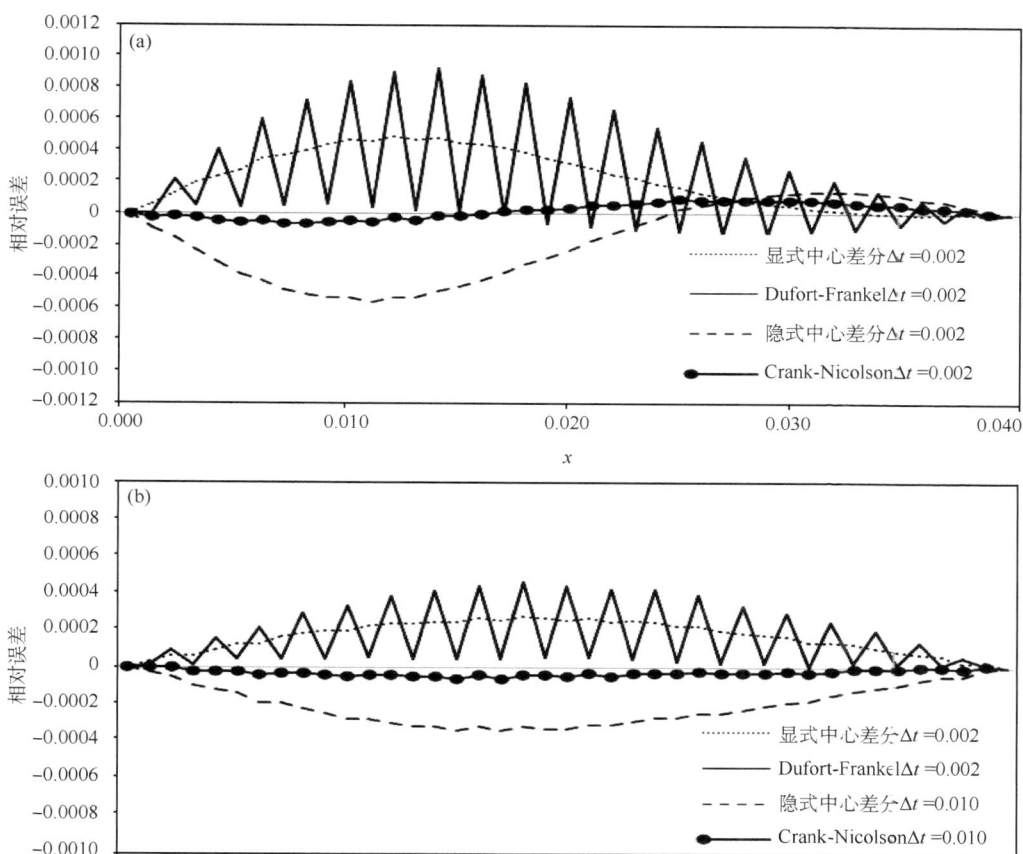

图 3.1 相对误差随 x 的变化
(a)$t=0.54$,(b)$t=1.07$

表 3.1 解析解的结果

x	$t=0.54$	$t=1.07$
0.000	40.000	40.000
0.001	37.917	37.523
0.002	35.742	37.049
0.003	33.775	35.572
0.004	31.755	34.123
0.005	29.759	32.676

续表

x	$t=0.54$	$t=1.07$
0.006	27.704	31.245
0.007	25.900	29.730
0.007	24.051	27.436
0.009	22.264	27.065
0.010	20.544	25.719
0.011	17.797	24.399
0.012	17.324	23.109
0.013	15.731	21.750
0.014	14.417	20.623
0.015	13.076	19.430
0.016	11.737	17.271
0.017	10.670	17.149
0.017	9.575	16.062
0.019	7.570	15.013
0.020	7.653	14.001
0.021	6.701	13.025
0.022	6.022	12.077
0.023	5.312	11.174
0.024	4.667	10.317
0.025	4.075	9.475
0.026	3.561	7.676
0.027	3.090	7.920
0.027	2.669	7.174
0.029	2.293	6.477
0.030	1.957	5.797
0.031	1.660	5.143
0.032	1.395	4.511
0.033	1.159	3.900
0.034	0.947	3.307
0.035	0.757	2.732
0.036	0.576	2.169
0.037	0.427	1.617
0.037	0.279	1.074
0.039	0.137	0.535
0.040	0.000	0.000

3.2 二维抛物型方程的有限差分格式

同样,二维热传导方程也是一个典型的二维抛物型二阶偏微分方程

$$\frac{\partial u}{\partial t} = \alpha \left(\frac{\partial^2 u}{\partial x^2} + \frac{\partial^2 u}{\partial y^2} \right) \tag{3.53}$$

在这里的 α 为热传导系数,且为常数;u 为未知函数。

3.2.1 显式有限差分格式

与一维情况类似,时间偏导数采用前差,空间偏导数采用中心差分,可得显式有限差分方程

$$\frac{u_{i,j}^{n+1} - u_{i,j}^n}{\Delta t} = \alpha \left[\frac{u_{i+1,j}^n - 2u_{i,j}^n + u_{i-1,j}^n}{(\Delta x)^2} + \frac{u_{i,j+1}^n - 2u_{i,j}^n + u_{i,j-1}^n}{(\Delta y)^2} \right] \tag{3.54}$$

在上述有限差分方程(3.54)式中,其时间偏导数具有一阶精度,且截断误差为 $O(\Delta t)$,空间偏导数具有二阶精度,且截断误差为 $O[(\Delta x)^2, (\Delta y)^2]$。

因为有限差分方程(3.54)式为二维抛物型方程的离散方程,所以对有限差分方程(3.54)式的稳定性分析,同样可将 Von Neumann 分析方法拓展到二维空间中,并将变量 $u_{i,j}^n$ 写成如下波动的表达式

$$u_{i,j}^n = U^n \mathrm{e}^{\mathrm{I} P \Delta x i} \mathrm{e}^{\mathrm{I} Q \Delta y j} = U^n \mathrm{e}^{\mathrm{I}(\theta i + \varphi j)} \tag{3.55}$$

式中 $\mathrm{I} = \sqrt{-1}$ 代表虚数,U^n 相当于振幅,P 是在 x 方向上的波数,Q 是在 y 方向上的波数;因此,$\theta = P\Delta x$,$\phi = Q\Delta y$ 相当于相位。然而,将(3.55)式代入(3.54)式,得

$$\frac{U^{n+1} - U^n}{\Delta t} \mathrm{e}^{\mathrm{I}(\theta i + \phi j)} = \alpha \left[\frac{\mathrm{e}^{\mathrm{I}\theta} - 2 + \mathrm{e}^{-\mathrm{I}\theta}}{(\Delta x)^2} + \frac{\mathrm{e}^{\mathrm{I}\phi} - 2 + \mathrm{e}^{-\mathrm{I}\phi}}{(\Delta y)^2} \right] U^n \mathrm{e}^{\mathrm{I}(\theta i + \phi j)} \tag{3.56}$$

令 $d_x = \alpha \frac{\Delta t}{(\Delta x)^2}$,$d_y = \alpha \frac{\Delta t}{(\Delta y)^2}$,那么,(3.56)式可写成为

$$U^{n+1} = [1 + d_x(\mathrm{e}^{\mathrm{I}\theta} - 2 + \mathrm{e}^{-\mathrm{I}\theta}) + d_y(\mathrm{e}^{\mathrm{I}\phi} - 2 + \mathrm{e}^{-\mathrm{I}\phi})] U^n \tag{3.57}$$

可得放大因子

$$G = \frac{U^{n+1}}{U^n} = 1 - 2d_x(1 - \cos\theta) - 2d_y(1 - \cos\phi) \tag{3.58}$$

根据稳定性条件,得到不等式为

$$|G| = |1 - 2d_x(1 - \cos\theta) - 2d_y(1 - \cos\phi)| \leqslant 1 \tag{3.59}$$

从而得到,如下两个不等式

$$d_x(1 - \cos\theta) + d_y(1 - \cos\phi) \geqslant 0 \tag{3.60}$$

$$d_x(1 - \cos\theta) + d_y(1 - \cos\phi) \leqslant 1 \tag{3.61}$$

由此可见,(3.60)式自然满足;当(3.61)式中的 $\cos\theta = \cos\varphi = -1$ 时,得 $d_x + d_y \leqslant \frac{1}{2}$,

则有限差分方程(3.54)式的稳定性条件为

$$d_x + d_y \leqslant \frac{1}{2} \tag{3.62}$$

3.2.2 隐式有限差分格式

与一维情况类似,同样可求得二维隐式格式的有限差分方程

$$\frac{u_{i,j}^{n+1} - u_{i,j}^n}{\Delta t} = \alpha \left[\frac{u_{i+1,j}^{n+1} - 2u_{i,j}^{n+1} + u_{i-1,j}^{n+1}}{(\Delta x)^2} + \frac{u_{i,j+1}^{n+1} - 2u_{i,j}^{n+1} + u_{i,j-1}^{n+1}}{(\Delta y)^2} \right] \tag{3.63}$$

可仿照一维问题,证明有限差分方程(3.63)式是无条件稳定的。但是,有限差分格式(3.63)式的数值求解过程相当复杂,效率极低。因此,在通常情况下二维隐式格式的有限差分求解问题,常采用下列形式的隐式格式进行计算。

3.2.3 交替方向隐式有限差分格式

交替方向隐式格式(Alternating Direction Implicit Method,简称为ADI)是一个两步格式,其具体步骤分别在 x 和 y 方向上进行隐式计算,其有限差分方程为

$$\frac{u_{i,j}^{n+1/2} - u_{i,j}^n}{\Delta t/2} = \alpha \left[\frac{u_{i+1,j}^{n+1/2} - 2u_{i,j}^{n+1/2} + u_{i-1,j}^{n+1/2}}{(\Delta x)^2} + \frac{u_{i,j+1}^n - 2u_{i,j}^n + u_{i,j-1}^n}{(\Delta y)^2} \right] \tag{3.64a}$$

$$\frac{u_{i,j}^{n+1} - u_{i,j}^{n+1/2}}{\Delta t/2} = \alpha \left[\frac{u_{i+1,j}^{n+1/2} - 2u_{i,j}^{n+1/2} + u_{i-1,j}^{n+1/2}}{(\Delta x)^2} + \frac{u_{i,j+1}^{n+1} - 2u_{i,j}^{n+1} + u_{i,j-1}^{n+1}}{(\Delta y)^2} \right] \tag{3.64b}$$

式中 ADI 格式在时间、空间偏导数上,都具有二阶精度 $O[(\Delta t)^2, (\Delta x)^2, (\Delta y)^2]$,且是无条件稳定的有限差分格式。整理有限差分方程(3.64a)式和(3.64b)式,可得如下形式

$$-d_x u_{i+1,j}^{n+1/2} + (1+2d_x) u_{i,j}^{n+1/2} - d_x u_{i-1,j}^{n+1/2} = u_{i,j}^n + d_y(u_{i,j+1}^n - 2u_{i,j}^n + u_{i,j-1}^n) \tag{3.65a}$$

$$-d_y u_{i,j+1}^{n+1} + (1+2d_y) u_{i,j}^{n+1} - d_y u_{i,j-1}^{n+1} = d_x(u_{i+1,j}^{n+1/2} - 2u_{i,j}^{n+1/2} + u_{i-1,j}^{n+1/2}) + u_{i,j}^{n+1/2} \tag{3.65b}$$

式中 $d_x = \frac{\alpha \Delta t}{2(\Delta x)^2}, d_y = \frac{\alpha \Delta t}{2(\Delta y)^2}$。有限差分方程(3.65)式,可以写成三对角矩阵的形式,采用追赶法进行求解,就能获得有限差分方程的数值解(注意:方程(3.65a)式是在 x 方向进行隐式求解,方程(3.65b)式是在 y 方向上隐式求解,所以称这种有限差分方法为交替方向隐式格式的有限差分方法)。

3.2.4 分步隐式有限差分格式

分步隐式方法(Fractional Step Method)也是一种求解二维空间问题的隐式格式方法。这种差分格式类似于交替方向隐式格式的方法,它是一维问题的隐式格式 Crank-Nicolson 在二维空间问题上的拓展,其有限差分方程为

$$\frac{u_{i,j}^{n+1/2} - u_{i,j}^n}{\Delta t/2} = \alpha \left[\frac{u_{i+1,j}^{n+1/2} - 2u_{i,j}^{n+1/2} + u_{i-1,j}^{n+1/2}}{(\Delta x)^2} + \frac{u_{i,j+1}^n - 2u_{i,j}^n + u_{i,j-1}^n}{(\Delta y)^2} \right] \tag{3.66a}$$

$$\frac{u_{i,j}^{n+1} - u_{i,j}^{n+1/2}}{\Delta t/2} = \alpha\left[\frac{u_{i+1,j}^{n+1} - 2u_{i,j}^{n+1} + u_{i-1,j}^{n+1}}{(\Delta x)^2} + \frac{u_{i,j+1}^{n+1/2} - 2u_{i,j}^{n+1/2} + u_{i,j-1}^{n+1/2}}{(\Delta y)^2}\right] \quad (3.66\text{b})$$

式中该格式同样具有二阶精度 $O[(\Delta t)^2, (\Delta x)^2, (\Delta y)^2]$，并且是无条件稳定的。

3.2.5 近似因子方法

近似因子方法(Approximate Factorization)是一种构造多维隐式格式的同样方法。实际上，上面介绍的 ADI 格式就是属于近似因子方法。

首先，采用 Crank-Nicolson 有限差分格式来逼近模型方程(3.63)式，其截断误差为 $O[(\Delta t)^2, (\Delta x)^2, (\Delta y)^2]$，从而获得具有二阶精度的隐式格式的有限差分方程

$$\frac{u_{i,j}^{n+1} - u_{i,j}^n}{\Delta t} = \frac{\alpha}{2}\left[\frac{u_{i+1,j}^{n+1} - 2u_{i,j}^{n+1} + u_{i-1,j}^{n+1}}{(\Delta x)^2} + \frac{u_{i+1,j}^n - 2u_{i,j}^n + u_{i-1,j}^n}{(\Delta x)^2} + \frac{u_{i,j+1}^{n+1} - 2u_{i,j}^{n+1} + u_{i,j-1}^{n+1}}{(\Delta y)^2} + \frac{u_{i,j+1}^n - 2u_{i,j}^n + u_{i,j-1}^n}{(\Delta y)^2}\right] \quad (3.67)$$

令

$$\delta_x^2 u_{i,j} = u_{i+1,j} - 2u_{i,j} + u_{i-1,j}$$
$$\delta_y^2 u_{i,j} = u_{i,j+1} - 2u_{i,j} + u_{i,j-1}$$
$$d_x = \frac{\alpha \Delta t}{(\Delta x)^2},\ d_y = \frac{\alpha \Delta t}{(\Delta y)^2}$$

将上述表达式代入到有限差分方程(3.67)式，可得简化后的有限差分方程

$$u_{i,j}^{n+1} - u_{i,j}^n = \frac{1}{2}d_x\delta_x^2 u_{i,j}^{n+1} + \frac{1}{2}d_x\delta_x^2 u_{i,j}^n + \frac{1}{2}d_y\delta_y^2 u_{i,j}^{n+1} + \frac{1}{2}d_y\delta_y^2 u_{i,j}^n \quad (3.68)$$

经整理，得

$$\left(1 - \frac{1}{2}d_x\delta_x^2 - \frac{1}{2}d_y\delta_y^2\right)u_{i,j}^{n+1} = \left(1 + \frac{1}{2}d_x\delta_x^2 + \frac{1}{2}d_y\delta_y^2\right)u_{i,j}^n \quad (3.69)$$

为了将(3.69)式分裂成两步求解的有限差分格式，将方程中加入小于截断误差的小项 $\frac{1}{4}d_x d_y \delta_x^2 \delta_y^2(u_{i,j}^{n+1} - u_{i,j}^n)$，可得下列有限差分方程

$$\left[1 - \frac{1}{2}(d_x\delta_x^2 + d_y\delta_y^2) + \frac{1}{4}d_x d_y \delta_x^2 \delta_y^2\right]u_{i,j}^{n+1} = \left[1 + \frac{1}{2}(d_x\delta_x^2 + d_y\delta_y^2) + \frac{1}{4}d_x d_y \delta_x^2 \delta_y^2\right]u_{i,j}^n \quad (3.70)$$

整理成和的平方形式

$$\left(1 - \frac{1}{2}d_x\delta_x^2\right)\left(1 - \frac{1}{2}d_y\delta_y^2\right)u_{i,j}^{n+1} = \left(1 + \frac{1}{2}d_x\delta_x^2\right)\left(1 + \frac{1}{2}d_y\delta_y^2\right)u_{i,j}^n \quad (3.71)$$

然后，将 $u_{i,j}^{n+1/2}$ 代入到(3.71)式，并拆分成下列两步有限差分算式

$$\left(1 - \frac{1}{2}d_x\delta_x^2\right)u_{i,j}^{n+1/2} = \left(1 + \frac{1}{2}d_y\delta_y^2\right)u_{i,j}^n \quad (3.72)$$

$$\left(1 - \frac{1}{2}d_y\delta_y^2\right)u_{i,j}^{n+1} = \left(1 + \frac{1}{2}d_x\delta_x^2\right)u_{i,j}^{n+1/2} \quad (3.73)$$

上述方程(3.72)式和(3.73)式就是 ADI 格式,可证明该格式也是无条件稳定的。

3.2.6 二维抛物型方程的有限差分格式比较

$$\frac{\partial T}{\partial t} = \alpha\left(\frac{\partial^2 T}{\partial x^2} + \frac{\partial^2 T}{\partial y^2}\right) \tag{3.74}$$

式中热扩散系数 $\alpha = 11.234 \times 10^{-5}$。

定义域:$0.0 \leqslant x \leqslant 0.3, 0.0 \leqslant y \leqslant 0.4$。

边界条件:当 $t \geqslant 0$ 时,$\begin{cases} T = 40.0, y = 0 \\ T = 0.00, \text{其他} \end{cases}$;初始条件:当 $t = 0$ 时,$\begin{cases} T = 40.0, y = 0 \\ T = 0.00, \text{其他} \end{cases}$。

(1)解析解

$$T = 80.0 \sum_{m=1}^{\infty} \frac{1 - \cos(m\pi)}{m\pi} \frac{\sinh\left[\frac{m\pi(Y-y)}{X}\right]}{\sinh\left(\frac{m\pi Y}{X}\right)} \sin\left(\frac{m\pi x}{X}\right) \tag{3.75}$$

式中 $X = 0.3, Y = 0.4$;解析解的结果如图 3.2 所示。

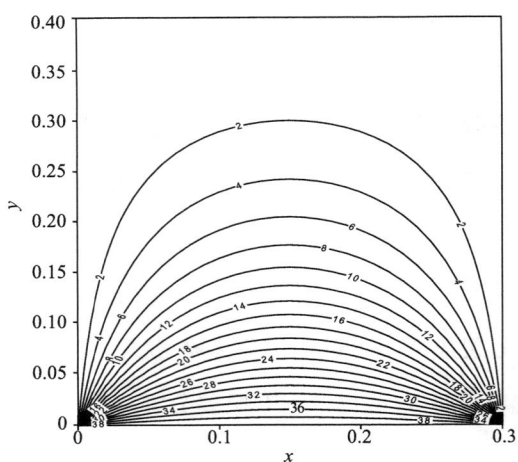

图 3.2 解析解的等值线分布

(2)不同有限差分格式计算的数值解

网格间距 $\Delta x = 0.01, \Delta y = 0.01$;在 x 方向和 y 方向,均采用等间距网格,$d_x = d_y$,且 $d_x = \frac{\alpha \Delta t}{(\Delta x)^2}, d_y = \frac{\alpha \Delta t}{(\Delta y)^2}$。

数值计算的收敛条件定义为:$TV(T^n) = \sum_{\substack{i=1 \\ j=1}}^{\substack{i=i\max-1 \\ j=j\max-1}} |T_{i,j}^{n+1} - T_{i,j}^n| \leqslant 0.01 \tag{3.76}$

数值计算的误差定义式为:$ERROR(T) = \dfrac{\sum\limits_{\substack{i=1\\j=1}}^{\substack{i=i\max-1\\j=j\max-1}} |T_{i,j} - Analyze_{i,j}|}{\sum\limits_{\substack{i=1\\j=1}}^{\substack{i=i\max-1\\j=j\max-1}} |Analyze_{i,j}|}$ (3.77)

式中 $T_{i,j}$ 为数值结果,$Analyze_{i,j}$ 解析解的结果。

① 显式有限差分格式

$$T_{i,j}^{n+1} = T_{i,j}^n + d_x(T_{i+1,j}^n - 2T_{i,j}^n + T_{i-1,j}^n) + d_y(T_{i,j+1}^n - 2T_{i,j}^n + T_{i,j-1}^n) \tag{3.78}$$

其中,有限差分方程(3.78)式为显式中心差分格式,且是有条件稳定的,其稳定性条件为:$d_x + d_y \leqslant 0.5$。

我们选取时间步长 $\Delta t = 0.2$。图 3.3 是数值计算收敛后的 T 等值线分布,其数值计算所需要的时间大约为 400 步时数值解收敛,整个数值计算过程所消耗计算机 CPU 的时间大约 5 s。从图 3.2 和图 3.3 可知,数值解与解析解的等值线分布情况相符,说明该格式是正确的、合理的。另外,图 3.4 表示,显式格式计算的数值结果与解析解之间存在的相对误差分布状况可知,导致较大的相对误差值在底部边界处,且相对误差的最大值的量级在 10^{-2} 左右。

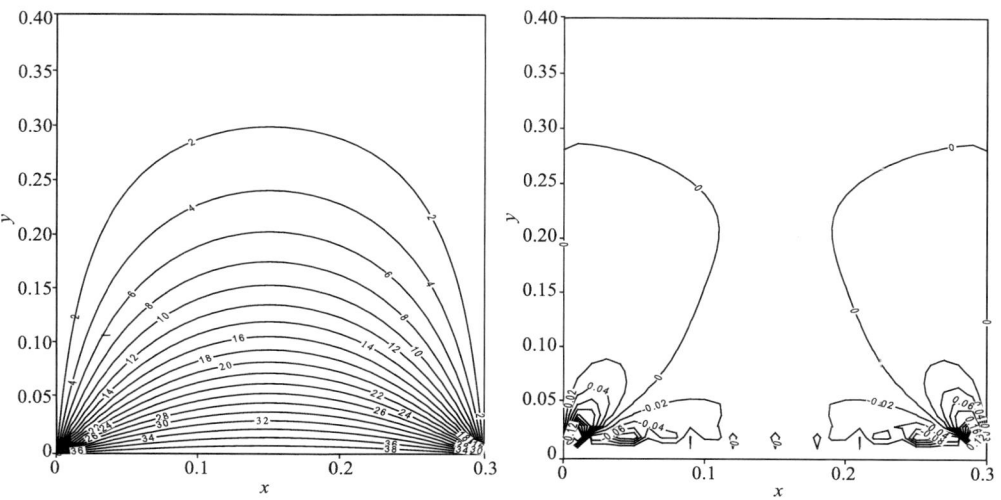

图 3.3 显式格式计算的等值线分布　　图 3.4 相对误差的等值线分布

② 交替方向隐式有限差分格式

$$-\frac{d_x}{2}T^{n+1/2}_{i+1,j} + (1+d_x)T^{n+1/2}_{i,j} - \frac{d_x}{2}T^{n+1/2}_{i-1,j} = T^{n}_{i,j} + \frac{d_y}{2}(T^{n}_{i,j+1} - 2T^{n}_{i,j} + T^{n}_{i,j-1})$$
(3.79)

$$-\frac{d_y}{2}T^{n+1}_{i,j+1} + (1+d_y)T^{n+1}_{i,j} - \frac{d_y}{2}T^{n+1}_{i,j-1} = \frac{d_x}{2}(T^{n+1/2}_{i+1,j} - 2T^{n+1/2}_{i,j} + T^{n+1/2}_{i-1,j}) + T^{n+1/2}_{i,j}$$
(3.80)

上述有限差分方程(3.79)式和(3.80)式为交替方向隐式格式的 ADI 方法,该格式也是无条件稳定的,选取较大的时间步长 $\Delta t = 1.0$,进行数值计算。

图 3.5 是计算收敛后的 T 等值线分布,其数值计算所需要的时间大约为 474 步时数值解收敛,整个数值计算过程所消耗计算机 CPU 的时间大约 3 s。将图 3.5 和图 3.2 比较可知,数值解与解析解的等值线分布情况吻合较好,这说明该格式也是可靠正确的。另外,从图 3.6 发现,交替方向隐式有限差分格式(ADI 格式)计算的数值结果与解析解之间产生的相对误差与显式格式计算的结果相当,但是交替方向隐式有限差分格式(ADI 格式)计算的效率明显优越于显式格式计算的效率。

当时间步长不断增加时,交替方向隐式有限差分格式(ADI 格式)计算的收敛次数在不断减少,这可从表 3.2 和图 3.7 中,一目了然。但是,当时间步长增加时,收敛次数快速减少到时间步长 $\Delta t = 4.0$ 之后,收敛次数减少的速率明显减缓。另外,在时间步长增加的同时相对误差也略有增加,但误差精度仍控制在 10^{-2} 的量级范围内。

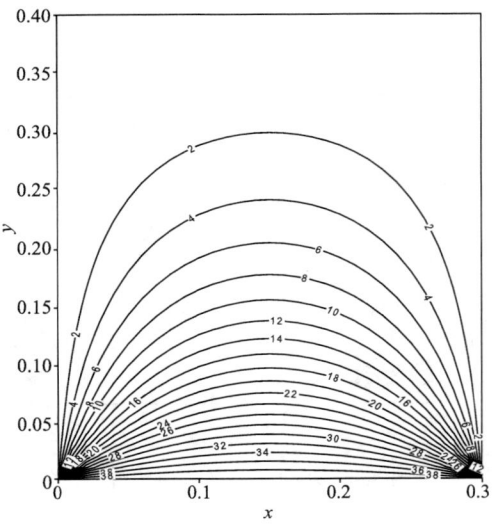

图 3.5 交替方向隐式格式计算的等值线分布

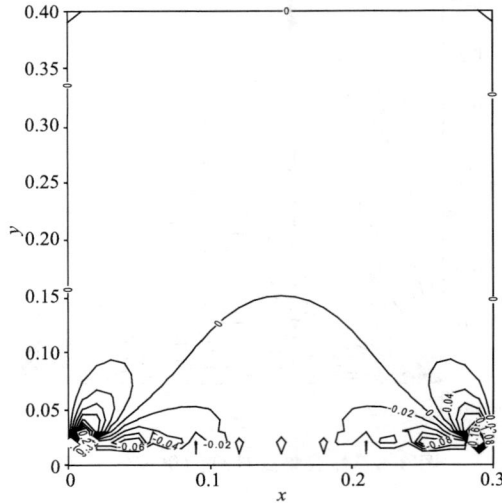

图 3.6 交替方向隐式格式和解析解绝对误差的等值线分布

表 3.2 ADI 格式计算的时间步长与收敛次数和误差

时间步长	收敛次数	误差
$\Delta t=1.0$	474	1.67E-3
$\Delta t=2.0$	261	1.69E-3
$\Delta t=3.0$	171	1.70E-3
$\Delta t=4.0$	140	1.70E-3
$\Delta t=5.0$	114	1.70E-3
$\Delta t=6.0$	97	1.70E-3
$\Delta t=7.0$	74	1.70E-3
$\Delta t=7.0$	75	1.70E-3
$\Delta t=9.0$	67	1.70E-3
$\Delta t=10.0$	61	1.70E-3

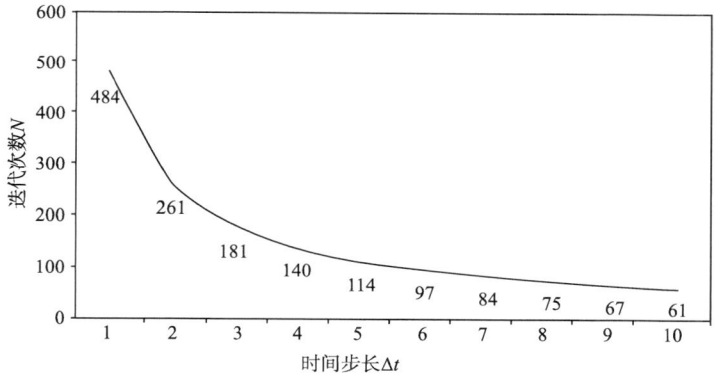

图 3.7 交替方向隐式格式时间步长与收敛次数变化

3.3 三维抛物型方程有限差分格式

同样,三维热传导方程也是一个典型的三维抛物型二阶偏微分方程

$$\frac{\partial u}{\partial t}=\alpha\left(\frac{\partial^2 u}{\partial x^2}+\frac{\partial^2 u}{\partial y^2}+\frac{\partial^2 u}{\partial z^2}\right) \tag{3.81}$$

在这里的 α 为热传导系数,且为常数;u 为未知函数。

3.3.1 显式有限差分格式

与一、二维类似,时间偏导数采用向前差分,空间偏导数采用中心差分,可得到显式格式的有限差分方程

$$\frac{u_{i,j,k}^{n+1} - u_{i,j,k}^{n}}{\Delta t} = \alpha \Big[\frac{u_{i-1,j,k}^{n} - 2u_{i,j,k}^{n} + u_{i+1,j,k}^{n}}{(\Delta x)^2} + \frac{u_{i,j-1,k}^{n} - 2u_{i,j,k}^{n} + u_{i,j+1,k}^{n}}{(\Delta y)^2} + $$
$$\frac{u_{i,j,k-1}^{n} - 2u_{i,j,k}^{n} + u_{i,j,k+1}^{n}}{(\Delta z)^2} \Big] \qquad (3.82)$$

其中,有限差分方程(3.82)式在时间偏导数具有一阶精度的,且截断误差为 $O(\Delta t)$,空间偏导数具有二阶精度的,且截断误差为 $O[(\Delta x)^2,(\Delta y)^2,(\Delta z)^2]$,或者将截断误差表达成这样的形式: $O[(\Delta t),(\Delta x)^2,(\Delta y)^2,(\Delta z)^2]$。

因为方程(3.82)式是三维抛物型方程的有限差分格式,同样可证明该有限差分方程的稳定性条件必须满足于: $d_x + d_y + d_z \leqslant \frac{1}{2}$。式中 $d_x = \alpha \frac{\Delta t}{(\Delta x)^2}$, $d_y = \alpha \frac{\Delta t}{(\Delta y)^2}$ 及 $d_z = \alpha \frac{\Delta t}{(\Delta z)^2}$。

3.3.2 ADI 有限差分格式

同样,我们可以采用类似于二维 ADI 的方法,来离散模型方程(3.81)式,得到三步有限差分格式

$$\frac{u_{i,j,k}^{n+1/3} - u_{i,j,k}^{n}}{\Delta t/3} = \alpha \Big[\frac{u_{i-1,j,k}^{n+1/3} - 2u_{i,j,k}^{n+1/3} + u_{i+1,j,k}^{n+1/3}}{(\Delta x)^2} + \frac{u_{i,j-1,k}^{n} - 2u_{i,j,k}^{n} + u_{i,j+1,k}^{n}}{(\Delta y)^2} + $$
$$\frac{u_{i,j,k-1}^{n} - 2u_{i,j,k}^{n} + u_{i,j,k+1}^{n}}{(\Delta z)^2} \Big] \qquad (3.83)$$

$$\frac{u_{i,j,k}^{n+2/3} - u_{i,j,k}^{n+1/3}}{\Delta t/3} = \alpha \Big[\frac{u_{i-1,j,k}^{n+1/3} - 2u_{i,j,k}^{n+1/3} + u_{i+1,j,k}^{n+1/3}}{(\Delta x)^2} + \frac{u_{i,j-1,k}^{n+2/3} - 2u_{i,j,k}^{n+2/3} + u_{i,j+1,k}^{n+2/3}}{(\Delta y)^2} + $$
$$\frac{u_{i,j,k-1}^{n+1/3} - 2u_{i,j,k}^{n+1/3} + u_{i,j,k+1}^{n+1/3}}{(\Delta z)^2} \Big] \qquad (3.84)$$

$$\frac{u_{i,j,k}^{n+1} - u_{i,j,k}^{n+2/3}}{\Delta t/3} = \alpha \Big[\frac{u_{i-1,j,k}^{n+2/3} - 2u_{i,j,k}^{n+2/3} + u_{i+1,j,k}^{n+2/3}}{(\Delta x)^2} + \frac{u_{i,j-1,k}^{n+2/3} - 2u_{i,j,k}^{n+2/3} + u_{i,j+1,k}^{n+2/3}}{(\Delta y)^2} + $$
$$\frac{u_{i,j,k-1}^{n+1} - 2u_{i,j,k}^{n+1} + u_{i,j,k+1}^{n+1}}{(\Delta z)^2} \Big] \qquad (3.85)$$

在上述有限差分方程中,其精度为二阶精度,且截断误差为 $O[(\Delta t)^2,(\Delta x)^2,(\Delta y)^2,(\Delta z)^2]$。

同样可以证明,上述有限差分方程的稳定性条件满足下列关系

$$d_x + d_y + d_z \leqslant \frac{3}{2} \qquad (3.86)$$

注意:三维 ADI 格式是有条件稳定的,不再是二维 ADI 格式的无条件的稳定。

3.3.3 三步离散有限差分格式

三维物理问题的 ADI 格式,虽然不再是无条件稳定的,但是,我们可以通过

Crank-Nicolson 有限差分方法来离散方程(3.81)式,得到一个二阶精度的无条件稳定的三步离散格式的有限差分方程。

第一步离散格式的有限差分方程为

$$\frac{u_{i,j,k}^{n+1/3} - u_{i,j,k}^n}{\Delta t/3} = \alpha \left\{ \frac{1}{2} \left[\frac{u_{i-1,j,k}^{n+1/3} - 2u_{i,j,k}^{n+1/3} + u_{i+1,j,k}^{n+1/3}}{(\Delta x)^2} + \frac{u_{i-1,j,k}^n - 2u_{i,j,k}^n + u_{i+1,j,k}^n}{(\Delta x)^2} \right] + \right.$$
$$\left. \frac{u_{i,j-1,k}^n - 2u_{i,j,k}^n + u_{i,j+1,k}^n}{(\Delta y)^2} + \frac{u_{i,j,k-1}^n - 2u_{i,j,k}^n + u_{i,j,k+1}^n}{(\Delta z)^2} \right\} \quad (3.87)$$

第二步离散格式的有限差分方程为

$$\frac{u_{i,j,k}^{n+2/3} - u_{i,j,k}^n}{\Delta t/3} = \alpha \left\{ \frac{1}{2} \left[\frac{u_{i-1,j,k}^{n+1/3} - 2u_{i,j,k}^{n+1/3} + u_{i+1,j,k}^{n+1/3}}{(\Delta x)^2} + \frac{u_{i-1,j,k}^n - 2u_{i,j,k}^n + u_{i+1,j,k}^n}{(\Delta x)^2} \right] + \right.$$
$$\frac{1}{2} \left[\frac{u_{i,j-1,k}^{n+2/3} - 2u_{i,j,k}^{n+2/3} + u_{i,j+1,k}^{n+2/3}}{(\Delta y)^2} + \frac{u_{i,j-1,k}^n - 2u_{i,j,k}^n + u_{i,j+1,k}^n}{(\Delta y)^2} \right] +$$
$$\left. \frac{u_{i,j,k-1}^n - 2u_{i,j,k}^n + u_{i,j,k+1}^n}{(\Delta z)^2} \right\} \quad (3.88)$$

第三步离散格式的有限差分方程为

$$\frac{u_{i,j,k}^{n+1} - u_{i,j,k}^n}{\Delta t/3} = \alpha \left\{ \frac{1}{2} \left[\frac{u_{i-1,j,k}^{n+1/3} - 2u_{i,j,k}^{n+1/3} + u_{i+1,j,k}^{n+1/3}}{(\Delta x)^2} + \frac{u_{i-1,j,k}^n - 2u_{i,j,k}^n + u_{i+1,j,k}^n}{(\Delta x)^2} \right] + \right.$$
$$\frac{1}{2} \left[\frac{u_{i,j-1,k}^{n+2/3} - 2u_{i,j,k}^{n+2/3} + u_{i,j+1,k}^{n+2/3}}{(\Delta y)^2} + \frac{u_{i,j-1,k}^n - 2u_{i,j,k}^n + u_{i,j+1,k}^n}{(\Delta y)^2} \right] +$$
$$\left. \frac{1}{2} \left[\frac{u_{i,j,k-1}^{n+1} - 2u_{i,j,k}^{n+1} + u_{i,j,k+1}^{n+1}}{(\Delta z)^2} + \frac{u_{i,j,k-1}^n - 2u_{i,j,k}^n + u_{i,j,k+1}^n}{(\Delta z)^2} \right] \right\} \quad (3.89)$$

本章习题

1. 对于一维热传导问题,模型方程:

$$\frac{\partial T}{\partial t} = \alpha \frac{\partial^2 T}{\partial x^2}$$

选取热传导系数 $\alpha=0.1$,网格间距 $\Delta x=0.05$,时间步长 $\Delta t=0.01$,网格点数 $i_{\max}=21$,计算区域总长度 $L=1$;假设两边界温度固定,内点初始温度为 100。

边界条件:当 $t \geqslant 0.0$ 时,$\begin{cases} T_s=300.0 & x=0.0 \\ T_s=300.0 & x=1.0 \end{cases}$

初始条件:当 $t=0.0$ 时,$\begin{cases} T_i=300.0 & x=0.0 \\ T_i=100.0 & 0.0<x<1.0 \\ T_i=300.0 & x=1.0 \end{cases}$

采用本章介绍的显式和隐式有限差分格式来计算上述初边值问题。观察温度随时间变化的曲线,并与解析解的结果相比较。本初边值问题的解析解如下:

$$T = T_s + 2(T_i - T_s)\sum_{m=1}^{\infty} e^{-(m\pi/L)^2 \alpha t} \frac{1-(-1)^m}{m\pi} \sin\left(\frac{m\pi x}{L}\right)$$

2. 采用和习题1同样的模型方程。热传导系数 $\alpha = 0.1$，网格间距 $\Delta x = 0.05$，时间步长 $\Delta t = 0.01$，网格点数 $i_{\max} = 21$，计算区域总长度 $L = 1$；但是其中一条边界为绝热壁，采用第二类边界条件，其他条件同习题1。

边界条件：当 $t \geqslant 0.0$ 时，$\begin{cases} \dfrac{\partial T_s}{\partial x} = 0.0 & x = 0.0 \\ T_s = 300.0 & x = 1.0 \end{cases}$

初始条件：当 $t = 0.0$ 时，$\begin{cases} T_i = 100.0 & 0.0 \leqslant x < 1.0 \\ T_i = 300.0 & x = 1.0 \end{cases}$

采用本章介绍的显式和隐式有限差分格式来计算上述初边值问题。观察温度随时间变化的曲线，并与解析解的结果相比较。本题解析解与习题1类似。

第 4 章 椭圆型方程的有限差分方法

4.1 椭圆型方程的有限差分格式

拉普拉斯方程和泊松方程是典型的椭圆型偏微分方程,其数学表达式为

$$\frac{\partial^2 u}{\partial x^2} + \frac{\partial^2 u}{\partial y^2} = 0 \tag{4.1}$$

$$\frac{\partial^2 u}{\partial x^2} + \frac{\partial^2 u}{\partial y^2} = f(x,y) \tag{4.2}$$

式中 $f(x,y)$ 为已知函数,u 是未知函数。

以方程(4.1)式为例,采用中心差分格式来逼近偏微分方程(4.1)式,其截断误差为 $O[(\Delta x)^2, (\Delta y)^2]$,则二阶精度的中心有限差分方程

$$\frac{u_{i+1,j} - 2u_{i,j} + u_{i-1,j}}{(\Delta x)^2} + \frac{u_{i,j+1} - 2u_{i,j} + u_{i,j-1}}{(\Delta y)^2} = 0 \tag{4.3}$$

下面,我们针对二阶精度的中心有限差分方程,来详细讨论有限差分方程(4.3)式的数值计算方法的可靠性。

4.1.1 迭代方法

为了求解有限差分方程(4.3)式,比较高效的方法为迭代法,下面我们来构造几种常用的数值迭代法。

(1) Jacobi 迭代法

Jacobi 迭代法是最简单的迭代法,其表达式为

$$\frac{u_{i+1,j}^k - 2u_{i,j}^{k+1} + u_{i-1,j}^k}{(\Delta x)^2} + \frac{u_{i,j+1}^k - 2u_{i,j}^{k+1} + u_{i,j-1}^k}{(\Delta y)^2} = 0 \tag{4.4}$$

其中,式(4.4)中的 k 表示迭代层次数。

迭代法的形式可表达为

$$u_{i,j}^{k+1} = \frac{(\Delta y)^2 (u_{i+1,j}^k + u_{i-1,j}^k) + (\Delta x)^2 (u_{i,j+1}^k + u_{i,j-1}^k)}{2[(\Delta x)^2 + (\Delta y)^2]} \tag{4.5}$$

称方程(4.5)式为 Jacobi 迭代法。在求解椭圆型方程时,还需要利用边界条件一起进行求解。针对本节模型方程(4.1)式,其边界条件是给定的。另外,方程(4.5)式迭代开始时,需要给定一个数值计算的起始值。一般来讲,初始值可以任意给定。但是,初始值的给定越接近方程的真解,其迭代次数就越少,且计算收敛的速度也

越快。

(2) 高斯—赛德尔(Gauss-Seidel)点迭代法

Gauss-Seidel 点迭代是一个可以大大提高迭代效率的计算格式。它是将点迭代获得的结果立刻代入到下一个点迭代的过程中。这也是最常用的迭代法。点迭代的方向设定为 $i=0 \to i_{max}$ 和 $j=0 \to j_{max}$，那么 Gauss-Seidel 点迭代可改写成下列式子

$$\frac{u_{i+1,j}^k - 2u_{i,j}^{k+1} + u_{i-1,j}^{k+1}}{(\Delta x)^2} + \frac{u_{i,j+1}^k - 2u_{i,j}^{k+1} + u_{i,j-1}^{k+1}}{(\Delta y)^2} = 0 \qquad (4.6)$$

经整理，可得

$$u_{i,j}^{k+1} = \frac{(\Delta y)^2 (u_{i+1,j}^k + u_{i-1,j}^{k+1}) + (\Delta x)^2 (u_{i,j+1}^k + u_{i,j-1}^{k+1})}{2[(\Delta x)^2 + (\Delta y)^2]} \qquad (4.7)$$

(3) Gauss-Seidel 线迭代法

Gauss-Seidel 线迭代是一种类似于 Gauss-Seidel 点迭代法的线迭代。线迭代法不同于点迭代，其线迭代的方向设定为 $j=0 \to j_{max}$，其迭代表达式为

$$\frac{u_{i+1,j}^{k+1} - 2u_{i,j}^{k+1} + u_{i-1,j}^{k+1}}{(\Delta x)^2} + \frac{u_{i,j+1}^k - 2u_{i,j}^{k+1} + u_{i,j-1}^{k+1}}{(\Delta y)^2} = 0 \qquad (4.8)$$

通过逐行扫描来完成迭代过程，将需要扫描求解的未知量放到方程的左边，已知量放到方程的右边，即得

$$(\Delta y)^2 u_{i+1,j}^{k+1} - 2[(\Delta x)^2 + (\Delta y)^2] u_{i,j}^{k+1} + (\Delta y)^2 u_{i-1,j}^{k+1} = -(\Delta x)^2 (u_{i,j+1}^k + u_{i,j-1}^{k+1}) \qquad (4.9)$$

这样，(4.9)式就形成了三对角矩阵的形式，采用追赶法可以很方便地求解每一行的值。然后逐行扫描，完成整个线迭代的全过程。

4.1.2 松弛迭代方法

松弛法是一种能够加快迭代收敛速度或者提高迭代计算稳定性的一种方法。松弛法可分为超松弛法和低松弛法。超松弛能够有效地提高迭代计算收敛的速度，但还要保证迭代计算的稳定性。而低松弛方法则是针对那些数值迭代极不稳定的数值计算过程，需要通过低松弛方法来确保数值计算过程的稳定。

在 Gauss-Seidel 点迭代中加入松弛因子 ω 来构造一个点迭代的松弛方法。首先，利用 Gauss-Seidel 点迭代法：

$$u_{i,j}^{k+1} = \frac{(\Delta y)^2 (u_{i+1,j}^k + u_{i-1,j}^{k+1}) + (\Delta x)^2 (u_{i,j+1}^k + u_{i,j-1}^{k+1})}{2[(\Delta x)^2 + (\Delta y)^2]} \qquad (4.10)$$

在方程(4.10)式的两边，同时减一个 $u_{i,j}^k$，得

$$u_{i,j}^{k+1} - u_{i,j}^k = \frac{(\Delta y)^2 (u_{i+1,j}^k + u_{i-1,j}^{k+1}) + (\Delta x)^2 (u_{i,j+1}^k + u_{i,j-1}^{k+1})}{2[(\Delta x)^2 + (\Delta y)^2]} - u_{i,j}^k \qquad (4.11)$$

整理，可得

$$u_{i,j}^{k+1} = u_{i,j}^k + \left\{ \frac{(\Delta y)^2(u_{i+1,j}^k + u_{i-1,j}^{k+1}) + (\Delta x)^2(u_{i,j+1}^k + u_{i,j-1}^{k+1})}{2[(\Delta x)^2 + (\Delta y)^2]} - u_{i,j}^k \right\} \quad (4.12)$$

再在上式中加入松弛因子 ω,得

$$u_{i,j}^{k+1} = u_{i,j}^k + \omega \left\{ \frac{(\Delta y)^2(u_{i+1,j}^k + u_{i-1,j}^{k+1}) + (\Delta x)^2(u_{i,j+1}^k + u_{i,j-1}^{k+1})}{2[(\Delta x)^2 + (\Delta y)^2]} - u_{i,j}^k \right\} \quad (4.13)$$

(4.13)式称为点迭代的松弛法。当松弛因子 $\omega > 1.0$ 时,称作为超松弛法;当松弛因子 $\omega < 1.0$ 时,称作为低松弛法;当松弛因子取值为 $\omega = 1.0$ 时,就还原成 Gauss-Seidel 迭代。关于松弛因子的选取,大多数情况下都是依靠数值计算工作者的经验确定。

另外,Gauss-Seidel 线性迭代格式中加入松弛因子 ω 来构造一个线迭代的松弛法,其表达式为

$$\omega(\Delta y)^2 u_{i+1,j}^{k+1} - 2[(\Delta x)^2 + (\Delta y)^2] u_{i,j}^{k+1} + \omega(\Delta y)^2 u_{i-1,j}^{k+1}$$
$$= -2[(\Delta x)^2 + (\Delta y)^2] u_{i,j}^k - \omega\{(\Delta x)^2(u_{i,j+1}^k + u_{i,j-1}^{k+1}) - 2[(\Delta x)^2 + (\Delta y)^2] u_{i,j}^k\}$$
$$(4.14)$$

4.1.3 交替方向隐式的迭代方法

交替方向隐式迭代法的求解思路是将松弛迭代法的概念应用到交替方向隐式格式中,如前面提到的线性迭代,分两步分别以不同方向的迭代扫描来求解,其表达式为

$$(\Delta y)^2 u_{i+1,j}^{k+1/2} - 2[(\Delta x)^2 + (\Delta y)^2] u_{i,j}^{k+1/2} + (\Delta y)^2 u_{i-1,j}^{k+1/2} = -(\Delta x)^2 (u_{i,j+1}^k + u_{i,j-1}^{k+1/2})$$
$$(4.15)$$

$$(\Delta x)^2 u_{i,j+1}^{k+1} - 2[(\Delta x)^2 + (\Delta y)^2] u_{i,j}^{k+1} + (\Delta x)^2 u_{i,j-1}^{k+1} = -(\Delta y)^2 (u_{i+1,j}^{k+1/2} + u_{i-1,j}^{k+1})$$
$$(4.16)$$

再在(4.15)式和(4.16)式中加入松弛因子 ω 后,就能构造出交错方向隐式计算的松弛迭代法,其表达式为

$$\omega(\Delta y)^2 u_{i+1,j}^{k+1/2} - 2[(\Delta x)^2 + (\Delta y)^2] u_{i,j}^{k+1/2} + \omega(\Delta y)^2 u_{i-1,j}^{k+1/2}$$
$$= -2[(\Delta x)^2 + (\Delta y)^2] u_{i,j}^k - \omega\{(\Delta x)^2(u_{i,j+1}^k + u_{i,j-1}^{k+1}) - 2[(\Delta x)^2 + (\Delta y)^2] u_{i,j}^k\}$$
$$(4.17)$$

$$\omega(\Delta x)^2 u_{i,j+1}^{k+1} - 2[(\Delta x)^2 + (\Delta y)^2] u_{i,j}^{k+1} + \omega(\Delta x)^2 u_{i,j-1}^{k+1}$$
$$= -2[(\Delta x)^2 + (\Delta y)^2] u_{i,j}^{k+1/2} - \omega\{(\Delta y)^2(u_{i+1,j}^{k+1/2} + u_{i-1,j}^{k+1}) - 2[(\Delta x)^2 + (\Delta y)^2] u_{i,j}^{k+1/2}\}$$
$$(4.18)$$

4.2 比较不同迭代法在求解椭圆型有限差分方程中的作用

在这里,我们对二维边值问题的椭圆型方程,即拉普拉斯方程为模型算例,其数学表达式为

$$\frac{\partial^2 T}{\partial x^2} + \frac{\partial^2 T}{\partial y^2} = 0 \tag{4.19}$$

定义域：$0.0 \leqslant x \leqslant 0.3, 0.0 \leqslant y \leqslant 0.4$。边界条件：$\begin{cases} T=40.0, y=0 \\ T=0.0, 其他 \end{cases}$。

(1) 解析解

$$T = 80.0 \sum_{m=1}^{\infty} \frac{1-\cos(m\pi)}{m\pi} \frac{\sinh\left[\frac{m\pi(Y-y)}{X}\right]}{\sinh\left(\frac{m\pi Y}{X}\right)} \sin\left(\frac{m\pi x}{X}\right) \tag{4.20}$$

式中 $X=0.3, Y=0.4$。解析解与图 3.2 一致，此处为避免重复，省略叙述。

(2) 不同迭代方法计算的数值解

网格间距 $\Delta x = 0.01, \Delta y = 0.01$；在 x 方向和 y 方向，均采用等间距网格，$\Delta x = \Delta y$，且 $\beta_x = \frac{(\Delta x)^2}{2[(\Delta x)^2 + (\Delta y)^2]}, \beta_y = \frac{(\Delta y)^2}{2[(\Delta x)^2 + (\Delta y)^2]}$。

数值计算的收敛条件定义为：$TV(T^n) = \sum_{\substack{i=1 \\ j=1}}^{\substack{i=i\max-1 \\ j=j\max-1}} |T_{i,j}^{n+1} - T_{i,j}^n| \leqslant 0.01$ (4.21)

数值计算的误差的定义式为：$ERROR(T) = \dfrac{\sum_{\substack{i=1 \\ j=1}}^{\substack{i=i\max-1 \\ j=j\max-1}} |T_{i,j} - Analyze_{i,j}|}{\sum_{\substack{i=1 \\ j=1}}^{\substack{i=i\max-1 \\ j=j\max-1}} |Analyze_{i,j}|}$ (4.22)

式中 $T_{i,j}$ 为数值结果，$Analyze_{i,j}$ 为解析解的结果。

① Jacobi 迭代

$$u_{i,j}^{k+1} = \beta_y(u_{i+1,j}^k + u_{i-1,j}^k) + \beta_x(u_{i,j+1}^k + u_{i,j-1}^k) \tag{4.23}$$

图 3.2 与图 4.1 比较可知，数值结果与解析解吻合较好，且累和的总相对误差较小，这说明该格式是合理正确的。利用 Jacobi 迭代进行数值计算到收敛时的迭代次数大约为 1720 次，累和的总相对误差为 1.56E-3。

② Gauss-Seidel 点迭代

$$u_{i,j}^{k+1} = \beta_y(u_{i+1,j}^k + u_{i-1,j}^{k+1}) + \beta_x(u_{i,j+1}^k + u_{i,j-1}^{k+1}) \tag{4.24}$$

图 3.2 与图 4.2 比较可知，数值结果与解析解吻合一致，且累和的总相对误差比较小，这说明该格式是合理正确的。利用 Gauss-Seidel 点迭代，数值计算到收敛时的迭代次数大约为 970 次，这仅为 Jacobi 迭代次数的一半，由此可见 Gauss-Seidel 点迭代效率明显优越于 Jacobi 迭代。累和的总相对误差为 1.63E-3，几乎与 Jacobi 格式迭代的累和的总相对误差相当。从数值计算结果还可知，该迭代方法优于 Jacobi 迭代方法。

第 4 章 椭圆型方程的有限差分方法

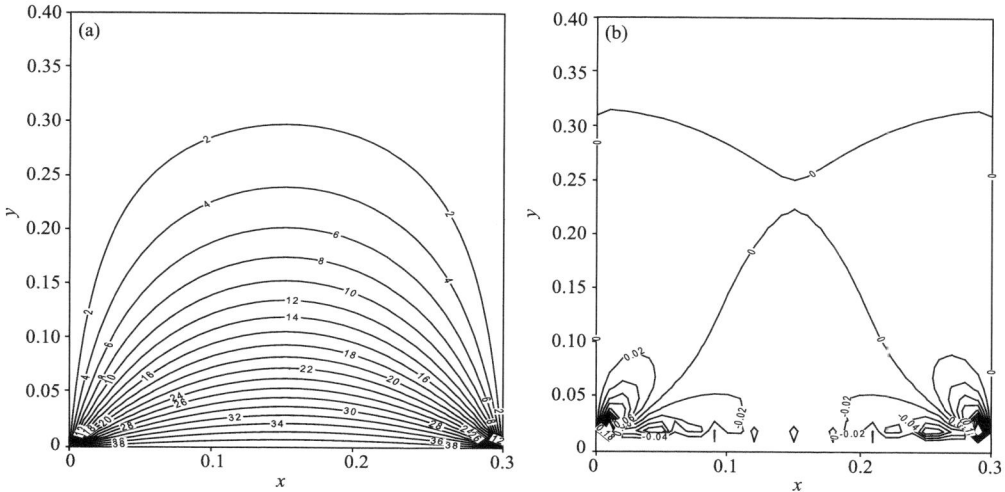

图 4.1 Jacobi 迭代的数值结果(a)和总相对误差(b)的等值线分布

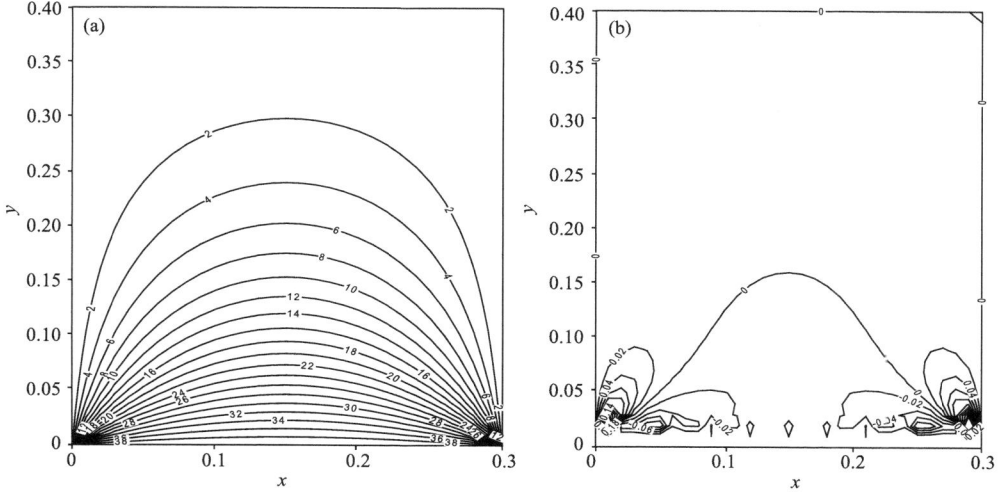

图 4.2 Gauss-Seidel 点迭代的数值结果(a)和总相对误差(b)的等值线分布

③Gauss-Seidel 线迭代

$$\beta_y u_{i+1,j}^{k+1} - u_{i,j}^{k+1} + \beta_y u_{i-1,j}^{k+1} = -\beta_x (u_{i,j+1}^k + u_{i,j-1}^{k+1}) \quad (4.25)$$

图 3.2 与图 4.3 比较可知,数值结果与解析解吻合一致,且累和的总相对误差仍较小,这说明该格式是可靠正确的。利用 Gauss-Seidel 线迭代,数值计算到收敛时的迭代次数大约为 530 次,仅是 Jacobi 格式迭代次数的三分之一还不到,且略高于 Gauss-Seidel 点迭代次数的一半,由此可见 Gauss-Seidel 线迭代效率明显优越于 Gauss-Seidel 点迭代,且远高于 Jacobi 格式迭代。累和的总相对误差为 1.67E-3,这

几乎与 Gauss-Seidel 点迭代和 Jacobi 格式迭代的累和的总相对误差相当。另外,从数值计算结果可知,该迭代方法优于 Gauss-Seidel 点迭代、Jacobi 迭代的方法。

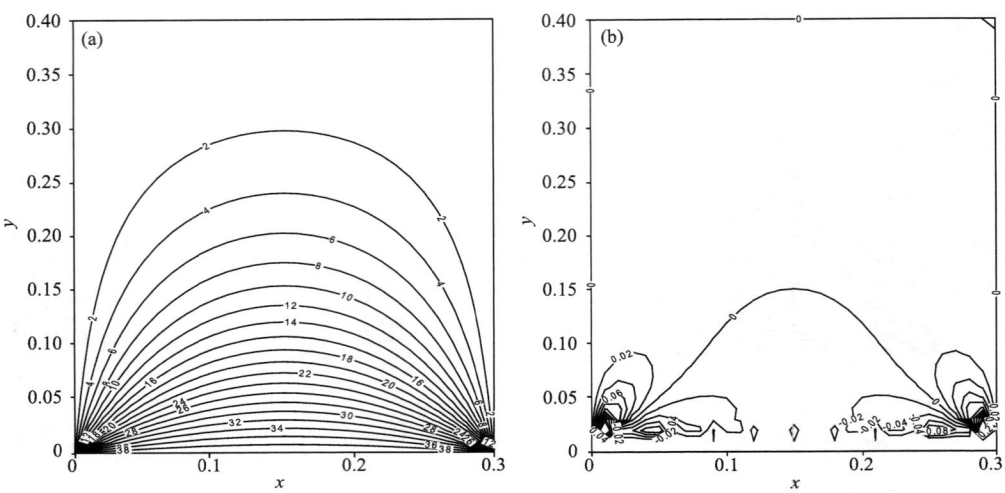

图 4.3 Gauss-Seidel 线迭代的数值结果(a)和总相对误差(b)的等值线分布

④ADI 迭代

$$\beta_y u_{i+1,j}^{k+1/2} - u_{i,j}^{k+1/2} + \beta_y u_{i-1,j}^{k+1/2} = -\beta_x(u_{i,j+1}^k + u_{i,j-1}^{k+1/2}) \quad (4.26)$$

$$\beta_x u_{i,j+1}^{k+1} - u_{i,j}^{k+1} + \beta_x u_{i,j-1}^{k+1} = -\beta_y(u_{i+1,j}^{k+1/2} + u_{i-1,j}^{k+1}) \quad (4.27)$$

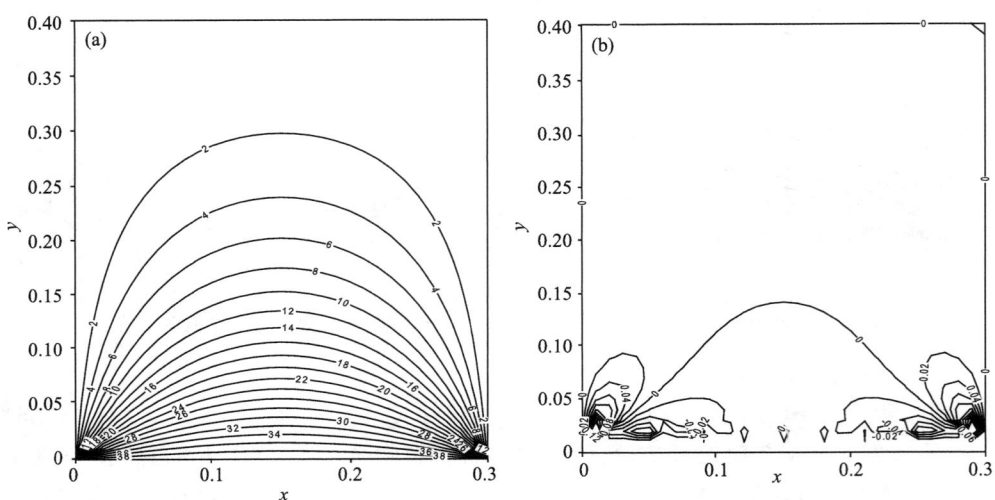

图 4.4 ADI 迭代的数值结果(a)和总相对误差(b)的等值线分布

图 3.2 与图 4.4 比较可知,数值结果与解析解吻合得相当好,且累和的总相对误差较小,这说明该格式是合理正确的。ADI 格式迭代次数最少仅为 279 次,其累和的总相对误差为 1.69E-3。为便于学生自学和练习,在这里给出了 Gauss-Seidel 迭代求解该问题的源程序设计,详见附录Ⅱ。

另外,从表 4.1 和图 4.5 中看出,虽然某种迭代法仅需较少的迭代次数,但是其计算机所消耗的计算时间并不一定是最少的。其中,Gauss-Seidel 点迭代法计算所消耗的计算时间是最少的,即该数值迭代法仍计算效率是最高的;其次是 Gauss-Seidel 线迭代法的计算效率;随后是 ADI 迭代法的计算效率;最差是 Jacobi 迭代法的计算效率。值得注意的是它们累和的总相对误差几乎是相同的,且精度均保持在同一数量级。

表 4.1　四种格式迭代计算二维椭圆型方程情况比较

	收敛次数	误差	CPU 时间(s)
Jacobi 迭代	1717	1.56E-3	0.1248
Gauss-Seidel 点迭代	972	1.63E-3	0.0468
Gauss-Seidel 线迭代	529	1.67E-3	0.0936
ADI 迭代	279	1.69E-3	0.1092

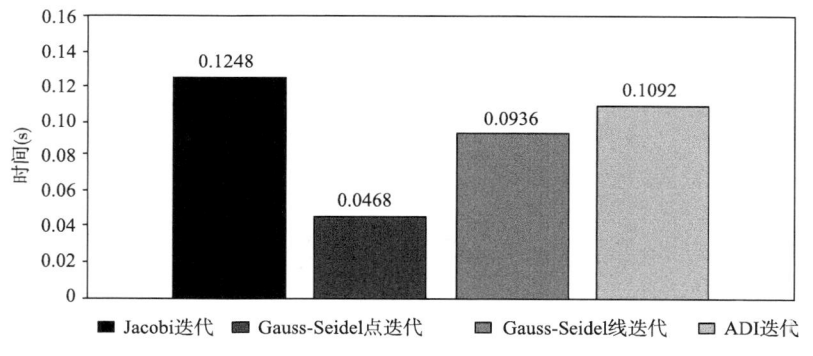

图 4.5　四种格式 CPU 计算时间对比

最后,接下来我们要研究分析松弛因子或松弛法在迭代过程中所起的作用以及如何选择松弛因子。从图 4.6 中可以看出 Jacobi 迭代方法在松弛因子 $\omega=1.0$ 时迭代次数最少,而 $\omega>1.0$ 时迭代计算难以收敛,这说明该方法不能进行超松弛迭代方法进行计算。图 4.7 显示 Gauss-Seidel 点迭代方法在 $\omega=1.8$ 时迭代次数最少,这说明超松弛迭代方法有利于加快计算收敛的速度。但同时也可看到,松弛因子在 $0.6\leqslant\omega<2.0$ 范围内,超松弛或者亚松弛因子不能任意选取。因为不同的松弛因子 ω,就有不同的迭代次数;若选取松弛因子 ω 不恰当的话,可能导致迭代过程无法进行。

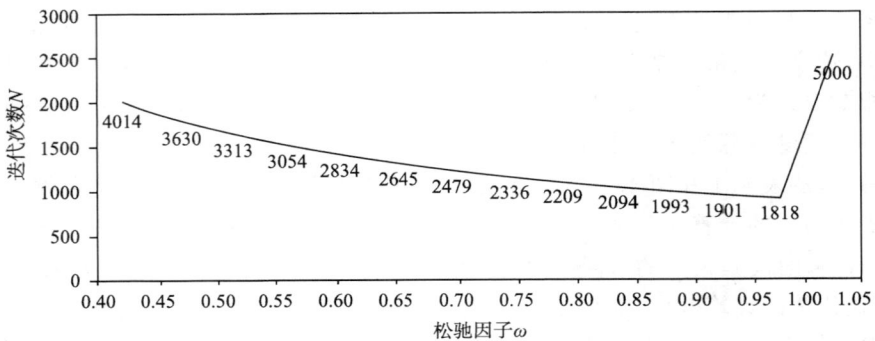

图 4.6　Jacobi 迭代次数和松弛因子对应关系

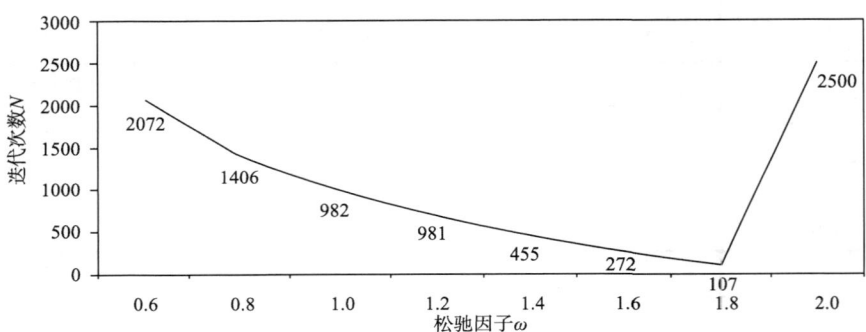

图 4.7　Gauss-Seidel 点迭代次数和松弛因子对应关系

本章习题

对于二维泊松方程：$\dfrac{\partial^2 f}{\partial x^2}+\dfrac{\partial^2 f}{\partial y^2}=c, c=2\mathrm{e}^{x+y}$

式中解析解为 $f=\mathrm{e}^{x+y}$，定义域 D 为 $0\leqslant x\leqslant \pi, 0\leqslant y\leqslant \pi$。

边界条件：$\begin{cases} \mathrm{e}^y & x=0, 0\leqslant y\leqslant \pi \\ \mathrm{e}^{\pi+y} & x=\pi, 0\leqslant y\leqslant \pi \\ \mathrm{e}^x & y=0, 0\leqslant x\leqslant \pi \\ \mathrm{e}^{\pi+x} & y=\pi, 0\leqslant x\leqslant \pi \end{cases}$

采用 Gauss-Seidel 点迭代，线迭代以及 ADI 迭代求解该问题。并且引入松弛法，观察松弛因子的变化与计算收敛速度（迭代次数）的关系。采用不同猜值来作为计算的初始场，来观察不同初值的选取与计算收敛速度（迭代次数）的关系。

第 5 章 双曲型方程的有限差分方法

本章采用线性和非线性波动方程作为双曲型的模型方程,其数学表达式分别为

$$\frac{\partial u}{\partial t} + a\frac{\partial u}{\partial x} = 0 \tag{5.1a}$$

$$\frac{\partial u}{\partial t} + u\frac{\partial u}{\partial x} = 0 \tag{5.1b}$$

式中 a 为已知常数,u 为未知函数。

5.1 线性双曲型方程的有限差分格式

模型方程为(5.1a)式

$$\frac{\partial u}{\partial t} + a\frac{\partial u}{\partial x} = 0$$

针对上述模型方程,已有许多学者提出了许多显式和隐式格式,这些格式的构造思路对于一些复杂方程的数值计算具有参考意义。

首先,分别讨论模型方程(5.1a)式的显式与隐式有限差分格式。

5.1.1 显式有限差分格式

(1) 欧拉(FTCS)有限差分格式

对于模型方程(5.1a)式,采用显式格式离散,且与第 3 章叙述一维抛物型方程的离散方法相同,即时间偏导数采用向前差分,空间偏导数采用中心差分(称为 FTCS 格式),可得模型方程(5.1a)式的有限差分方程

$$\frac{u_i^{n+1} - u_i^n}{\Delta t} + a\frac{u_{i+1}^n - u_{i-1}^n}{2\Delta x} = 0 \tag{5.2}$$

其中,时间偏导数具有一阶精度,空间偏导数具有二阶精度,且差分方程(5.2)式的截断误差为 $O[\Delta t, (\Delta x)^2]$。

下面,将采用 Von Neumann 方法对有限差分方程(5.2)式进行稳定性分析。

首先,将变量 u_i^n 写成波动的形式

$$u_i^n = U^n e^{IP\Delta x},\ 并令\ \theta = P\Delta x$$

将上式代入差分方程(5.2)式中,得

$$\frac{U^{n+1} - U^n}{\Delta t}e^{I\theta i} + a\frac{e^{I\theta} - e^{-I\theta}}{2\Delta x}U^n e^{I\theta i} = 0$$

整理,得

$$G \equiv \frac{U^{n+1}}{U^n} = 1 - c\mathrm{I}\sin\theta, c = a\frac{\Delta t}{\Delta x}$$

$$\|G\|^2 = 1 + c^2\sin^2\theta$$

由此可见,上式在任何情况下都具有 $|G|\geqslant 1$,所以差分方程(5.2)式是一个无条件不稳定的差分格式,这使得我们必须非常注意差分格式的稳定性问题。

(2) 一阶迎风有限差分格式

一阶迎风有限差分格式是最早构造的一种差分格式,构造迎风有限差分格式的思想及意义是深远的。一阶迎风有限差分格式就是根据不同的风向(即传播速度 a 的正、负号)来决定空间偏导数采用向后、向前的差分格式,即模型方程(5.1a)式的一阶迎风有限差分方程

当 $a>0$ 时,$\dfrac{u_i^{n+1}-u_i^n}{\Delta t}+a\dfrac{u_i^n-u_{i-1}^n}{\Delta x}=0$ (5.3)

当 $a<0$ 时,$\dfrac{u_i^{n+1}-u_i^n}{\Delta t}+a\dfrac{u_{i+1}^n-u_i^n}{\Delta x}=0$ (5.4)

一阶迎风差分格式在空间偏导数和时间偏导数上仅具有一阶精度,且截断误差为 $O[\Delta t, \Delta x]$。由于差分方程的截断误差为 $O[\Delta t, \Delta x]$,因此该格式含有较大的耗散误差。

下面,同样将采用 Von Neumann 方法对有限差分方程(5.3)式进行稳定性分析。

首先,将变量 u_i^n 写成波动的形式为

$$u_i^n = U^n \mathrm{e}^{\mathrm{I}P\Delta x i}, \theta = P\Delta x$$

将上式代入差分方程(5.3)式中,得

$$\frac{U^{n+1}-U^n}{\Delta t}\mathrm{e}^{\mathrm{I}\theta i} + a\frac{1-\mathrm{e}^{-\mathrm{I}\theta}}{\Delta x}U^n \mathrm{e}^{\mathrm{I}\theta i} = 0 \quad (5.5)$$

整理,可得

$$G \equiv \frac{U^{n+1}}{U^n} = 1 - c(1-\mathrm{e}^{-\mathrm{I}\theta}) \quad (5.6)$$

$$c = a\frac{\Delta t}{\Delta x} \quad (5.7)$$

稳定性条件是增长率必须满足小于等于 1,则 $|G|\leqslant 1$。

所以

$$c(1-\cos\theta+\mathrm{I}\sin\theta) \geqslant 0 \quad (5.8)$$

$$c(1-\cos\theta+\mathrm{I}\sin\theta) \leqslant 2 \quad (5.9)$$

则(5.3)式的稳定性条件为 $c\leqslant 1$,通常称 c 为 Courant 数。同理,可证差分方程(5.4)式的稳定性条件也为 $c\leqslant 1$。

在这里，c 称为 Courant 数。另外，稳定性条件也可简称为 CFL 条件，它是以 Courant,Friedrichs,Lewy 三个人的名字命名的，其数学表达式为

$$c = a\frac{\Delta t}{\Delta x}$$

若 $a>0$，上述条件可写成

$$a\Delta t \leqslant \Delta x \tag{5.10}$$

(5.10)式表明，微分方程的依赖区 $a\Delta t$ 被包含在差分方程的依赖区 Δx 内。

(3) Lax 有限差分格式

Lax 格式是一个条件稳定的中心有限差分格式。为了使得有限差分方程(5.2)式的无条件不稳定显式格式能够满足稳定性条件，必须对有限差分方程(5.2)式进行适当的修改，即将有限差分方程(5.2)式中的 u_i^n 用 $\dfrac{u_{i+1}^n + u_{i-1}^n}{2}$ 来代替，可得 Lax 有限差分格式的表达式

$$\frac{u_i^{n+1} - \dfrac{u_{i+1}^n + u_{i-1}^n}{2}}{\Delta t} + a\frac{u_{i+1}^n - u_{i-1}^n}{2\Delta x} = 0 \tag{5.11}$$

整理，得

$$u_i^{n+1} = \frac{1}{2}[u_{i+1}^n + u_{i-1}^n - c(u_{i+1}^n - u_{i-1}^n)] \tag{5.12}$$

式中 $c = \dfrac{a\Delta t}{\Delta x}$。

同样，采用 Von Neumann 方法对有限差分方程(5.12)式进行稳定性分析。

首先，将变量 u_i^n 写成波动的形式为

$$u_i^n = U^n e^{IP\Delta x i}, \theta = P\Delta x$$

将上式代入差分方程(5.12)式中，得

$$G = \cos\theta - I c\sin\theta \tag{5.13}$$

由 $|G| \leqslant 1$ 可知，可导出稳定性条件为

$$c \leqslant 1, c = a\frac{\Delta t}{\Delta x}$$

(4) 蛙跳(Leapfrog)式的有限差分格式

蛙跳格式也是个比较著名的格式，用时间层上的跳跃形式来构造时间偏导数和空间偏导数上的二阶精度 $O[(\Delta t)^2, (\Delta x)^2]$ 差分格式，其数学表达式为

$$\frac{u_i^{n+1} - u_i^{n-1}}{2\Delta t} + a\frac{u_{i+1}^n - u_{i-1}^n}{2\Delta x} = 0 \tag{5.14}$$

式中时间偏导数和空间偏导数都具有二阶精度的单步显式的三层时间层格式。因为计算 u_i^{n+1} 时用到前一个时间步 u_i^{n-1}，而跳过时间步 u_i^n，故称为蛙跳格式。

同样，采用 Von Neumann 方法对有限差分方程(5.14)式进行稳定性分析。

首先，将变量 u_i^n 写成波动的形式为

$$u_i^n = U^n e^{\mathrm{I} P \Delta x i}, \theta = P\Delta x$$

将上式代入差分方程(5.14)式中，整理可得增长因子 G 满足的方程：

$$G^2 + 2\mathrm{I}G\sin\theta - 1 = 0$$

求解上式，得

$$G = -\mathrm{I}c\sin\theta \pm \sqrt{1 - c^2\sin^2\theta}$$

当 $c^2 \geqslant 1$ 时，总能使得 $c^2\sin^2\theta > 1$，$G = \mathrm{I}(-c\sin\theta - \sqrt{c^2\sin^2\theta - 1})$，且 $|G| > 1$ 时，则该格式是不稳定。当 $c^2\sin^2\theta < 1$ 时，$\|G\|^2 = c^2\sin^2\theta + 1 - c^2\sin^2\theta = 1$，且 $|G| \leqslant 1$，则该格式是稳定。当 $c^2\sin^2\theta < 1$ 时，通常要求 $c \leqslant 1$，则证明了该格式是有条件稳定的。由于该格式使用了 $n-1$ 时间层上的变量，所以刚开始计算时，需要两层初始的流场。由此，一般先采用一阶精度的有限差分格式来启动，以便获得两层初始场。

(5) 拉克斯—温德罗夫(Lax-Wendroff)的有限差分格式

Lax-Wendroff 格式是具有二阶精度 $O[(\Delta t)^2, (\Delta x)^2]$ 的显式有限差分格式。它不同于蛙跳格式，Lax-Wendroff 格式只需要一个时间层的初始场。

$$\frac{u_i^{n+1} - u_i^n}{\Delta t} + a\frac{u_{i+1}^n - u_{i-1}^n}{2\Delta x} + a^2 \Delta t \frac{u_{i+1}^n - 2u_i^n + u_{i-1}^n}{2(\Delta x)^2} = 0 \qquad (5.15)$$

Lax-Wendroff 格式的具体推导过程如下：

$$u(x, t+\Delta t) = u(x,t) + \frac{\partial u}{\partial t}\Delta t + \frac{\partial^2 u}{\partial t^2}\frac{(\Delta t)^2}{2} + O[(\Delta t)^3] \qquad (5.16)$$

对模型方程(5.1a)式求时间 t 偏导数，得

$$\frac{\partial^2 u}{\partial t^2} = -a\frac{\partial}{\partial t}\left(\frac{\partial u}{\partial x}\right) = -a\frac{\partial}{\partial x}\left(\frac{\partial u}{\partial t}\right) = a^2\frac{\partial^2 u}{\partial x^2} \qquad (5.17)$$

将(5.1a)式和(5.17)式代入(5.16)式，得

$$u_i^{n+1} = u_i^n + \left(-a\frac{\partial u}{\partial x}\right)\Delta t + \frac{(\Delta t)^2}{2}\left(a^2\frac{\partial^2 u}{\partial x^2}\right) + O[(\Delta t)^3] \qquad (5.18)$$

证毕，(5.18)式具有二阶精度，其截断误差为 $O[(\Delta t)^2, (\Delta x)^2]$，同样也可证明该格式也是有条件的稳定，且 $c \leqslant 1, c = a\dfrac{\Delta t}{\Delta x}$。

(6) 里克特迈耶(Richtmyer)/Lax-Wendroff 多步的有限差分格式

Richtmyer/Lax-Wendroff 多步格式为显式有限差分方程格式，其精度是二阶的，且截断误差为 $O[(\Delta t)^2, (\Delta x)^2]$。该格式采用两步来完成。

首先，介绍 Richtmyer 多步格式。

$$\frac{u_i^{n+1/2} - \dfrac{1}{2}(u_{i+1}^n + u_{i-1}^n)}{\dfrac{\Delta t}{2}} = -a\frac{u_{i+1}^n - u_{i-1}^n}{2\Delta x} \qquad (5.19\mathrm{a})$$

第 5 章 双曲型方程的有限差分方法

$$\frac{u_i^{n+1} - u_i^n}{\Delta t} = -a \frac{u_{i+1}^{n+1/2} - u_{i-1}^{n+1/2}}{2\Delta x} \qquad (5.19\text{b})$$

经整理方程(5.19a)式和(5.19b)式,可得

$$u_i^{n+1/2} = \frac{1}{2}(u_{i+1}^n + u_{i-1}^n) - \frac{a\Delta t}{4\Delta x}(u_{i+1}^n - u_{i-1}^n) \qquad (5.20\text{a})$$

$$u_i^{n+1} = u_i^n - \frac{a\Delta t}{2\Delta x}(u_{i+1}^{n+1/2} - u_{i-1}^{n+1/2}) \qquad (5.20\text{b})$$

该方法的稳定性条件为

$$c = \frac{a\Delta t}{\Delta x} \leqslant 2 \qquad (5.21)$$

Lax-Wendroff 多步格式

$$u_{i+1/2}^{n+1/2} = \frac{1}{2}(u_{i+1}^n + u_i^n) - \frac{a\Delta t}{2\Delta x}(u_{i+1}^n - u_i^n) \qquad (5.22\text{a})$$

$$u_i^{n+1} = u_i^n - \frac{a\Delta t}{\Delta x}(u_{i+1/2}^{n+1/2} - u_{i-1/2}^{n+1/2}) \qquad (5.22\text{b})$$

该格式的稳定性条件为

$$c = \frac{a\Delta t}{\Delta x} \leqslant 2 \qquad (5.23)$$

(7) 麦考马克(MacCormack)的有限差分格式

第一步:采用向前差分的 MacCormack 格式

$$\frac{u_i^* - u_i^n}{\Delta t} = -a \frac{u_{i+1}^n - u_i^n}{\Delta x} \qquad (5.24\text{a})$$

式中上标 * 代表中间变量的未知量。

第二步:采用向后差分的 MacCormack 格式

$$\frac{u_i^{n+1} - u_i^{n+1/2}}{\frac{1}{2}\Delta t} = -a \frac{u_i^* - u_{i-1}^*}{\Delta x} \qquad (5.24\text{b})$$

式中 $u_i^{n+1/2} = \frac{1}{2}(u_i^n + u_i^*)$。

或者 MacCormack 的有限差分方程,也可写成如下表达式

第一预估步

$$u_i^* = u_i^n - \frac{a\Delta t}{\Delta x}(u_{i+1}^n - u_i^n) \qquad (5.25)$$

第二校准步

$$u_i^{n+1} = \frac{1}{2}\left[(u_i^n + u_i^*) - \frac{a\Delta t}{\Delta x}(u_i^* - u_{i-1}^*)\right] \qquad (5.26)$$

MacCormack 格式的有限差分方程同样具有二阶精度,且稳定性条件为

$$c = \frac{a\Delta t}{\Delta x} \leqslant 1$$

5.1.2 隐式有限差分格式

上一节,我们讨论了显示格式的有限差分,接下来将介绍模型方程(5.1a)式的隐式格式。

(1) 隐式欧拉有限差分格式

首先,介绍最简单的无条件稳定的,且具有一阶精度的有限差分格式,其截断误差为 $O[\Delta t,(\Delta x)^2]$,模型方程(5.1a)式的有限差分方程

$$\frac{u_i^{n+1}-u_i^n}{\Delta t}+a\frac{u_{i+1}^{n+1}-u_{i-1}^{n+1}}{2\Delta x}=0 \tag{5.27}$$

该方程也可改写下列形式

$$\frac{1}{2}cu_{i-1}^{n+1}-u_i^{n+1}-\frac{1}{2}cu_{i+1}^{n+1}=-u_i^n, c=\frac{a\Delta t}{\Delta x} \tag{5.28}$$

上式中要求 $n+1$ 时间层上的值 u_i^{n+1},而且还涉及到 $u_{i+1}^{n+1}, u_{i-1}^{n+1}$。所以,每个方程都含有三个未知数,为了使计算推进到 $n+1$ 层,需要求解 $n+1$ 时间层上的联立线性代数方程组,这种有限差分格式称为隐式格式。

同样,采用 Von Neumann 方法对有限差分方程(5.28)式进行稳定性分析。

首先,将变量 u_i^n 写成波动的形式为

$$u_i^n = U^n e^{IP\Delta x i}, \theta = P\Delta x$$

将上式代入差分方程(5.28)式中,整理得

$$U^{n+1} = U^n - \frac{c}{2}U^{n+1}(e^{I\theta}-e^{-I\theta})$$

$$U^{n+1}(1+cI\sin\theta) = U^n$$

于是

$$G = \frac{U^{n+1}}{U^n} = \frac{1}{1+cI\sin\theta} = \frac{1-cI\sin\theta}{1+c^2\sin^2\theta}$$

所以

$$\|G\|^2 = \frac{1}{1+c^2\sin^2\theta} \leqslant 1$$

因此,对于完全隐式格式不管 c 取什么值,都有 $|G|\leqslant 1$,则称该格式是无条件稳定的,允许有任意大的时间步长,这对数值计算将是十分有利的。

(2) 一阶迎风隐式有限差分格式

一阶迎风隐式有限差分格式也是无条件稳定的,且具有一阶精度,其截断误差为 $O[\Delta t, \Delta x]$。因此,模型方程(5.1a)式的隐式有限差分方程

当 $a>0$ 时,$\dfrac{u_i^{n+1}-u_i^n}{\Delta t}+a\dfrac{u_i^{n+1}-u_{i-1}^{n+1}}{\Delta x}=0 \tag{5.29}$

当 $a<0$ 时,$\dfrac{u_i^{n+1}-u_i^n}{\Delta t}+a\dfrac{u_{i+1}^{n+1}-u_i^{n+1}}{\Delta x}=0 \tag{5.30}$

将上述两式改写

当 $a>0$ 时,$\left(1+\dfrac{a\Delta t}{\Delta x}\right)u_i^{n+1}-\dfrac{a\Delta t}{\Delta x}u_{i-1}^{n+1}=u_i^n$

当 $a<0$ 时,$\left(1-\dfrac{a\Delta t}{\Delta x}\right)u_i^{n+1}+\dfrac{a\Delta t}{\Delta x}u_{i+1}^{n+1}=u_i^n$

同样,采用 Von Neumann 方法对有限差分方程(5.29)式和(5.30)式进行稳定性分析。

首先,将变量 u_i^n 写成波动的形式为

$$u_i^n = U^n e^{IP\Delta x i}, \theta = P\Delta x$$

将上式代入差分方程(5.29)式和(5.30)式中,并令 $c=a\dfrac{\Delta t}{\Delta x}$,可得

$$(1+c)U^{n+1} - cU^{n+1}e^{-I\theta} = U^n$$
$$(1-c)U^{n+1} + cU^{n+1}e^{I\theta} = U^n$$

定义增长率 G_1 和 G_2,其表达式为

$$G_1 = \frac{U^{n+1}}{U^n} = \frac{1}{[1+c(1-\cos\theta)] - Ic\sin\theta}$$

$$G_2 = \frac{U^{n+1}}{U^n} = \frac{1}{[1+c(\cos\theta-1)] + Ic\sin\theta}$$

经整理,增长率 G_1 和 G_2 的表达式可改写为

$$G_1 = \frac{[1+c(1-\cos\theta)] + Ic\sin\theta}{[1+c(1-\cos\theta)]^2 + c^2\sin^2\theta}$$

$$G_2 = \frac{[1+c(\cos\theta-1)] - Ic\sin\theta}{[1+c(\cos\theta-1)]^2 + c^2\sin^2\theta}$$

所以

$$\|G_1\|^2 = \frac{1}{[1+c(1-\cos\theta)]^2 + c^2\sin^2\theta} \leqslant 1$$

$$\|G_2\|^2 = \frac{1}{[1+c(\cos\theta-1)]^2 + c^2\sin^2\theta} \leqslant 1$$

从上述两式可知

$$|G_1| \leqslant 1, \ |G_2| \leqslant 1$$

这说明一阶迎风隐式格式也是无条件稳定的。

(3) Crank-Nicolson 有限差分格式

Crank-Nicolson 有限差分格式在抛物型方程中已经讨论过该格式的性质,现将该格式推广应用到双曲型方程中。由此可见,该格式依旧保持着二阶精度的特征,且截断误差为 $O[(\Delta t)^2,(\Delta x)^2]$。另外,可证该格式也是无条件稳定的,其模型方程(5.1a)式的有限差分方程为

$$\frac{u_i^{n+1}-u_i^n}{\Delta t} + a\frac{1}{2}\left(\frac{u_{i+1}^{n+1}-u_{i-1}^{n+1}}{2\Delta x} + \frac{u_{i+1}^n-u_{i-1}^n}{2\Delta x}\right) = 0 \qquad (5.31)$$

将上述方程改写

$$\frac{1}{4}cu_{i+1}^{n+1} - u_i^{n+1} - \frac{1}{4}cu_{i+1}^{n+1} = -u_i^n + \frac{1}{4}c(u_{i+1}^n - u_{i-1}^n), c = \frac{a\Delta t}{\Delta x} \quad (5.32)$$

同样,采用 Von Neumann 方法对有限差分方程(5.32)式进行稳定性分析。

首先,将变量 u_i^n 写成波动的形式为

$$u_i^n = U^n e^{IP\Delta x i}, \theta = P\Delta x$$

将上式代入差分方程(5.32)式中,有

$$\frac{1}{4}cU^{n+1} e^{-I\theta} - U^{n+1} - \frac{1}{4}cU^{n+1} e^{I\theta} = -U^n + \frac{1}{4}c(U^n e^{I\theta} - U^n e^{-I\theta})$$

整理化简,可得

$$U^{n+1}(2 + c\mathrm{I}\sin\theta) = U^n(2 - c\mathrm{I}\sin\theta)$$

$$G = \frac{U^{n+1}}{U^n} = \frac{2 - c\mathrm{I}\sin\theta}{2 + c\mathrm{I}\sin\theta} = \frac{4 - c^2\sin^2\theta - 4c\mathrm{I}\sin\theta}{4 + c^2\sin^2\theta}$$

$$\|G\|^2 \leqslant 1$$

则

$$|G| \leqslant 1$$

由此可见,Crank-Nicolson 有限差分格式也是无条件稳定的。

5.1.3 线性双曲型方程的有限差分格式比较

简单线性波动方程(5.1a)式

$$\frac{\partial u}{\partial t} + a\frac{\partial u}{\partial x} = 0$$

传播速度 $a = 250$,初始值:当 $t = 0.0$ 时, $u(x) = 100\cos\left(\pi \frac{x}{60}\right), x \in [0, 400]$

(5.33)

解析解: $u(x, t) = 100\cos\left(\pi \frac{x - at}{60}\right), x \in [0, 400]$ (5.34)

入流条件:当 $t \geqslant 0.0$ 时, $u(0, t) = 100\cos\left(-\pi \frac{at}{60}\right)$ (5.35)

出流条件,采用线性外插:当 $t \geqslant 0.0$ 时, $u(x_i, t) = 2.0u(x_{i-1}, t) - u(x_{i-2}, t)$

(5.36)

式中 $i = i_{\max}$。另外,网格间距 $\Delta x = 5.0$,Courant 数 $c = a\frac{\Delta t}{\Delta x}$。

(1) 显式有限差分格式

① 一阶精度的显式迎风有限差分格式

当 $c > 0$ 时, $u_i^{n+1} = u_i^n - c(u_i^n - u_{i-1}^n)$ (5.37a)

当 $c < 0$ 时, $u_i^{n+1} = u_i^n - c(u_{i+1}^n - u_i^n)$ (5.37b)

有限差分方程(5.37a)式和(5.37b)式为一阶精度的显式迎风格式,满足稳定性

条件是 $c \leqslant 1$。因此,对 Courant 数为 $c=1, c=0.5, c=0.25$ 三种情况来观察一阶精度的显式迎风格式的数值特性。从图 5.1 和图 5.2 可知,当 $c=1$ 时,一阶精度的显式迎风格式的计算结果与解析解吻合,误差为零。但是,在 $c<1$ 条件下,当 Courant 数不断减少时,其绝对误差将逐渐增大,其原因是该格式本身的耗散特性所导致的。在实际计算中,不可能完全保证 Courant 数等于 1。所以,一阶精度的显式迎风格式的耗散误差不可被忽视。

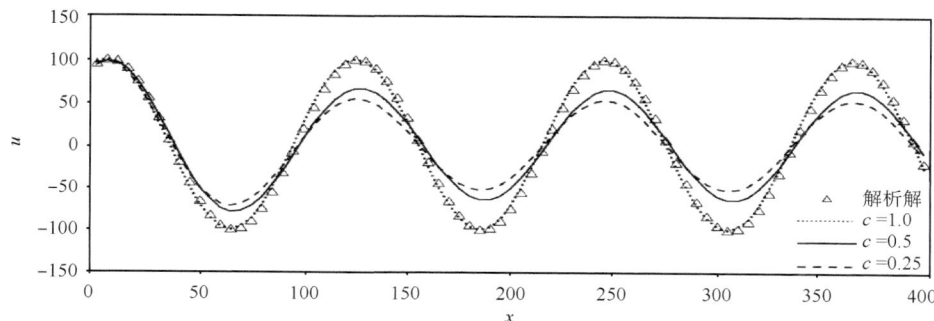

图 5.1 一阶精度的显式迎风格式($t=0.5$)的计算结果

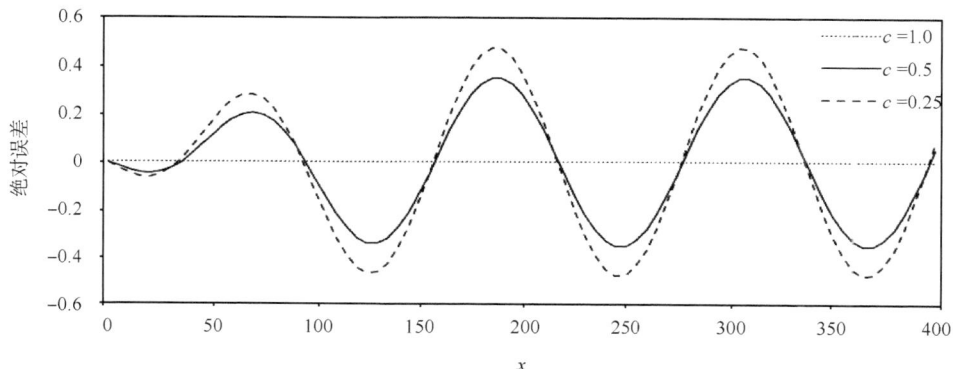

图 5.2 一阶精度的显式迎风格式($t=0.5$)产生的绝对误差

② Lax 有限差分格式

$$u_i^{n+1} = \frac{u_{i+1}^n + u_{i-1}^n - c(u_{i+1}^n - u_{i-1}^n)}{2} \tag{5.38}$$

有限差分方程(5.38)式,满足稳定性条件是 $c \leqslant 1$。因此,当 Courant 数为 $c=1$, $c=0.5, c=0.25$ 三种情况来观察 Lax 格式的数值特性。从图 5.3 和图 5.4 可知,当 $c=1$ 时,Lax 格式的数值计算结果与解析解吻合得相当好,其绝对误差为零。但是,在 $c<1$ 条件下,当 Courant 数不断减少时,其绝对误差值将逐渐增大,这说明了该格式自身的耗散特性所导致。而且,Lax 格式比一阶迎风显式格式产生的误差更大,波

动振幅衰减的更快。所以,Lax格式的耗散误差更要重视。

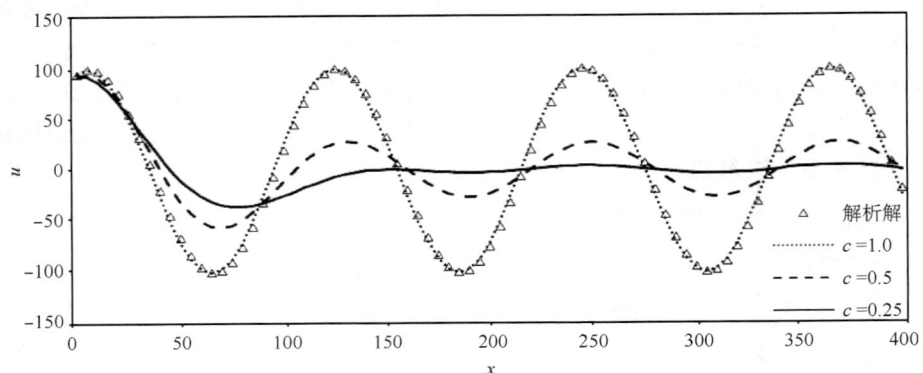

图 5.3 Lax 格式($t=0.5$)的计算结果

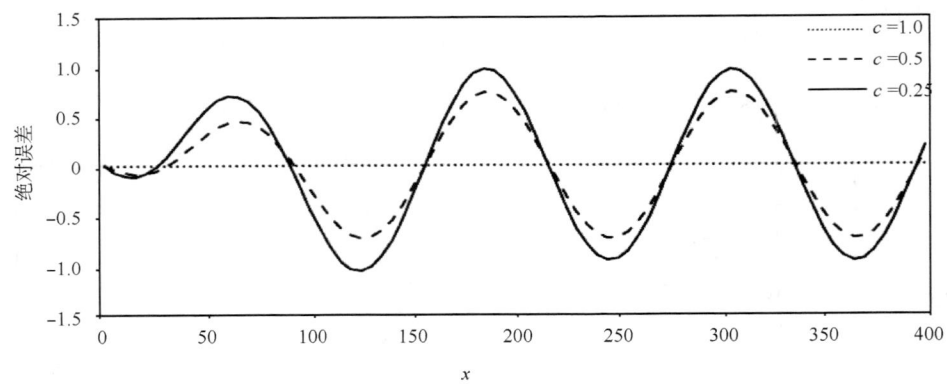

图 5.4 Lax 格式($t=0.5$)产生的绝对误差

③蛙跳有限差分格式

$$u_i^{n+1} = u_i^{n-1} - c(u_{i+1}^n - u_{i-1}^n) \quad (5.39)$$

有限差分方程(5.39)式具有二阶精度,满足稳定性条件是 $c \leqslant 1$。因此,当 Courant 数为 $c=1, c=0.5, c=0.25$ 三种情况来观察蛙跳格式的数值特性。从图 5.5 和图 5.6 可知,当 $c=1$ 时,Leapfrog 格式的计算结果与解析解吻合,误差为零。相比于一阶精度的显式迎风格式和 Leapfrog 格式在 $c<1$ 时产生的误差要小很多。但是,在出流处产生了明显的反射现象,并影响到了上游的计算结果。为了减少出流对上游数值计算的影响,尝试采用一阶精度的显式迎风格式作为出流附近区域的计算格式,从图 5.7 和图 5.8 可见明显地消除了出流处的反射现象。

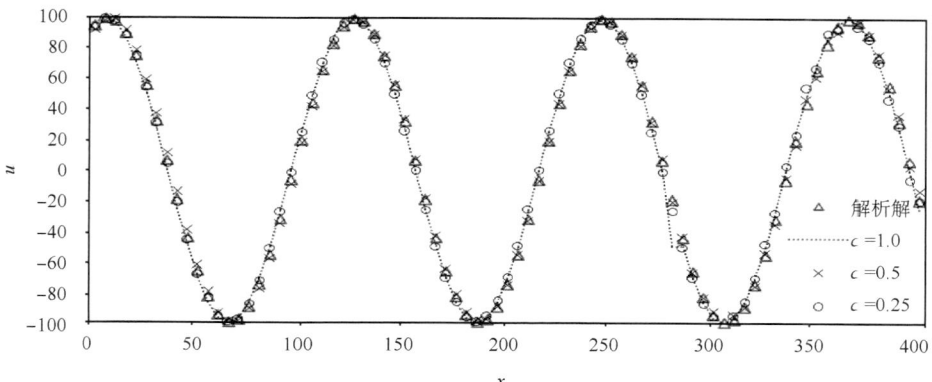

图 5.5　蛙跳格式($t=0.5$)的计算结果

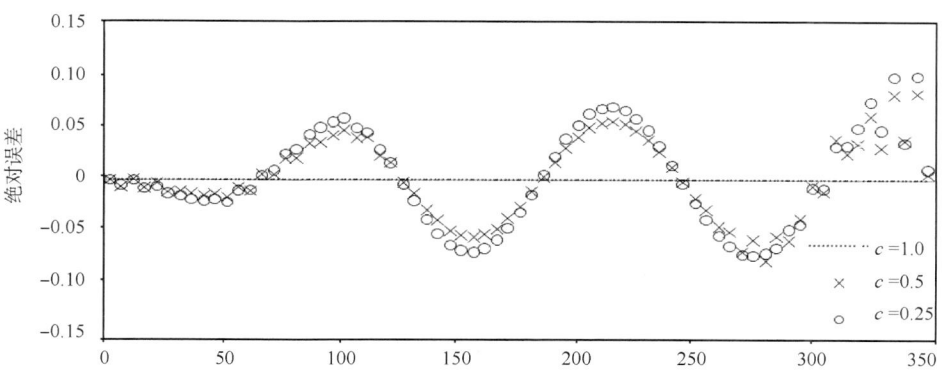

图 5.6　蛙跳格式($t=0.5$)产生的绝对误差

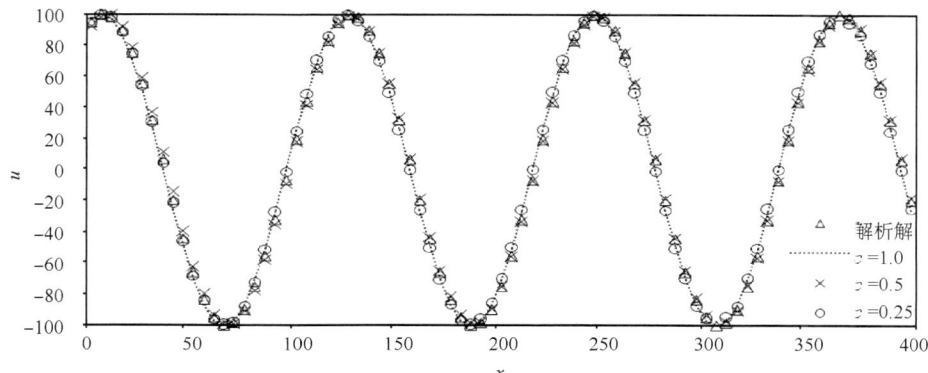

图 5.7　蛙跳格式采用一阶精度的显式迎风格式作为出流条件($t=0.5$)的计算结果

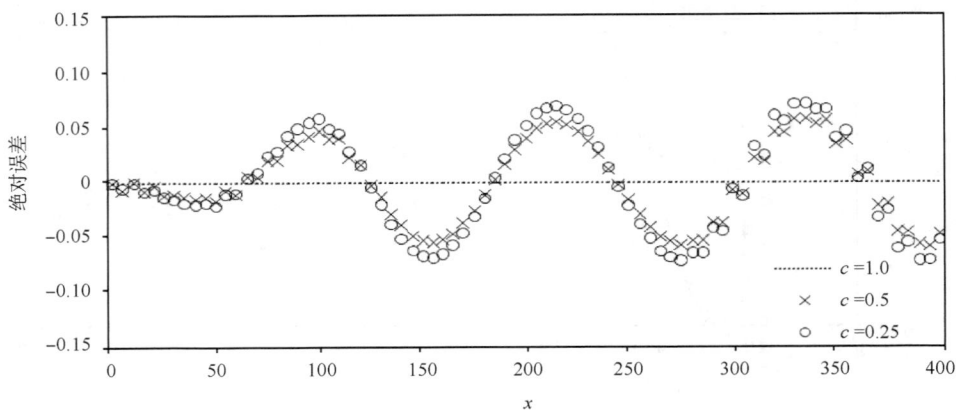

图 5.8 蛙跳格式采用一阶精度的显式迎风格式作为出流条件($t=0.5$)产生的绝对误差

④Lax-Wendroff 有限差分格式

$$u_i^{n+1} = u_i^n - \frac{c}{2}(u_{i+1}^n - u_{i-1}^n) + \frac{c^2}{2}(u_{i+1}^n - 2u_i^n + u_{i-1}^n) \quad (5.40)$$

有限差分方程(5.40)式具有二阶精度,满足稳定性条件是 $c \leqslant 1$。因此,当 Courant 数为 $c=1, c=0.5, c=0.25$ 三种情况来观察 Lax-Wendroff 格式的数值特性。从图 5.9 和图 5.10 可知,当 $c=1$ 时,Lax-Wendroff 格式的计算结果与解析解吻合得相当好,且绝对误差为零。当 $c<1$ 时,Lax-Wendroff 格式仅产生较小的绝对误差。

⑤四种显式格式数值计算结果导致绝对误差的原因分析

通过上述四种显式格式数值计算导致的误差比较,从图 5.11 和图 5.12 可知,我们可以看到二阶精度格式的数值结果要比一阶精度格式的数值计算结果的绝对误差小很多,而且 Lax 格式的数值计算结果产生的绝对误差最大。

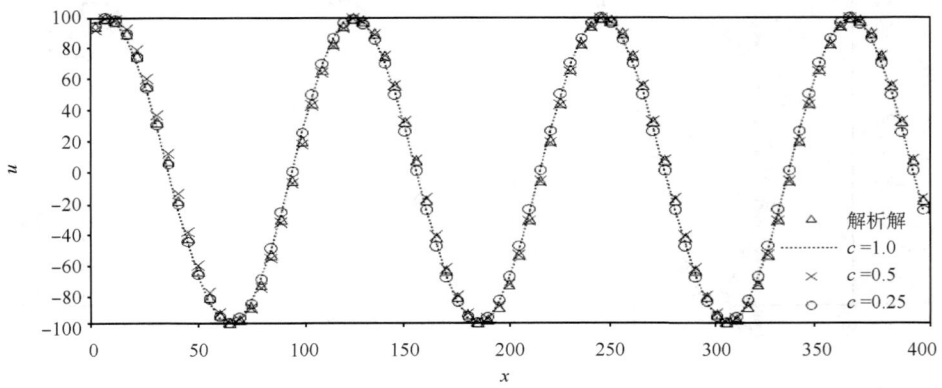

图 5.9 Lax-Wendroff 格式($t=0.5$)的计算结果

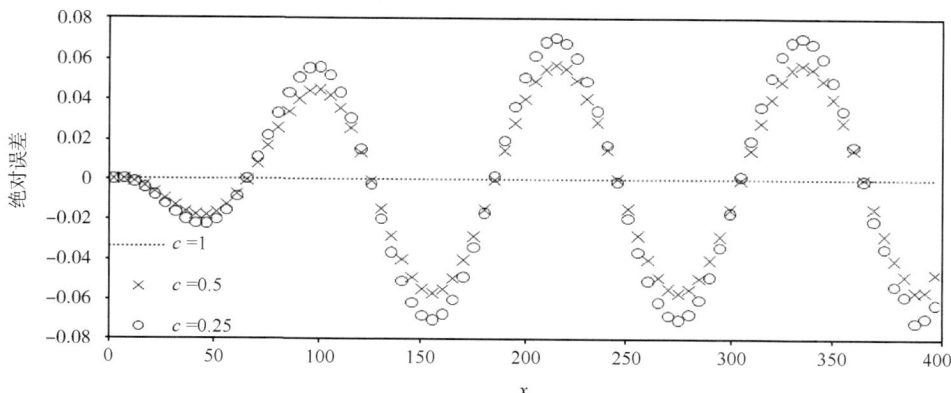

图 5.10　Lax-Wendroff 格式($t=0.5$)产生的绝对误差

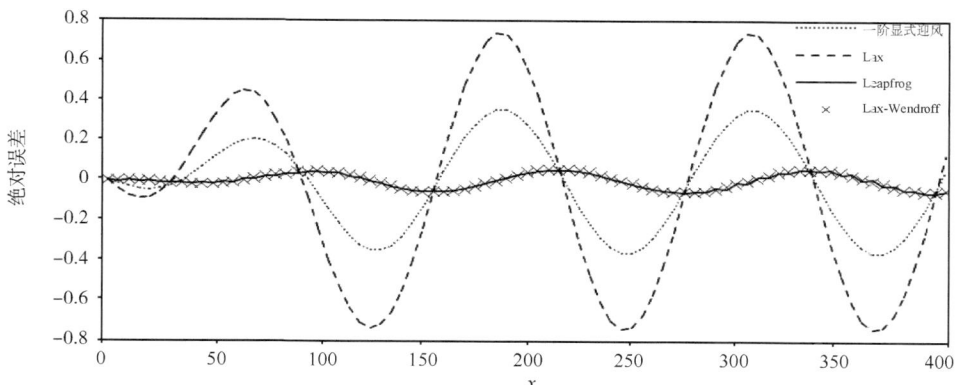

图 5.11　四种显式格式($t=0.5$)数值计算产生的绝对误差比较($c=0.5$)

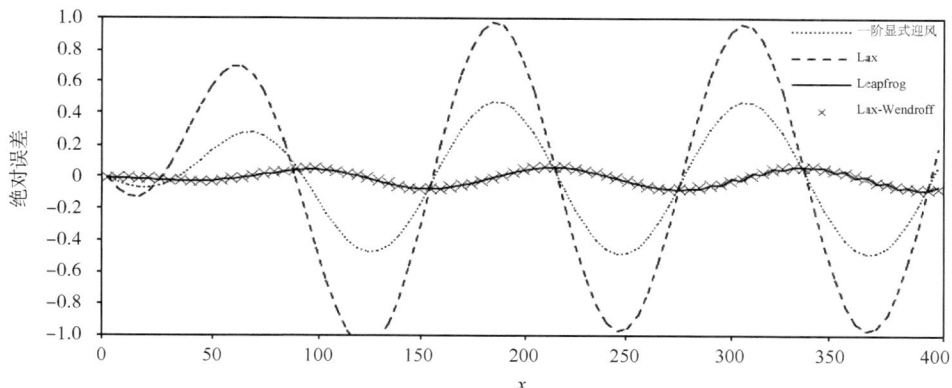

图 5.12　四种显式格式($t=0.5$)数值计计算产生的绝对误差比较($c=0.25$)

为便于学生自学和练习,在这里给出了一阶迎风格式求解该物理问题的源程序设计,详见附录Ⅲ。

(2) 隐式有限差分格式

① 一阶精度的隐式迎风有限差分格式

当 $c > 0$ 时,$-cu_{i-1}^{n+1} + (1+c)u_i^{n+1} = u_i^n$ (5.41a)

当 $c < 0$ 时,$cu_{i+1}^{n+1} + (1-c)u_i^{n+1} = u_i^n$ (5.41b)

从图 5.13 和图 5.14 可知,一阶精度的隐式迎风格式允许 $c>1$,所以我们可取更大的时间步长来计算。虽然一阶隐式迎风格式的数值计算保持稳定,但具有耗散误差非常大的,并且使得波的振幅快速衰减。

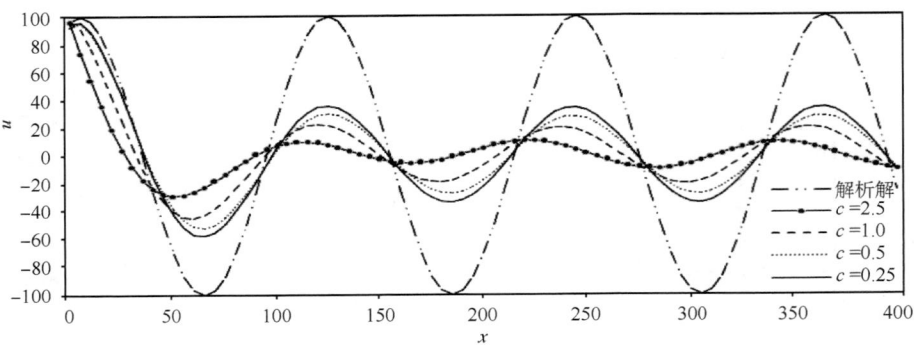

图 5.13　一阶精度的隐式迎风格式($t=0.5$)的计算结果

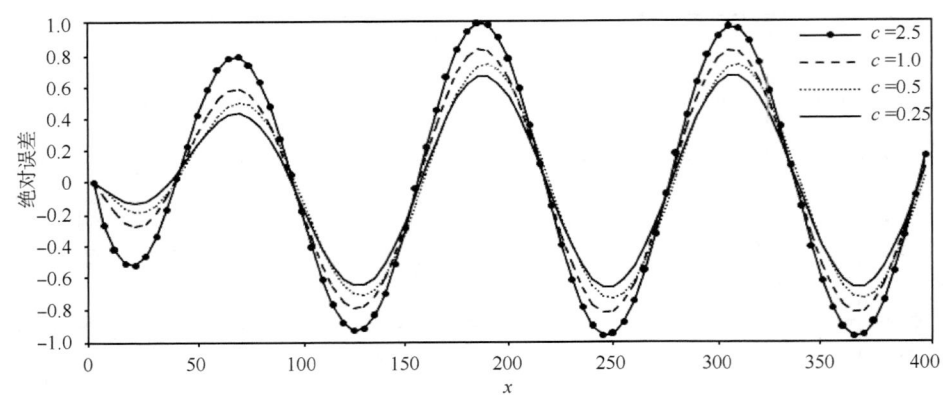

图 5.14　一阶精度的隐式迎风格式($t=0.5$)产生的绝对误差

② 隐式欧拉有限差分格式

$$-\frac{c}{2}u_{i-1}^{n+1} + u_i^{n+1} + \frac{c}{2}u_{i+1}^{n+1} = u_i^n \qquad (5.42)$$

从图 5.15 和图 5.16 可知,隐式欧拉格式也能够在 $c=2.5$ 时稳定计算,但是在出口处出现了和 Lax 格式相类似的反射现象,而影响到了上游的计算结果。为了减少出流处数值计算对上游计算的影响,尝试采用一阶隐式迎风格式作为出口处的计算方法,但这种算法虽然能消除数值计算所产生的反射现象和数值振荡的同时,却又引入了一阶隐式迎风格式的耗散误差,详细见图 5.17 和图 5.18 所示。

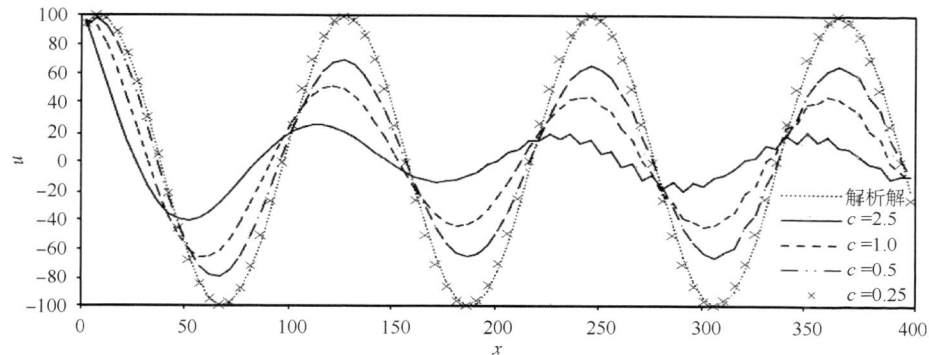

图 5.15 隐式欧拉格式($t=0.5$)的计算结果

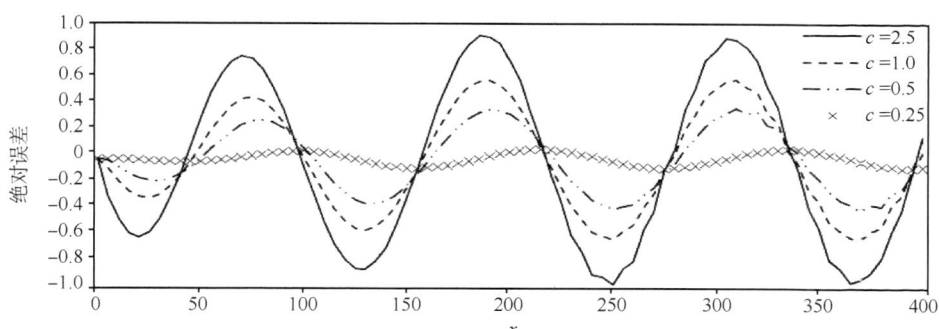

图 5.16 隐式欧拉格式($t=0.5$)产生的绝对误差

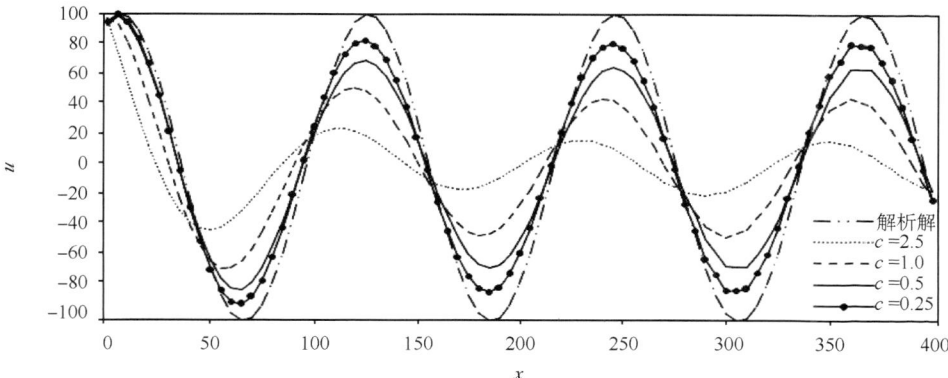

图 5.17 隐式欧拉格式($t=0.5$)满足隐式一阶迎风出流条件的计算结果

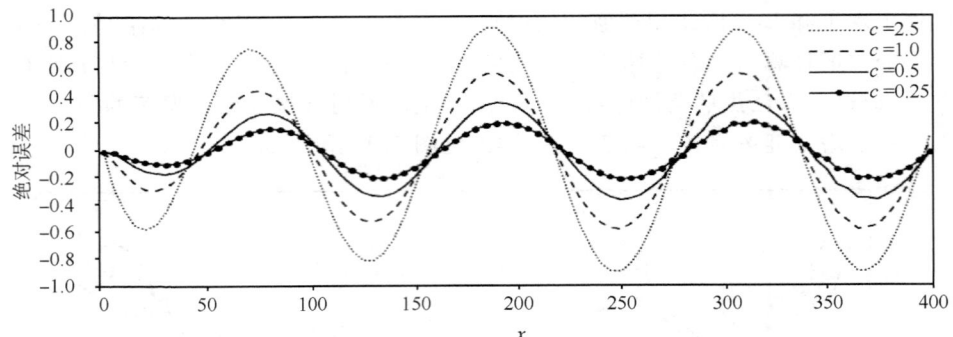

图 5.18 隐式欧拉格式($t=0.5$)满足隐式一阶迎风出流条件产生的绝对误差

③Crank-Nicolson 有限差分格式

Crank-Nicolson 格式的有限差分方程

$$-\frac{c}{4}u_{i-1}^{n+1} + u_i^{n+1} + \frac{c}{4}u_{i+1}^{n+1} = u_i^n - \frac{c}{4}(u_{i+1}^n - u_{i-1}^n) \tag{5.43}$$

Crank-Nicolson 格式是具有二阶精度的隐式差分格式。但是,从图 5.19 和图 5.20 可知,该格式的数值计算误差相对较小,但是在出口处也会产生一定的振荡。随 Courant 数的减小,误差值也变小了。

从上面的隐式格式进行数值计算所产生的绝对误差相比较可知,当 Courant 数减小时,不同的差分格式所带来的绝对误差都有不同程度的减小。但是,二阶精度 Crank-Nicolson 格式要比一阶精度的隐式迎风格式和隐式欧拉格式所带来的绝对误差要小。

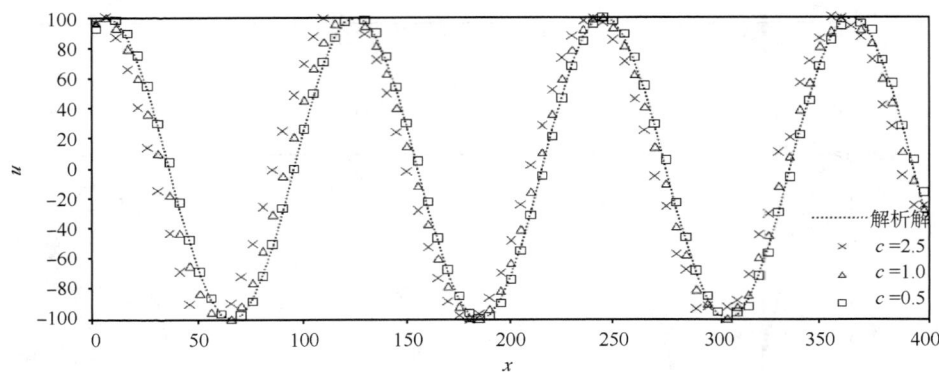

图 5.19 Crank-Nicolson 格式($t=0.5$)的计算结果

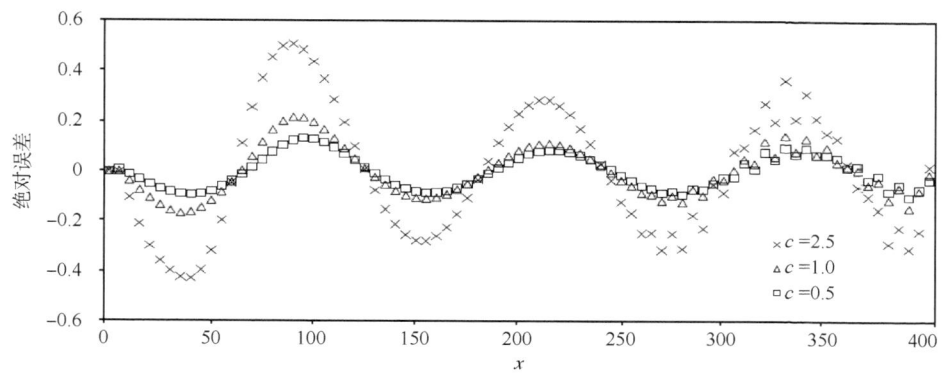

图 5.20 Crank-Nicolson 格式($t=0.5$)产生的绝对误差

5.2 非线性双曲型方程的有限差分格式

由于动力学和热力学方程大都属于非线性的问题,所以非线性模型方程的差分格式讨论是非常重要的。

在这里,采用最简单的双曲型模型方程(无黏性的 Burgers 方程)为例来进行详细的讨论和分析。

$$\frac{\partial u}{\partial t} + u\frac{\partial u}{\partial x} = 0 \tag{5.1b}$$

通常,我们把方程(5.1b)式写成守恒型形式:

$$\frac{\partial u}{\partial t} + \frac{\partial E}{\partial x} = 0, E = \frac{u^2}{2} \tag{5.44}$$

5.2.1 显式有限差分格式

(1) Lax 有限差分格式

类似于线性问题中的 Lax 格式,我们可以同样构造非线性问题中的 Lax 格式,其时间偏导数具有一阶精度,空间偏导数具有二阶精度,即有限差分方程

$$\frac{u_i^{n+1} - \dfrac{u_{i+1}^n + u_{i-1}^n}{2}}{\Delta t} + a\frac{E_{i+1}^n - E_{i-1}^n}{2\Delta x} = 0 \tag{5.45}$$

该格式的稳定条件为

$$\left|\frac{\Delta t}{\Delta x}u_{\max}\right| \leqslant 1 \tag{5.46}$$

在这里,Courant 数已经不再和线性方程相同,其定义式为

$$c \equiv \left|\frac{\Delta t}{\Delta x}u_{\max}\right| \tag{5.47}$$

注：在非线性方程中的传播速度由常数变成了一个变量。

(2) Lax-Wendroff 有限差分格式

非线性方程(5.44)式的 Lax-Wendroff 格式，其推导过程类似线性方程的拉克西—温德洛夫格式。

将变量 u^{n+1} 进行 Taylor 级数展开

$$u_i^{n+1} = u_i^n + \frac{\partial u}{\partial t}\Delta t + \frac{\partial^2 u}{\partial t^2}\frac{(\Delta t)^2}{2} + O[(\Delta t)^3] \tag{5.48}$$

有模型方程：$\frac{\partial u}{\partial t} + \frac{\partial E}{\partial x} = 0$

可得到

$$\frac{\partial^2 u}{\partial t^2} = -\frac{\partial}{\partial t}\left(\frac{\partial E}{\partial x}\right) = -\frac{\partial}{\partial x}\left(\frac{\partial E}{\partial t}\right) \tag{5.49}$$

此外

$$\frac{\partial E}{\partial t} = \frac{\partial E}{\partial u}\frac{\partial u}{\partial t} = \frac{\partial E}{\partial u}\left(-\frac{\partial E}{\partial x}\right) = -A\frac{\partial E}{\partial x} \tag{5.50}$$

式中 $A = \frac{\partial E}{\partial u}$。

将(5.50)式代入(5.49)式，得

$$\frac{\partial^2 u}{\partial t^2} = \frac{\partial}{\partial x}\left(A\frac{\partial E}{\partial x}\right) \tag{5.51}$$

将(5.44)式和(5.51)式代入(5.48)式，可得

$$u_i^{n+1} = u_i^n - \frac{\partial E}{\partial x}\Delta t + \frac{\partial}{\partial x}\left(A\frac{\partial E}{\partial x}\right)\frac{(\Delta t)^2}{2} + O[(\Delta t)^3] \tag{5.52}$$

则有限差分方程

$$u_i^{n+1} = u_i^n - \frac{E_{i+1}^n - E_{i-1}^n}{2\Delta x}\Delta t + \left(A_{i+1/2}^n \frac{E_{i+1}^n - E_i^n}{\Delta x} - A_{i-1/2}^n \frac{E_i^n - E_{i-1}^n}{\Delta x}\right)\frac{(\Delta t)^2}{2\Delta x} \tag{5.53}$$

式中 $A_{i+1/2}^n = \frac{A_i^n + A_{i+1}^n}{2}$，$A_{i-1/2}^n = \frac{A_i^n + A_{i-1}^n}{2}$。

称(5.53)式为非线性方程(5.44)式的 Lax-Wendroff 格式，稳定性条件是 $c \leqslant 1$。

(3) MacCormack 有限差分格式

MacCormack 格式是一个分步差分格式，且具有二阶精度。所谓分步格式，就是差分格式至少由两步构成，下面以 MacCormack 格式为例来说明。

$$u_i^* = u_i^n - \frac{\Delta t}{\Delta x}(E_{i+1}^n - E_i^n) \tag{5.54}$$

$$u_i^{n+1} = \frac{u_i^* + \left[u_i^n - \frac{\Delta t}{\Delta x}(E_i^* - E_{i-1}^*)\right]}{2} \tag{5.55}$$

式中 $E^* = \dfrac{(u^*)^2}{2}$。

我们将(5.54)式称为预估步,(5.55)式称为校准步,由这两步构成了 MacCormack 有限差分格式,该格式具有二阶精度,且截断误差为 $O[(\Delta t)^2,(\Delta x)^2]$,稳定性条件满足 $c \leqslant 1$。

(4) 迎风有限差分格式

在线性方程中一阶精度的显式迎风格式也可以用来计算非线性问题,其稳定性条件仍然满足 $c \leqslant 1$ 的关系。

$$u_i > 0, \frac{u_i^{n+1} - u_i^n}{\Delta t} + \frac{E_i^n - E_{i-1}^n}{\Delta x} = 0 \tag{5.56a}$$

$$u_i < 0, \frac{u_i^{n+1} - u_i^n}{\Delta t} + \frac{E_{i+1}^n - E_i^n}{\Delta x} = 0 \tag{5.56b}$$

(5) 龙格—库塔(Runge-Kutta)有限差分格式

Runge-Kutta 有限差分格式是求解常微分方程的常用差分格式。现将 Runge-Kutta 有限差分格式扩展到偏微分方程的数值计算中。Runge-Kutta 有限差分格式包含着不同精度的数值计算方法,在这里仅介绍一个具有四阶精度的经典 Runge-Kutta 有限差分格式

$$u_i^{(1)} = u_i^n \tag{5.57a}$$

$$u_i^{(2)} = u_i^n - \frac{1}{2}\Delta t \left(\frac{\partial E}{\partial x}\right)_i^{(1)} \tag{5.57b}$$

$$u_i^{(3)} = u_i^n - \frac{1}{2}\Delta t \left(\frac{\partial E}{\partial x}\right)_i^{(2)} \tag{5.57c}$$

$$u_i^{(4)} = u_i^n - \Delta t \left(\frac{\partial E}{\partial x}\right)_i^{(3)} \tag{5.57d}$$

$$u_i^{n+1} = u_i^n - \Delta t \left[\frac{1}{6}\left(\frac{\partial E}{\partial x}\right)_i^{(1)} + \frac{1}{3}\left(\frac{\partial E}{\partial x}\right)_i^{(2)} + \frac{1}{3}\left(\frac{\partial E}{\partial x}\right)_i^{(3)} + \frac{1}{6}\left(\frac{\partial E}{\partial x}\right)_i^{(4)}\right] \tag{5.57e}$$

Runge-Kutta 格式主要优点是 Courant 数已增加到 $c \leqslant 2\sqrt{2}$,且 $\dfrac{\partial E}{\partial x}$ 的离散可以采用前面介绍的各种空间离散格式,比如说二阶精度的中心差分格式

$$\frac{\partial E}{\partial x} = \frac{E_{i+1} - E_{i-1}}{2\Delta x} \tag{5.58}$$

将(5.58)式代入(5.57a)~(5.57e)式可得有限差分格式,且该格式是一个不稳定的差分格式,它和后面的毕门—沃名(Beam-Warming)格式一样,需添加一项人工黏性来保证该格式的计算稳定,也就是在数值计算过程的最后一步加入阻尼项,具体形式如下

$$u_i^{n+1} = u_i^n - \Delta t \left[\frac{1}{6}\left(\frac{\partial E}{\partial x}\right)_i^{(1)} + \frac{1}{3}\left(\frac{\partial E}{\partial x}\right)_i^{(2)} + \frac{1}{3}\left(\frac{\partial E}{\partial x}\right)_i^{(3)} + \frac{1}{6}\left(\frac{\partial E}{\partial x}\right)_i^{(4)} \right] + D_\varepsilon$$
(5.59)

式中 $D_\varepsilon = -\varepsilon_e(u_{i+2}^n - 4u_{i+1}^n + 6u_i^n - 4u_{i-1}^n + u_{i-2}^n)$。相比较于经典四阶精度的 Runge-Kutta 格式，还有一种高效四阶精度的修正后 Runge-Kutta 格式。在同样具有四阶精度的情况下，四阶精度的修正后 Runge-Kutta 格式比经典四阶精度的 Runge-Kutta 格式的计算步数要少，并占用更少的内存空间。

具体表达式如下：

$$u_i^{(1)} = u_i^n \tag{5.60a}$$

$$u_i^{(2)} = u_i^n - \frac{\Delta t}{4}\left(\frac{\partial E}{\partial x}\right)_i^{(1)} \tag{5.60b}$$

$$u_i^{(3)} = u_i^n - \frac{\Delta t}{3}\left(\frac{\partial E}{\partial x}\right)_i^{(2)} \tag{5.60c}$$

$$u_i^{(4)} = u_i^n - \frac{\Delta t}{2}\left(\frac{\partial E}{\partial x}\right)_i^{(3)} \tag{5.60d}$$

$$u_i^{n+1} = u_i^n - \Delta t \left(\frac{\partial E}{\partial x}\right)_i^{(4)} \tag{5.60e}$$

注：在上面介绍的 Runge-Kutta 有限差分格式中的空间偏导数项，可以采用各种不同的离散格式。下面以二阶精度的中心差分格式：$\frac{\partial E}{\partial x} = \frac{E_{i+1} - E_{i-1}}{2\Delta x}$ 来逼近空间偏导数。上面介绍的 Runge-Kutta 有限差分格式中的空间偏导数项的具体数值计算表达式如下：

① $\left(\frac{\partial E}{\partial x}\right)_i^{(1)} = \frac{E_{i+1}^{(1)} + E_{i-1}^{(1)}}{2\Delta x}$，且 $E_{i+1}^{(1)} = \frac{(u_{i+1}^{(1)})^2}{2}$ 以及 $E_{i-1}^{(1)} = \frac{(u_{i-1}^{(1)})^2}{2}$；

② $\left(\frac{\partial E}{\partial x}\right)_i^{(2)} = \frac{E_{i+1}^{(2)} + E_{i-1}^{(2)}}{2\Delta x}$，且 $E_{i+1}^{(2)} = \frac{(u_{i+1}^{(2)})^2}{2}$ 以及 $E_{i-1}^{(2)} = \frac{(u_{i-1}^{(2)})^2}{2}$；

③ $\left(\frac{\partial E}{\partial x}\right)_i^{(3)} = \frac{E_{i+1}^{(3)} + E_{i-1}^{(3)}}{2\Delta x}$，且 $E_{i+1}^{(3)} = \frac{(u_{i+1}^{(3)})^2}{2}$ 以及 $E_{i-1}^{(3)} = \frac{(u_{i-1}^{(3)})^2}{2}$；

④ $\left(\frac{\partial E}{\partial x}\right)_i^{(4)} = \frac{E_{i+1}^{(4)} + E_{i-1}^{(4)}}{2\Delta x}$，且 $E_{i+1}^{(4)} = \frac{(u_{i+1}^{(4)})^2}{2}$ 以及 $E_{i-1}^{(4)} = \frac{(u_{i-1}^{(4)})^2}{2}$。

四阶精度修正后的 Runge-Kutta 格式和四阶精度经典 Runge-Kutta 格式一样，也是一个不稳定的有限差分格式，为使数值计算过程保证稳定，也必须在计算过程的最后一步加入阻尼项 D_ε，使(5.60e)式转变为

$$u_i^{n+1} = u_i^n - \Delta t \left(\frac{\partial E}{\partial x}\right)_i^{(4)} + D_\varepsilon; \text{且 } D_\varepsilon = -\varepsilon_e(u_{i+2}^n - 4u_{i+1}^n + 6u_i^n - 4u_{i-1}^n + u_{i-2}^n)$$

5.2.2 隐式有限差分格式

(1) Beam-Warming 隐式有限差分格式

Beam-Warming 隐式格式是一个比较重要的隐式格式。同样，可通过 Taylor 级数展开来构造 Beam-Warming 隐式格式

$$u_i^{n+1} = u_i^n + \left(\frac{\partial u}{\partial t}\right)_i^n \Delta t + \left(\frac{\partial^2 u}{\partial t^2}\right)_i^n \frac{(\Delta t)^2}{2} + O[(\Delta t)^3] \tag{5.61a}$$

$$u_i^n = u_i^{n+1} - \left(\frac{\partial u}{\partial t}\right)_i^{n+1} \Delta t + \left(\frac{\partial^2 u}{\partial t^2}\right)_i^{n+1} \frac{(\Delta t)^2}{2} - O[(\Delta t)^3] \tag{5.61b}$$

将 (5.61a) 式减去 (5.61b) 式，可得

$$2u_i^{n+1} = 2u_i^n + \left(\frac{\partial u}{\partial t}\right)_i^n \Delta t + \left(\frac{\partial u}{\partial t}\right)_i^{n+1} \Delta t + \left(\frac{\partial^2 u}{\partial t^2}\right)_i^n \frac{(\Delta t)^2}{2} - \left(\frac{\partial^2 u}{\partial t^2}\right)_i^{n+1} \frac{(\Delta t)^2}{2} + O[(\Delta t)^3] \tag{5.62}$$

经整理，可得

$$u_i^{n+1} = u_i^n + \left[\left(\frac{\partial u}{\partial t}\right)_i^n + \left(\frac{\partial u}{\partial t}\right)_i^{n+1}\right]\frac{\Delta t}{2} + \left[\left(\frac{\partial^2 u}{\partial t^2}\right)_i^n - \left(\frac{\partial^2 u}{\partial t^2}\right)_i^{n+1}\right]\frac{(\Delta t)^2}{4} + O[(\Delta t)^3] \tag{5.63}$$

对 $\left(\frac{\partial^2 u}{\partial t^2}\right)_i^{n+1}$ 进行 Taylor 级数展开，可得

$$\left(\frac{\partial^2 u}{\partial t^2}\right)_i^{n+1} = \left(\frac{\partial^2 u}{\partial t^2}\right)_i^n + \frac{\partial}{\partial t}\left(\frac{\partial^2 u}{\partial t^2}\right)_i^n \Delta t + O[(\Delta t)^2] \tag{5.64}$$

把 (5.64) 式代入 (5.63) 式，得

$$u_i^{n+1} = u_i^n + \left[\left(\frac{\partial u}{\partial t}\right)_i^n + \left(\frac{\partial u}{\partial t}\right)_i^{n+1}\right]\frac{\Delta t}{2} - \frac{\partial}{\partial t}\left(\frac{\partial^2 u}{\partial t^2}\right)_i^n \frac{(\Delta t)^3}{4} + O[(\Delta t)^3] \tag{5.65}$$

即

$$u_i^{n+1} = u_i^n + \left[\left(\frac{\partial u}{\partial t}\right)_i^n + \left(\frac{\partial u}{\partial t}\right)_i^{n+1}\right]\frac{\Delta t}{2} + O[(\Delta t)^3] \tag{5.66}$$

将模型方程 $\frac{\partial u}{\partial t} = -\frac{\partial E}{\partial x}$ 代入 (5.66) 式，得

$$\frac{u_i^{n+1} - u_i^n}{\Delta t} = -\frac{1}{2}\left[\left(\frac{\partial E}{\partial x}\right)_i^n + \left(\frac{\partial E}{\partial x}\right)_i^{n+1}\right] + O[(\Delta t)^2] \tag{5.67}$$

对 E^{n+1} 进行 Taylor 级数展开

$$E^{n+1} = E^n + \frac{\partial E}{\partial u}\frac{\partial u}{\partial t}\Delta t + O[(\Delta t)^2] = E^n + A\left(\frac{u^{n+1} - u^n}{\Delta t}\right)\Delta t + O[(\Delta t)^2] \tag{5.68}$$

再对 (5.68) 式两边求 $\left(\frac{\partial}{\partial x}\right)$ 偏导数，得

$$\left(\frac{\partial E}{\partial x}\right)^{n+1} = \left(\frac{\partial E}{\partial x}\right)^n + \frac{\partial}{\partial x}[A(u^{n+1} - u^n)] \tag{5.69}$$

然后,把(5.69)式代入(5.67)式,得

$$\frac{u_i^{n+1} - u_i^n}{\Delta t} = -\left(\frac{\partial E}{\partial x}\right)_i^n - \frac{1}{2}\frac{\partial}{\partial x}[A(u^{n+1} - u^n)] + O[(\Delta t)^2] \tag{5.70}$$

得有限差分方程为

$$u_i^{n+1} = u_i^n - \left(\frac{E_{i+1}^n - E_{i-1}^n}{2\Delta x}\right)\Delta t - \frac{1}{2}\frac{(A_{i+1}^n u_{i+1}^{n+1} - A_{i-1}^n u_{i-1}^{n+1}) - (A_{i+1}^n u_{i+1}^n - A_{i-1}^n u_{i-1}^n)}{2\Delta x}\Delta t \tag{5.71}$$

(5.71)式称为 Beam-Warming 隐式格式,该格式具有二阶精度。但是,它所包含的色散误差产生的数值振荡很有可能导致数值计算的不稳定性。为了避免数值计算的不稳定性,通常人们会使用一个比较常用的方法,即人工黏性。人工黏性就是在有限差分方程中加入一个高阶的阻尼项来保持数值计算的稳定,当然这样做也会污染数值解。

人工黏性项选取为

$$D_\varepsilon = -\varepsilon_e(u_{i+2}^n - 4u_{i+1}^n + 6u_i^n - 4u_{i-1}^n + u_{i-2}^n) \tag{5.72}$$

把四阶精度的显式阻尼项(5.72)式加到 Beam-Warming 隐式格式中,并选取合适的 ε_e($0 < \varepsilon_e < 0.125$),就可以保证 Beam-Warming 隐式格式具有较好的稳定性。

(2)迎风隐式有限差分格式

在线性方程中,一阶精度的隐式迎风格式也可以用来计算非线性问题,其稳定性条件仍需满足 $c \leqslant 1$ 的关系。下面,我们来构造非线性问题中一阶精度的隐式迎风格式。

$$u_i > 0, \frac{u_i^{n+1} - u_i^n}{\Delta t} + \frac{u_i^n u_i^{n+1} - u_{i-1}^n u_{i-1}^{n+1}}{2\Delta x} = 0 \tag{5.73a}$$

$$u_i < 0, \frac{u_i^{n+1} - u_i^n}{\Delta t} + \frac{u_{i+1}^n u_{i+1}^{n+1} - u_i^n u_i^{n+1}}{2\Delta x} = 0 \tag{5.73b}$$

5.2.3 非线性双曲型方程的有限差分格式比较

非线性的模型方程为无黏性的 Burgers 方程

$$\frac{\partial u}{\partial t} + u\frac{\partial u}{\partial x} = 0 \tag{5.1b}$$

将方程(5.1b)式改写成守恒型方程

$$\frac{\partial u}{\partial t} + \frac{\partial E}{\partial x} = 0, E = \frac{u^2}{2} \tag{5.44}$$

初始条件:当 $t = 0$ 时,$u(x,0) = \begin{cases} 0.8 & 0.0 \leqslant x < 1.0 \\ 0.8 + 0.2 \times (x - 1.0) & 1.0 \leqslant x < 2.0 \\ 0.0 & 2.0 \leqslant x \leqslant 4.0 \end{cases}$

(5.74)

边界条件:当 $t \geqslant 0.0$ 时,$u(0,t) = 0.8, u(4,t) = 0.0$ (5.75)

式中初始条件包含小斜波间断面的结构,并在下列数值计算中取网格间距 $\Delta x = 0.1$,且 $c = \dfrac{\Delta t}{\Delta x}$。

(1)显式有限差分格式

①Lax-Wendroff 有限差分格式

Lax-Wendroff 格式具有二阶精度,其有限差分方程为

$$u_i^{n+1} = u_i^n - \frac{c}{2}(E_{i+1}^n - E_{i-1}^n) + \frac{c^2}{2}[u_{i+1/2}^n(E_{i+1}^n - E_i^n) - u_{i-1/2}^n(E_i^n - E_{i-1}^n)]$$

(5.76)

在数值计算具有小斜波间断面的非线性无黏性 Burgers 模型方程中,无论当 $\Delta t = 0.1$ 还是 $\Delta t = 0.05$ 时,具有小斜波间断面的结构都以初始条件给出的状态向前推进。从图 5.21 可知,在时间步长 $\Delta t = 0.1$ 时,初始小斜坡间断面结构随时间不断向前的演化过程中,初始小斜坡间断面结构仅出现较小的塌陷,依然能维持着一个近似的小斜坡间断面结构;但是当时间步长 $\Delta t = 0.05$ 时,初始小斜坡间断面结构出现了明显的振荡现象。由此可见,时间步长 $\Delta t = 0.1$,Courant 数 $c = 1$,Lax-Wendroff 格式能够数值计算出分辨率更高的结果。

②MacCormack 有限差分格式

两步有限差分的 MacCormack 格式与 Lax-Wendroff 格式一样,具有二阶精度,其有限差分方程为

$$u_i^* = u_i^n - c(E_{i+1}^n - E_i^n)$$ (5.77)

$$u_i^{n+1} = \frac{u_i^* + [u_i^n - c(E_i^* - E_{i-1}^*)]}{2}$$ (5.78)

式中 $E_i^n = \dfrac{(u_i^n)^2}{2}, E_{i+1}^n = \dfrac{(u_{i+1}^n)^2}{2}, E_i^* = \dfrac{(u_i^*)^2}{2}$ 以及 $E_{i-1}^* = \dfrac{(u_{i-1}^*)^2}{2}$。

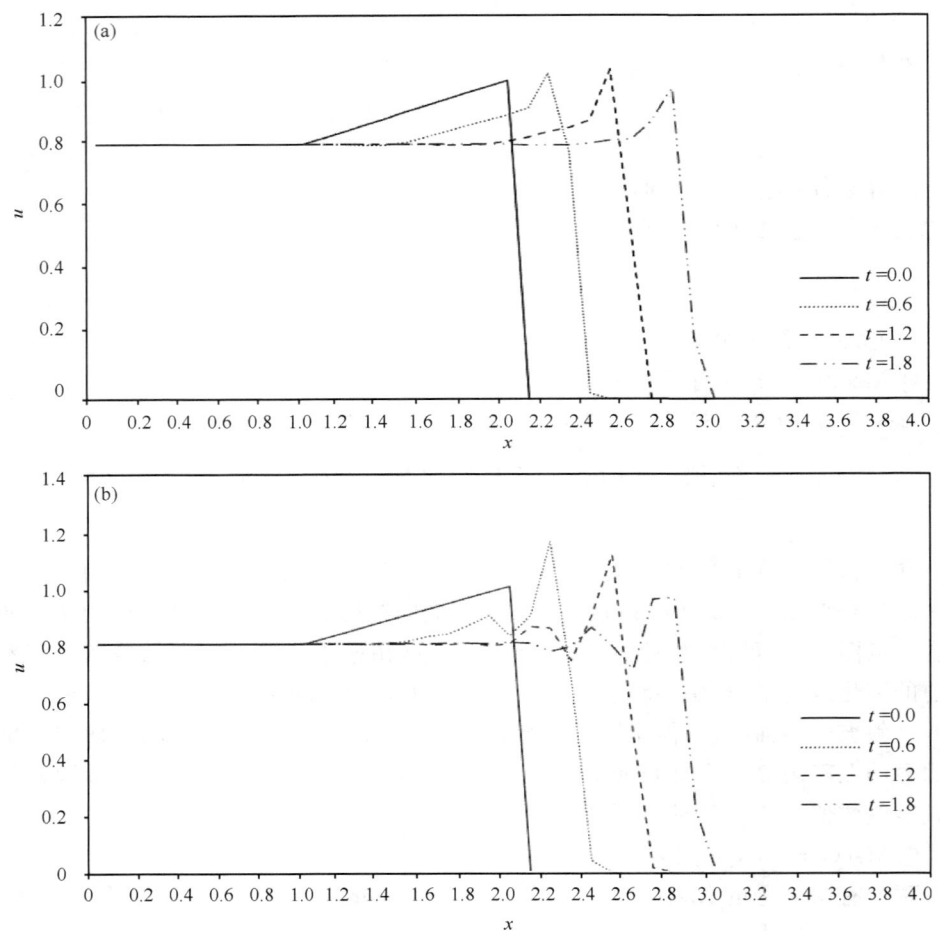

图 5.21 Lax-Wendroff 格式数值结果的演化规律
(a)$\Delta t=0.1$,(b)$\Delta t=0.05$

在数值计算具有小斜波间断面的非线性无黏性 Burgers 模型方程中,无论当 $\Delta t=0.1$ 还是 $\Delta t=0.05$ 时,具有小斜波间断面的结构都以初始条件给出的状态向前推进。从图 5.22 可知,在时间步长 $\Delta t=0.1$ 时,与 Lax-Wendroff 格式比较发现,MacCormack 格式数值计算推进初始带小斜坡间断面结构随时间不断向前的演化过程中,初始小斜坡间断面结构逐渐演变成平坦光滑的曲线,渐渐失去带小斜坡间断面的结构,这可能是由于差分格式的耗散特性所导致。当时间步长 $\Delta t=0.05$ 时,初始状态带小斜坡间断面结构出现了和 Lax-Wendroff 格式一样的产生振荡现象。由此可见,时间步长 $\Delta t=0.1$,其 Courant 数 $c=1$,MacCormack 格式也能够计算出分辨率较好的结果。

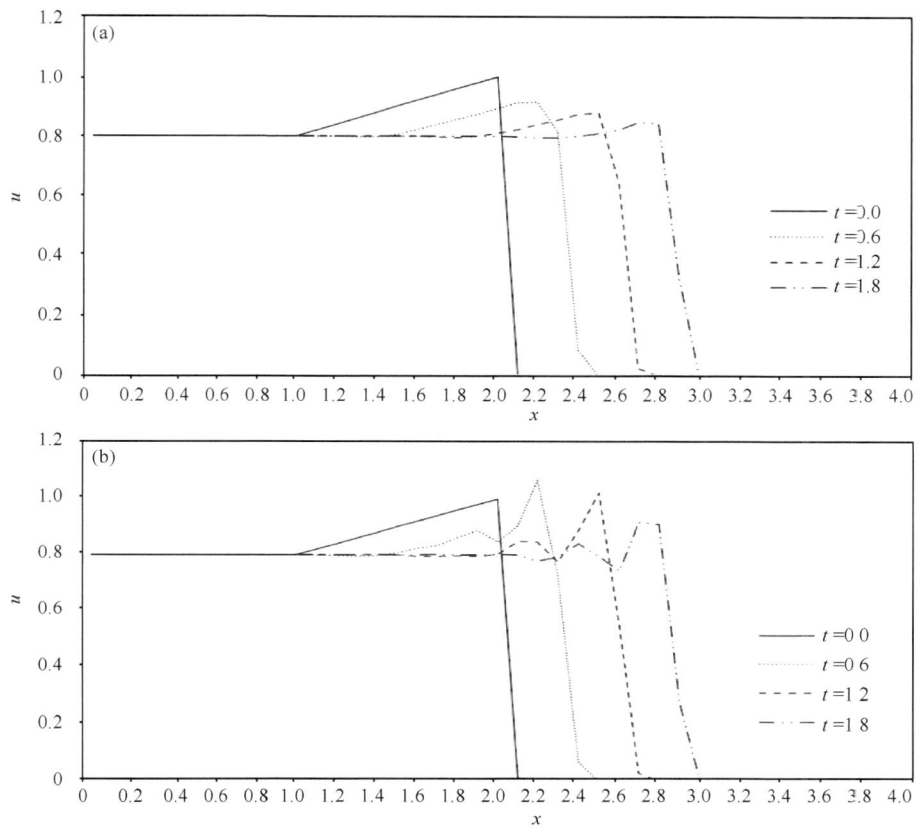

图 5.22 MacCormack 格式数值结果的演化规律
(a)$\Delta t=0.1$,(b)$\Delta t=0.05$

③迎风有限差分格式

一阶精度的显式迎风格式,其有限差分方程为

当 $c>0$ 时,$u_i^{n+1} = u_i^n - c(E_i^n - E_{i-1}^n)$ (5.79a)

当 $c<0$ 时,$u_i^{n+1} = u_i^n - c(E_{i+1}^n - E_i^n)$。 (5.79b)

在数值计算具有小斜波间断面的非线性无黏性 Burgers 模型方程中,无论当 $\Delta t=0.1$ 还是 $\Delta t=0.05$ 时,具有小斜波间断面的结构都以初始条件给出的状态向前推进。从图 5.23 可知,在时间步长 $\Delta t=0.1$ 时,得到的结果类似于 MacCormack 格式数值计算的结果。同样,初始小斜坡间断面结构逐渐演变成平坦光滑的曲线,渐渐失去小斜坡间断面的结构,这仍然可能是由于差分格式的耗散特性所导致。当时间步长 $\Delta t=0.05$ 时,初始状态带小斜坡间断面结构出现了与 Lax-Wendroff 格式和 MacCormack 格式相类似的振荡现象。由此可见,时间步长 $\Delta t=0.1$,Courant 数 $c=1$,一阶精度的显式迎风格式也能够计算出分辨率相对较好的结果。

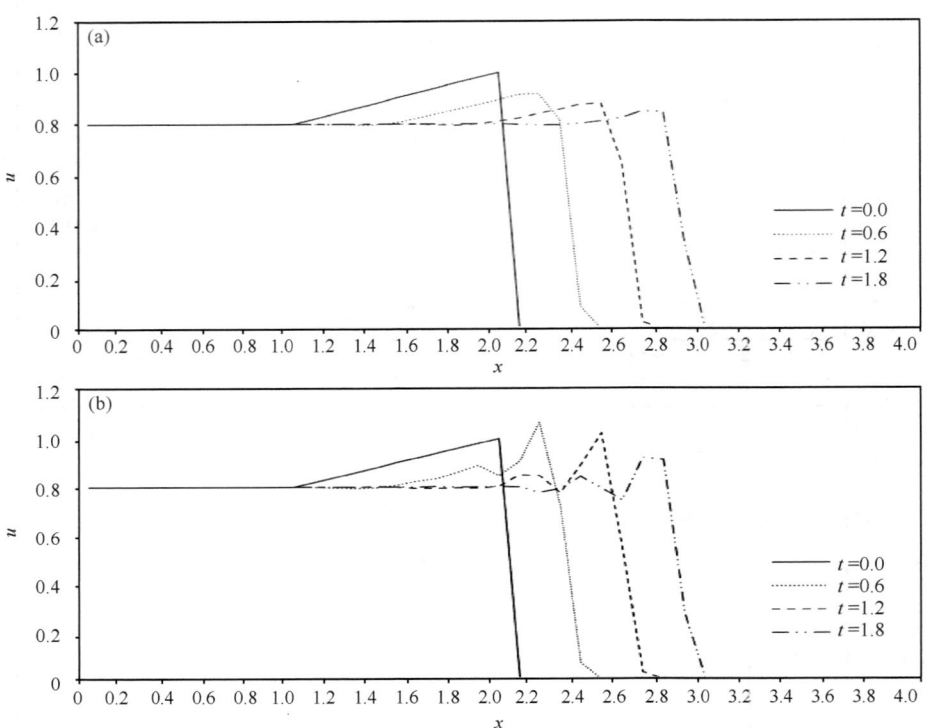

图 5.23　一阶精度的显式迎风格式数值结果的演化规律

(a) $\Delta t = 0.1$, (b) $\Delta t = 0.05$

④ Runge-Kutta 有限差分格式

四阶精度的经典 Runge-Kutta 有限差分格式,其表达式为

$$u_i^{(1)} = u_i^n \quad (5.80\text{a})$$

$$u_i^{(2)} = u_i^n - \frac{c}{4}(E_{i+1}^{(1)} - E_{i-1}^{(1)}) \quad (5.80\text{b})$$

$$u_i^{(3)} = u_i^n - \frac{c}{4}(E_{i+1}^{(2)} - E_{i-1}^{(2)}) \quad (5.80\text{c})$$

$$u_i^{(4)} = u_i^n - \frac{c}{2}(E_{i+1}^{(3)} - E_{i-1}^{(3)}) \quad (5.80\text{d})$$

$$u_i^{n+1} = u_i^n - c\left(\frac{E_{i+1}^{(1)} - E_{i-1}^{(1)}}{12} + \frac{E_{i+1}^{(2)} - E_{i-1}^{(2)}}{6} + \frac{E_{i+1}^{(3)} - E_{i-1}^{(3)}}{6} + \frac{E_{i+1}^{(4)} - E_{i-1}^{(4)}}{12}\right) \quad (5.80\text{e})$$

四阶精度的经典 Runge-Kutta 有限差分格式具有和 Beam-Warming 有限差分格式相同的特征,在数值计算过程中出现了较大的数值振荡,如图 5.24 所示。为了解决这个问题,同样在四阶精度的经典 Runge-Kutta 有限差分格式的数值计算步骤

的最后一步(如(5.80e)式)中加入人工黏性项,如(5.70)式所示,且阻尼系数取 $\varepsilon_e=0.1$。然后再进行数值计算,图 5.25 显示,已成功地消除了数值计算方法所产生的数值振荡现象。由于空间偏导数采用了二阶中心差分格式,所以数值计算获得的结果在分布图形间断面前后都具有一定的色散性。Runge-Kutta 有限差分格式,虽然是一个显式格式,但是不同于上面几个显式格式,其计算结果受时间步长大小的影响较小。

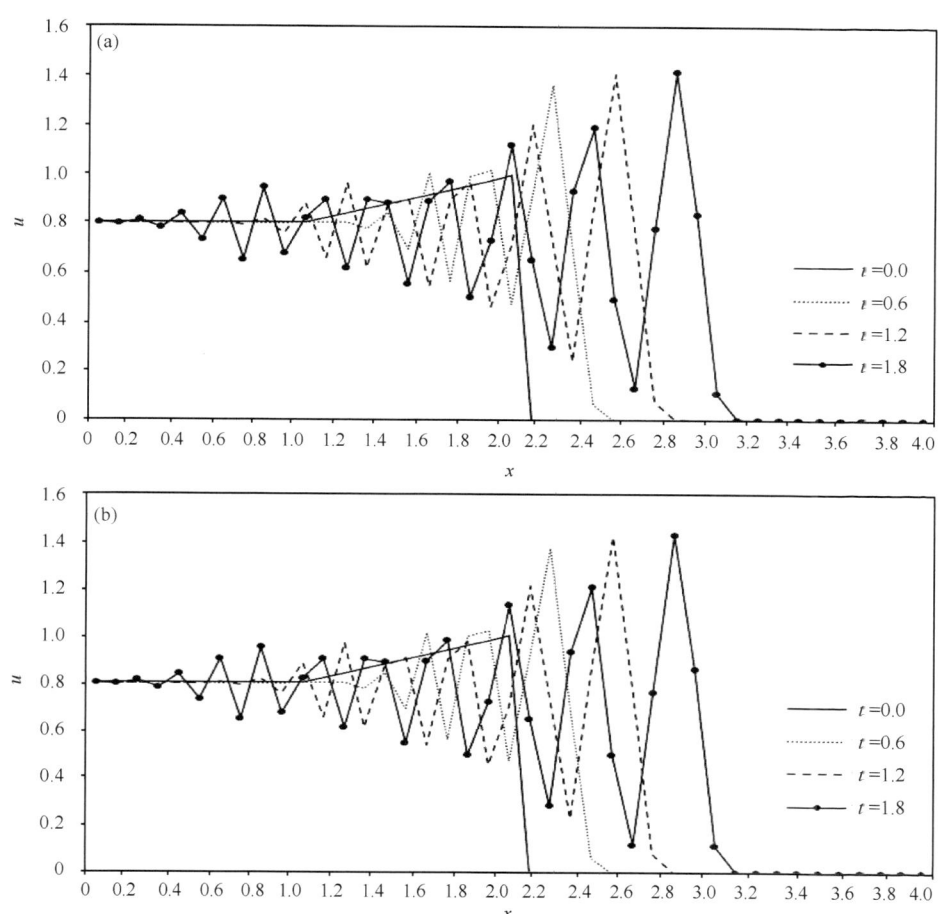

图 5.24　经典 Runge-Kutta 格式数值结果的演化规律
(a)$\Delta t=0.1$,(b)$\Delta t=0.05$

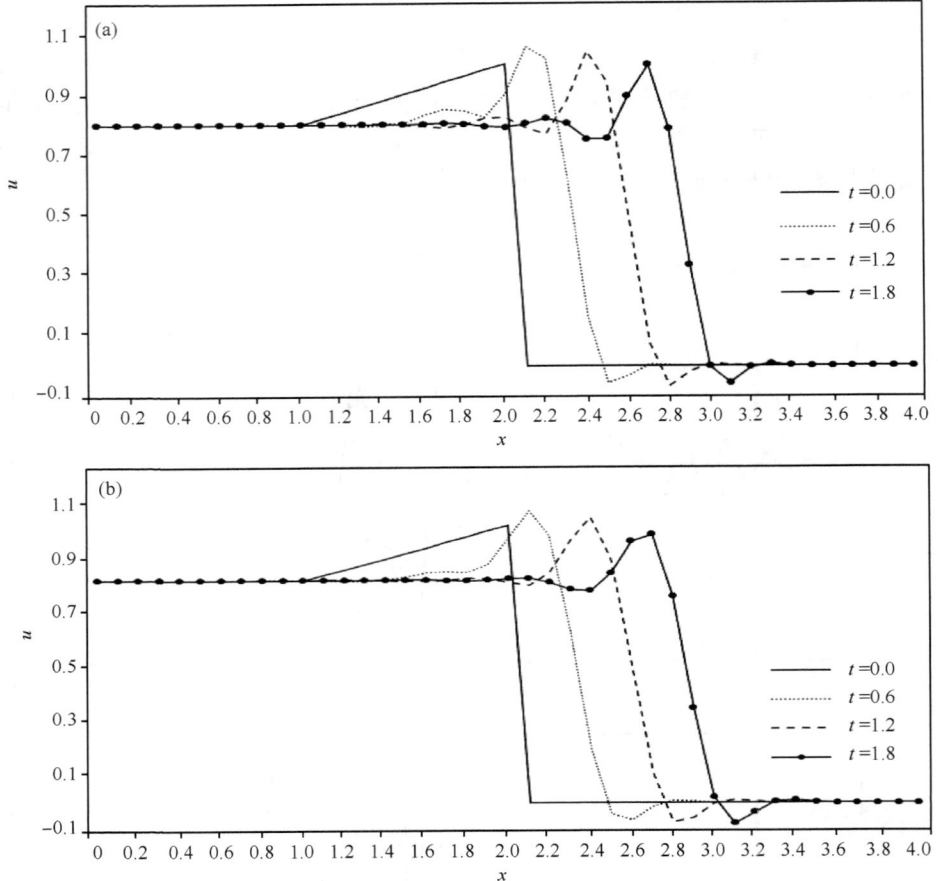

图 5.25 经典 Runge-Kutta 的有限差分格式加入人工阻尼($\varepsilon_e = 0.1$)后数值结果的演化规律
(a)$\Delta t = 0.1$,(b)$\Delta t = 0.05$

$$u_i^{n+1} = u_i^n - \Delta t \left[\frac{1}{6} \left(\frac{\partial E}{\partial x} \right)_i^{(1)} + \frac{1}{3} \left(\frac{\partial E}{\partial x} \right)_i^{(2)} + \frac{1}{3} \left(\frac{\partial E}{\partial x} \right)_i^{(3)} + \frac{1}{6} \left(\frac{\partial E}{\partial x} \right)_i^{(4)} \right] + D_\varepsilon \quad (5.81)$$

式中 $D_\varepsilon = -\varepsilon_e (u_{i+2}^n - 4u_{i+1}^n + 6u_i^n - 4u_{i-1}^n + u_{i-2}^n)$。

⑤修正后 Runge-Kutta 有限差分格式

四阶精度的修正后 Runge-Kutta 有限差分格式,其表达式为

$$u_i^{(1)} = u_i^n \quad (5.82a)$$

$$u_i^{(2)} = u_i^n - \frac{c}{8}(E_{i+1}^{(1)} - E_{i-1}^{(1)}) \quad (5.82b)$$

$$u_i^{(3)} = u_i^n - \frac{c}{6}(E_{i+1}^{(2)} - E_{i-1}^{(2)}) \quad (5.82c)$$

$$u_i^{(4)} = u_i^n - \frac{c}{4}(E_{i+1}^{(3)} - E_{i-1}^{(3)}) \quad (5.82d)$$

$$u_i^{n+1} = u_i^n - \frac{c}{2}(E_{i+1}^{(4)} - E_{i-1}^{(4)}) \qquad (5.82\text{e})$$

从图 5.26 和图 5.27 可知，四阶精度修正后 Runge-Kutta 有限差分格式也具有经典 Runge-Kutta 有限差分格式相同的特征，数值计算带小斜坡间断面时会产生数值振荡，需要加入人工黏性才能消除振荡现象。加入人工黏性后其数值计算的结果与经典 Runge-Kutta 的有限差分格式的结果几乎相同。但是，四阶修正后 Runge-Kutta 有限差分格式实际消耗的计算时间要明显优越于经典 Runge-Kutta 有限差分格式，其计算效率大约提高 30%。

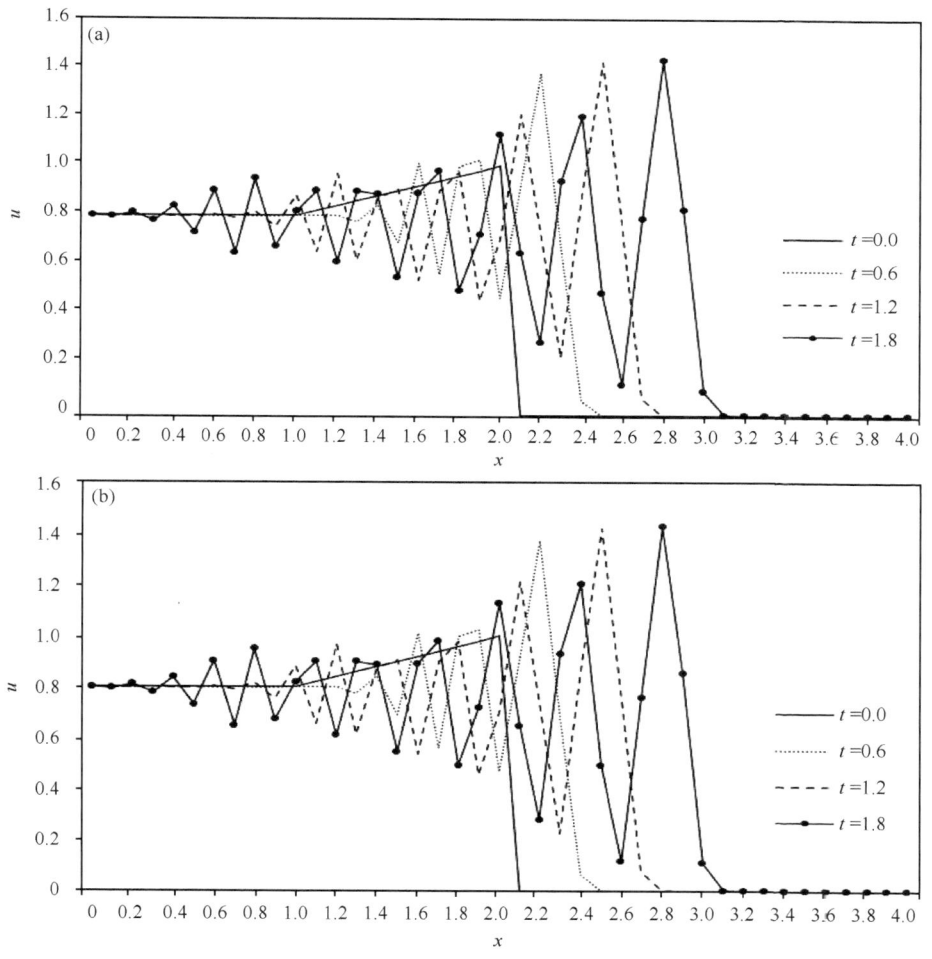

图 5.26 修正后 Runge-Kutta 的有限差分格式数值结果的演化规律
(a)$\Delta t=0.1$，(b)$\Delta t=0.05$

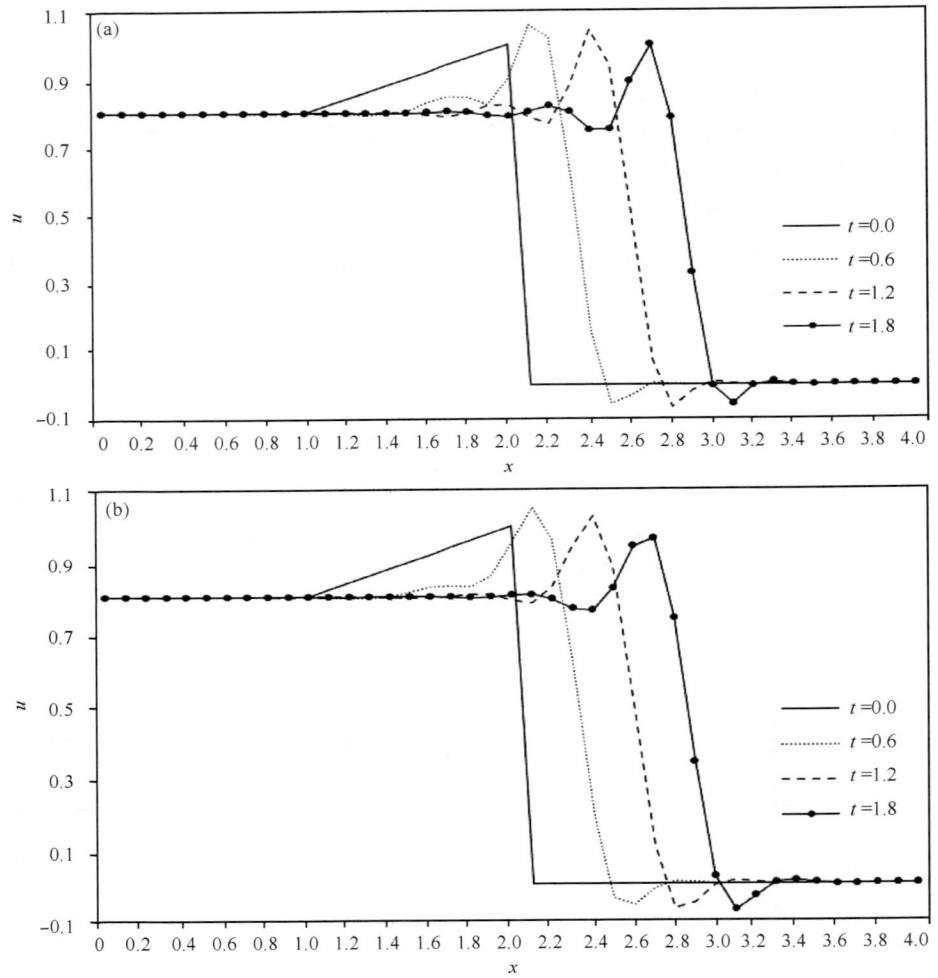

图 5.27 修正后 Runge-Kutta 的有限差分格式加入人工阻尼($\varepsilon_e=0.1$)后数值结果的演化规律
(a)$\Delta t=0.1$,(b)$\Delta t=0.05$

为便于学生自学和练习,在这里给出了一阶迎风格式求解该物理问题的源程序设计,详细见附录Ⅳ。

(2)隐式有限差分格式

①迎风隐式有限差分格式

一阶精度隐式迎风有限差分格式,其方程为

当 $u_i^n > 0$ 时,$\left(-\dfrac{c}{2}u_{i-1}^n\right)u_{i-1}^{n+1} + \left(1+\dfrac{c}{2}u_i^n\right)u_i^{n+1} = u_i^n$ \hfill (5.83a)

当 $u_i^n < 0$ 时,$\dfrac{c}{2}u_{i+1}^n u_{i+1}^{n+1} + \left(1-\dfrac{c}{2}u_i^n\right)u_i^{n+1} = u_i^n$ \hfill (5.83b)

在计算包含间断面的非线性无黏性 Burgers 模型方程中，无论当 $\Delta t=0.1$ 还是 $\Delta t=0.05$ 时，同样以小斜坡间断面为初始条件，数值计算该结构向前演变的规律。从图 5.28 可知，当时间步长 $\Delta t=0.1$ 和 $\Delta t=0.05$ 时，在一阶精度的隐式迎风格式数值计算中使具有小斜坡间断面结构渐渐地演变成为较光滑的曲线，且小斜坡间断面

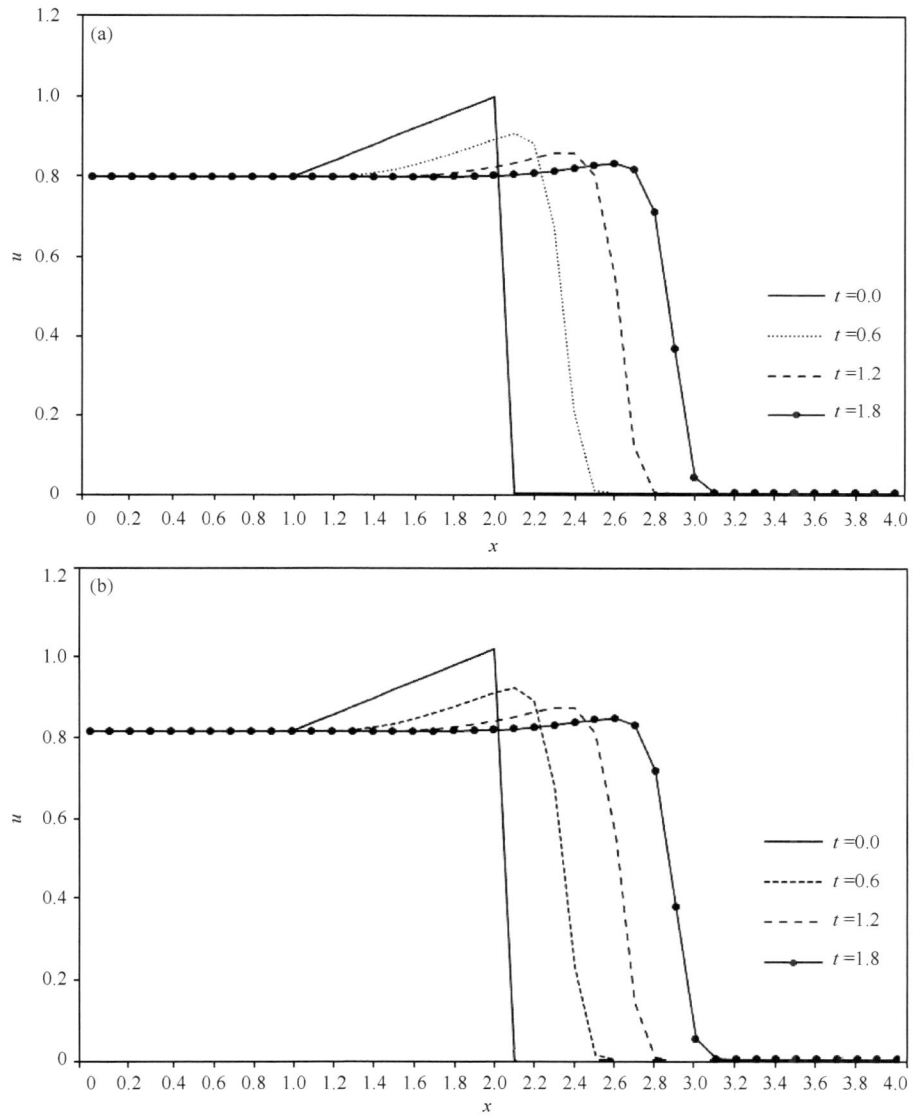

图 5.28 一阶精度的隐式迎风格式数值结果的演化规律
(a) $\Delta t=0.1$，(b) $\Delta t=0.05$

结构渐渐被抹平,这是由于本格式具有较大的耗散特性所导致。可以看出,一阶隐式迎风格式不同于上面几个显式格式的数值计算结果受时间步长影响较大,本格式的数值计算结果受时间步长影响较小。当时间步长 $\Delta t=0.1$ 和 $\Delta t=0.05$ 时,数值计算获得的结果具有相类似的分布。

②Beam-Warming 有限差分格式

Beam-Warming 隐式格式具有二阶精度,其方程为

$$\left(-\frac{c}{4}u_{i-1}^n\right)u_{i-1}^{n+1} + u_i^{n+1} + \left(\frac{c}{4}u_{i+1}^n\right)u_{i+1}^{n+1}$$
$$= u_i^n - \frac{c}{2}(E_{i+1}^n - E_{i-1}^n) + \frac{c}{4}(u_{i+1}^n u_{i+1}^n - u_{i-1}^n u_{i-1}^n) \tag{5.84}$$

从图 5.29 可知,在数值计算小斜坡间断面的演变过程中,数值计算结果都出现了较大的数值振荡,尤其在 $\Delta t=0.1$ 和 $\Delta t=0.05$ 时数值计算都因为导致巨大的数值振荡而无法进行数值演算。为了保证数值计算能够稳定地进行,应在(5.84)式中人为地加入一个线性的四阶人工黏性项。从数值计算结果来看,图 5.30 表明,加入人工黏性项后数值振荡现象就被完全消除了,并且数值计算过程也能够顺利进行下去。但是,数值计算结果获得的分布结构在间断面前后仍伴有微小的数值振荡,这可能与二阶精度的差分格式具有色散误差有关。

$$D_\varepsilon = -\varepsilon_e(u_{i+2}^n - 4u_{i+1}^n + 6u_i^n - 4u_{i-1}^n + u_{i-2}^n) \tag{5.85}$$

式中 $0<\varepsilon_e<0.125$。

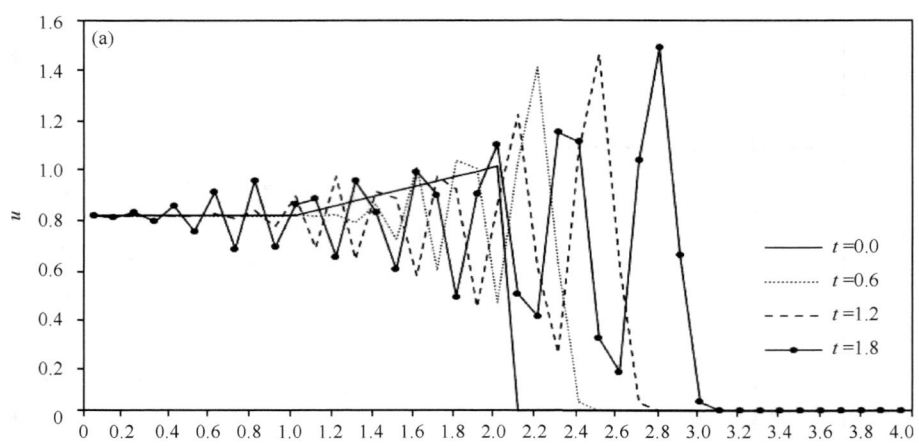

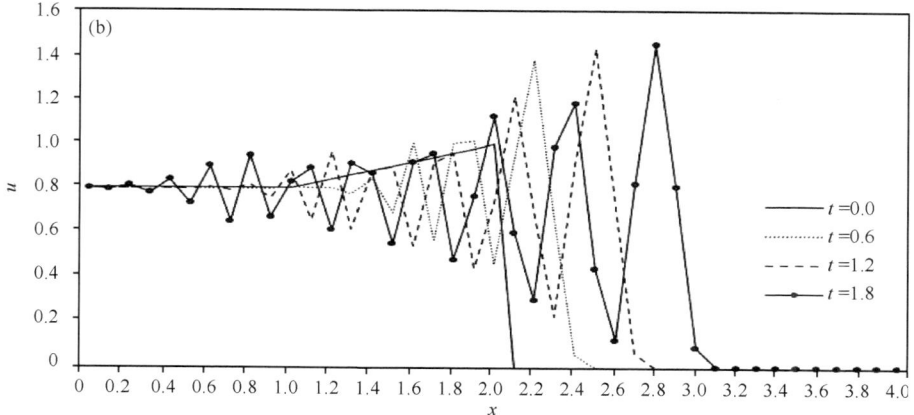

图 5.29　Beam-Warming 的有限差分格式数值结果的演化规律
(a)$\Delta t=0.1$，(b)$\Delta t=0.05$

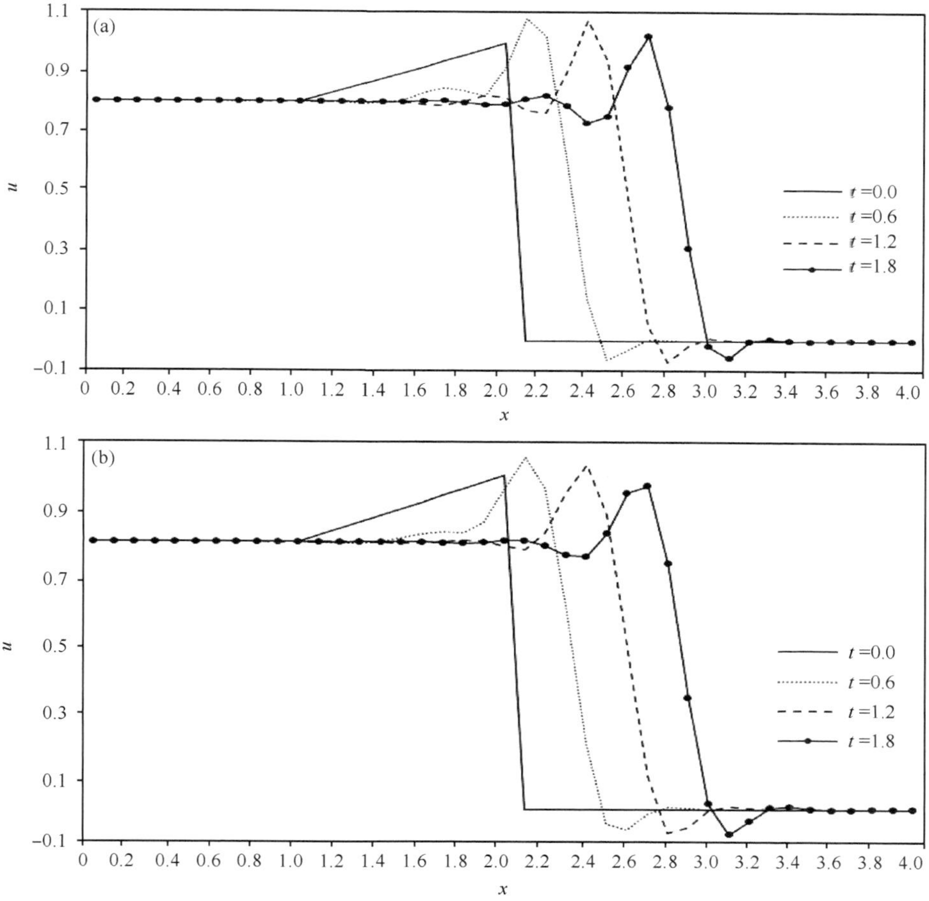

图 5.30　Beam-Warming 的有限差分格式加入人工阻尼($\varepsilon_e=0.1$)后数值结果的演化规律
(a)$\Delta t=0.1$，(b)$\Delta t=0.05$

5.3 TVD 的有限差分格式

5.3.1 各种变异 TVD 的有限差分格式

(1) 总变差减小格式

总变差减小格式(Total Variation Diminishing,简称为 TVD)对计算非线性方程是一个很好的数值计算格式。

首先,定义什么是总变差(Total Variation,简称为 TV)。

$$TV(u) = \int \left|\frac{\partial u}{\partial x}\right| dx \quad (5.86)$$

将上式写成离散格式:
$$TV(u) = \sum_{i=-\infty}^{+\infty} |u_{i+1}^n - u_i^n| \quad (5.87)$$

如果满足条件:
$$TV(u^{n+1}) \leqslant TV(u^n) \quad (5.88)$$

称这样的差分格式为 TVD 格式。

在构造显式有限差分格式时,仍以模型方程(5.1b)式为例,可得如下差分格式

$$u^{n+1} = u^n + A_{i+1/2}(u_{i+1}^n - u_i^n) - B_{i-1/2}(u_i^n - u_{i-1}^n) \quad (5.89)$$

如果上述有限差分方程要满足 TVD 条件,显然要

$$A_{i+1/2} \geqslant 0, B_{i-1/2} \geqslant 0 \quad (5.90a)$$
$$0 \leqslant A_{i+1/2} + B_{i-1/2} \leqslant 1 \quad (5.90b)$$

可以用(5.90a)式和(5.90b)式这两个条件来判断格式是否满足 TVD 条件。

同样,以非线性方程(5.44)式为模型方程讨论 TVD 格式。

$$\frac{\partial u}{\partial t} + \frac{\partial E}{\partial x} = 0, E = \frac{u^2}{2} \quad (5.44)$$

首先,以迎风的思想构造差分格式,需要注意的是,风向不再是简单的由函数 u 的正、负值来判断,而是要用函数 α 来判断,其数学表达式为

$$\alpha_{i+1/2} = \begin{cases} u_i^n & \Delta u_{i+1/2}^n = 0 \\ \dfrac{E_{i+1}^n - E_i^n}{u_{i+1}^n - u_i^n} & \Delta u_{i+1/2}^n \neq 0 \end{cases} \quad (5.91)$$

注:这里的 $\Delta u_{i+1/2}^n = u_{i+1}^n - u_i^n$。

迎风有限差分方程为

$$\alpha_{i+1/2} > 0, \frac{u_i^{n+1} - u_i^n}{\Delta t} + \frac{E_i^n - E_{i-1}^n}{\Delta x} = 0 \quad (5.92a)$$

$$\alpha_{i+1/2} < 0, \frac{u_i^{n+1} - u_i^n}{\Delta t} + \frac{E_{i+1}^n - E_i^n}{\Delta x} = 0 \quad (5.92b)$$

将上述两个差分方程合并

第 5 章 双曲型方程的有限差分方法

$$\frac{u_i^{n+1}-u_i^n}{\Delta t}+\frac{1+\mathrm{sgn}(\alpha_{i-1/2})}{2}\frac{E_i^n-E_{i-1}^n}{\Delta x}+$$
$$\frac{1-\mathrm{sgn}(\alpha_{i+1/2})}{2}\frac{E_{i+1}^n-E_i^n}{\Delta x}=0 \qquad (5.93)$$

如果两侧的风向分别由 $\alpha_{i+1/2}, \alpha_{i-1/2}$ 判断

$$\frac{u_i^{n+1}-u_i^n}{\Delta t}+\frac{E_{i+1}^n-E_{i-1}^n}{2\Delta x}+\frac{\mathrm{sgn}(\alpha_{i-1/2})}{2}\frac{E_i^n-E_{i-1}^n}{\Delta x}-$$
$$\frac{\mathrm{sgn}(\alpha_{i+1/2})}{2}\frac{E_{i+1}^n-E_i^n}{\Delta x}=0 \qquad (5.94)$$

有限差分方程(5.94)式就是我们所要推导的有限差分格式。

若 $\alpha_{i-1/2}$ 的表达式为

$$\alpha_{i-1/2}=\begin{cases} u_i^n & \Delta u_{i-1/2}^n=0 \\ \dfrac{E_i^n-E_{i-1}^n}{u_i^n-u_{i-1}^n} & \Delta u_{i-1/2}^n\neq 0 \end{cases} \qquad (5.95)$$

现在来验证有限差分方程(5.94)式是否满足 TVD 条件，其差分格式可写成下式

$$\frac{u_i^{n+1}-u_i^n}{\Delta t}+\frac{\mid\alpha_{i-1/2}\mid+\alpha_{i-1/2}}{2}\frac{u_i^n-u_{i-1}^n}{\Delta x}+\frac{\mid\alpha_{i+1/2}\mid-\alpha_{i+1/2}}{2}\frac{u_{i+1}^n-u_i^n}{\Delta x}=0 \quad (5.96)$$

这样就可以得到

$$A_{i+1/2}=\frac{\mid\alpha_{i+1/2}\mid-\alpha_{i+1/2}}{2}\frac{\Delta t}{\Delta x} \qquad (5.97)$$

$$B_{i-1/2}=\frac{\mid\alpha_{i-1/2}\mid+\alpha_{i-1/2}}{2}\frac{\Delta t}{\Delta x} \qquad (5.98)$$

同理，可推出

$$B_{i+1/2}=\frac{\mid\alpha_{i+1/2}\mid+\alpha_{i+1/2}}{2}\frac{\Delta t}{\Delta x} \qquad (5.99)$$

很显然，满足 TVD 条件为

$$A_{i+1/2}\geqslant 0, B_{i-1/2}\geqslant 0 \qquad (5.90a)$$
$$0\leqslant A_{i+1/2}+B_{i+1/2}\leqslant 1 \qquad (5.90b)$$

(5.94)式就是一阶精度 TVD 的有限差分格式。

(5.94)式也可以写成如下形式

$$\frac{u_i^{n+1}-u_i^n}{\Delta t}+\frac{E_{i+1}^n-E_{i-1}^n}{2\Delta x}+\frac{\mathrm{sgn}(\alpha_{i-1/2})}{2\Delta x}(E_i^n-E_{i-1}^n)-$$
$$\frac{\mathrm{sgn}(\alpha_{i+1/2})}{2\Delta x}(E_{i+1}^n-E_i^n)=0 \qquad (5.100)$$

则通量函数的具体表达为

$$\frac{u_i^{n+1}-u_i^n}{\Delta t}+\frac{h_{i+1/2}^n-h_{i-1/2}^n}{\Delta x}=0 \qquad (5.101a)$$

$$h_{i+1/2}^n = \frac{E_{i+1}^n + E_i^n + \phi_{i+1/2}^n}{2} \tag{5.101b}$$

$$h_{i-1/2}^n = \frac{E_i^n + E_{i-1}^n + \phi_{i-1/2}^n}{2} \tag{5.101c}$$

$$\phi_{i+1/2}^n = -\operatorname{sgn}(\alpha_{i+1/2})(E_{i+1}^n - E_i^n) \tag{5.101d}$$

$$\phi_{i-1/2}^n = -\operatorname{sgn}(\alpha_{i-1/2})(E_i^n - E_{i-1}^n) \tag{5.101e}$$

式中 $h_{i+1/2}^n, h_{i-1/2}^n$ 为通量函数；$\phi_{i+1/2}^n, \phi_{i-1/2}^n$ 为通量限制函数。

(2) 哈立顿—伊(Harten-Yee)迎风 TVD 的有限差分格式

Harten-Yee 迎风 TVD 的有限差分格式是一种具有二阶精度的 TVD 有限差分格式。与上面一阶精度 TVD 的有限差分格式不同的地方仅是采用的通量限制函数不同而已。

$$\phi_{i+1/2}^n = (G_{i+1} + G_i) - \varphi(\alpha_{i+1/2} + \beta_{i+1/2})(u_{i+1}^n - u_i^n) \tag{5.102a}$$

$$\phi_{i-1/2}^n = (G_i + G_{i-1}) - \varphi(\alpha_{i-1/2} + \beta_{i-1/2})(u_i^n - u_{i-1}^n) \tag{5.102b}$$

其中，在(5.102)式中出现的函数 α 与上述描述的表达式中的含意相同。

$$\alpha_{i+1/2} = \begin{cases} u_i^n & \Delta u_{i+1/2}^n = 0 \\ \dfrac{E_{i+1}^n - E_i^n}{u_{i+1}^n - u_i^n} & \Delta u_{i+1/2}^n \neq 0 \end{cases} \tag{5.91}$$

$$\alpha_{i-1/2} = \begin{cases} u_i^n & \Delta u_{i-1/2}^n = 0 \\ \dfrac{E_i^n - E_{i-1}^n}{u_i^n - u_{i-1}^n} & \Delta u_{i-1/2}^n \neq 0 \end{cases} \tag{5.95}$$

再新加入了一个函数 β 为

$$\beta_{i+1/2} = \begin{cases} 0 & \Delta u_{i+1/2}^n = 0 \\ \dfrac{G_{i+1} - G_i}{u_{i+1}^n - u_i^n} & \Delta u_{i+1/2}^n \neq 0 \end{cases} \tag{5.103a}$$

$$\beta_{i-1/2} = \begin{cases} 0 & \Delta u_{i-1/2}^n = 0 \\ \dfrac{G_i - G_{i-1}}{u_i^n - u_{i-1}^n} & \Delta u_{i-1/2}^n \neq 0 \end{cases} \tag{5.103b}$$

熵条件函数 φ

$$\varphi(y) = \begin{cases} |y| & |y| \geqslant \varepsilon \\ \dfrac{y^2 + \varepsilon^2}{2\varepsilon} & |y| < \varepsilon \end{cases} \tag{5.104}$$

限制函数 G 为

$$G_i = \operatorname{sgn}(u_{i+1}^n - u_i^n) \\ \max(0, \min[\sigma_{i+1/2} | u_{i+1}^n - u_i^n |, \operatorname{sgn}(u_{i+1}^n - u_i^n)\sigma_{i-1/2}(u_i^n - u_{i-1}^n)]) \tag{5.105a}$$

$$G_{i-1} = \operatorname{sgn}(u_i^n - u_{i-1}^n)$$

$$\max(0,\min[\sigma_{i-1/2}\mid u_i^n - u_{i-1}^n\mid,\mathrm{sgn}(u_i^n - u_{i-1}^n)\sigma_{i+1/2}(u_{i+1}^n - u_i^n)]) \quad (5.105b)$$

函数 σ 为

$$\sigma_{i+1/2} = \frac{1}{2}\left[\varphi(\alpha_{i+1/2}) - \frac{\Delta t}{\Delta x}(\alpha_{i+1/2})^2\right] \quad (5.106a)$$

$$\sigma_{i-1/2} = \frac{1}{2}\left[\varphi(\alpha_{i-1/2}) - \frac{\Delta t}{\Delta x}(\alpha_{i-1/2})^2\right] \quad (5.106b)$$

但是在其他的文献中,也给出了不同的通量限制函数,其数学表达式为

$$\phi_{i+1/2}^n = \zeta_{i+1/2}(G_{i+1} + G_i) - \varphi(\alpha_{i+1/2} + \beta_{i+1/2})(u_{i+1}^n - u_i^n) \quad (5.107a)$$

$$\phi_{i-1/2}^n = \zeta_{i-1/2}(G_i + G_{i-1}) - \varphi(\alpha_{i-1/2} + \beta_{i-1/2})(u_i^n - u_{i-1}^n) \quad (5.107b)$$

函数 ζ 为

$$\zeta_{i+1/2} = \frac{1}{2}\varphi(\alpha_{i+1/2}) + \frac{\Delta t}{\Delta x}(\alpha_{i+1/2})^2 \quad (5.108a)$$

$$\zeta_{i-1/2} = \frac{1}{2}\varphi(\alpha_{i-1/2}) + \frac{\Delta t}{\Delta x}(\alpha_{i-1/2})^2 \quad (5.108b)$$

函数 β 也发生了变化,表达式如下:

$$\beta_{i+1/2} = \begin{cases} 0 & \Delta u_{i+1/2}^n = 0 \\ \zeta_{i+1/2}\dfrac{G_{i+1} - G_i}{u_{i+1}^n - u_i^n} & \Delta u_{i+1/2}^n \neq 0 \end{cases} \quad (5.109a)$$

$$\beta_{i-1/2} = \begin{cases} 0 & \Delta u_{i-1/2}^n = 0 \\ \zeta_{i-1/2}\dfrac{G_i - G_{i-1}}{u_i^n - u_{i-1}^n} & \Delta u_{i-1/2}^n \neq 0 \end{cases} \quad (5.109b)$$

函数 G 也有多种选择,如比较简单的函数 G,有

$$G_i = \min\mathrm{mod}[(u_i^n - u_{i-1}^n),(u_{i+1}^n - u_i^n)] \quad (5.110)$$

函数 min mod 的定义

$$\min\mathrm{mod}(a,b) = \begin{cases} 0.0 & ab \leqslant 0 \\ \mathrm{sgn}(a)\min(\mid a \mid,\mid b \mid) & ab > 0 \end{cases} \quad (5.111)$$

另外,其他一些 G 函数,有

$$G_i = \begin{cases} 0.0 & u_{i+1}^n - u_{i-1}^n = 0 \\ \dfrac{(u_i^n - u_{i-1}^n)(u_{i+1}^n - u_i^n) + \mid (u_i^n - u_{i-1}^n)(u_{i+1}^n - u_i^n) \mid}{u_{i+1}^n - u_{i-1}^n} & u_{i+1}^n - u_{i-1}^n \neq 0 \end{cases}$$
$$(5.112)$$

$$\begin{cases} G_i = \dfrac{(u_i^n - u_{i-1}^n)[(u_{i+1}^n - u_i^n)^2 + \omega] + (u_{i+1}^n - u_i^n)[(u_i^n - u_{i-1}^n)^2 + \omega]}{(u_{i+1}^n - u_i^n)^2 + (u_i^n - u_{i-1}^n)^2 + 2\omega} \\ 10^{-7} \leqslant \omega \leqslant 10^{-5} \end{cases} \quad (5.113)$$

$$G_i = \min\mathrm{mod}\left[2(u_i^n - u_{i-1}^n),2(u_{i+1}^n - u_i^n),\left(\frac{u_{i+1}^n - u_{i-1}^n}{2}\right)\right] \quad (5.114)$$

(3) 达维斯—伊(Davis-Yee)对称 TVD 的有限差分格式

Davis-Yee 对称 TVD 的有限差分格式也是一种二阶精度的 TVD 有限差分格式,它与 Harten-Yee 迎风 TVD 有限差分格式的主要区别是通量限制函数和 G 函数不同而已,具体情况如下。

通量限制函数

$$\phi_{i+1/2}^n = -\frac{\Delta t}{\Delta x}(\alpha_{i+1/2})^2 G_{i+1/2} - \varphi(\alpha_{i+1/2})(u_{i+1}^n - u_i^n - G_{i+1/2}) \quad (5.115a)$$

$$\phi_{i-1/2}^n = -\frac{\Delta t}{\Delta x}(\alpha_{i-1/2})^2 G_{i-1/2} - \varphi(\alpha_{i-1/2})(u_i^n - u_{i-1}^n - G_{i-1/2}) \quad (5.115b)$$

函数 G

$$G_{i+1/2} = \min \mathrm{mod}[2(u_i^n - u_{i-1}^n), 2(u_{i+1}^n - u_i^n),$$
$$2(u_{i+2}^n - u_{i+1}^n), (u_{i+2}^n - u_{i+1}^n + u_i^n - u_{i-1}^n)/2] \quad (5.116a)$$

$$G_{i-1/2} = \min \mathrm{mod}[2(u_{i+1}^n - u_i^n), 2(u_i^n - u_{i-1}^n),$$
$$2(u_{i-1}^n - u_{i-2}^n), (u_{i-1}^n - u_{i-2}^n + u_{i+1}^n - u_i^n)/2] \quad (5.116b)$$

$$G_{i+1/2} = \min \mathrm{mod}[(u_i^n - u_{i-1}^n), (u_{i+1}^n - u_i^n), (u_{i+2}^n - u_{i+1}^n)] \quad (5.117a)$$

$$G_{i-1/2} = \min \mathrm{mod}[(u_{i+1}^n - u_i^n), (u_i^n - u_{i-1}^n), (u_{i-1}^n - u_{i-2}^n)] \quad (5.117b)$$

$$G_{i+1/2} = \min \mathrm{mod}[(u_i^n - u_{i-1}^n), (u_{i+1}^n - u_i^n)] +$$
$$\min \mathrm{mod}[(u_{i+2}^n - u_{i+1}^n), (u_{i+1}^n - u_i^n)] - (u_{i+1}^n - u_i^n) \quad (5.118a)$$

$$G_{i-1/2} = \min \mathrm{mod}[(u_i^n - u_{i-1}^n), (u_{i+1}^n - u_i^n)] +$$
$$\min \mathrm{mod}[(u_{i-1}^n - u_{i-2}^n), (u_i^n - u_{i-1}^n)] - (u_i^n - u_{i-1}^n) \quad (5.118b)$$

(4) 路—斯维彼耶(Roe-Sweby)迎风 TVD 有限差分格式

Roe-Sweby 迎风 TVD 有限差分格式同样也是一种具有二阶精度的 TVD 有限差分格式,它与 Harten-Yee 迎风 TVD 差分格式的主要区别表现在通量限制函数和 G 函数不同而已。

通量限制函数的数学表达形式为

$$\Phi_{i+1/2} = \left[\frac{G_i}{2}\left(|\alpha_{i+1/2}| + \frac{\Delta t}{\Delta x}\alpha_{i+1/2}^2\right) - |\alpha_{i+1/2}|\right]\Delta u_{i+1/2} \quad (5.119a)$$

$$\Phi_{i-1/2} = \left[\frac{G_{i-1}}{2}\left(|\alpha_{i-1/2}| + \frac{\Delta t}{\Delta x}\alpha_{i-1/2}^2\right) - |\alpha_{i-1/2}|\right]\Delta u_{i-1/2} \quad (5.119b)$$

函数 G 有几种不同的数学表达式可供选择,具体形式如下

$$G_i = \min \mathrm{mod}(1, r) \quad (5.120)$$

$$G_i = \frac{r + |r|}{1 + r} \quad (5.121)$$

$$G_i = \max[0, \min(2r, 1), \min(r, 2)] \quad (5.122)$$

式中 $r = \dfrac{u_{i+1+\sigma} - u_{i+\sigma}}{\Delta u_{i+1/2}}, \sigma = \mathrm{sgn}(\alpha_{i+1/2})$。假设在某一点 $\Delta u_{i+1/2}$ 等于零,为防止 r 的表达

式不被零除,取 $r=0$。

(5)TVD Runge-Kutta 有限差分格式

TVD Runge-Kutta 有限差分格式就是在原来 Runge-Kutta 有限差分格式的基础上加上通量限制函数来满足 TVD 条件。之所以要在 Runge-Kutta 有限差分格式上加入通量限制函数,其主要原因是:空间偏导数采用的中心差分格式,可能会导致数值计算的不稳定性,即产生明显的数值振荡。

$$u_i^{(1)} = u_i^n \tag{5.123a}$$

$$u_i^{(2)} = u_i^n - \frac{\Delta t}{4}\left(\frac{\partial E}{\partial x}\right)_i^{(1)} \tag{5.123b}$$

$$u_i^{(3)} = u_i^n - \frac{\Delta t}{3}\left(\frac{\partial E}{\partial x}\right)_i^{(2)} \tag{5.123c}$$

$$u_i^{(4)} = u_i^n - \frac{\Delta t}{2}\left(\frac{\partial E}{\partial x}\right)_i^{(3)} \tag{5.123d}$$

$$u_i^{n+1} = u_i^n - \Delta t\left(\frac{\partial E}{\partial x}\right)_i^{(4)} \tag{5.123e}$$

$$u_i^{n+1} = u_i^n - \frac{\Delta t}{2\Delta x}(\phi_{i+1/2}^n - \phi_{i-1/2}^n) \tag{5.124}$$

上式中的通量限制函数可以用上面推导的任意通量限制函数。

5.3.2 算例数值结果的比较与分析

非线性的模型方程为无黏性的 Burgers 方程

$$\frac{\partial u}{\partial t} + u\frac{\partial u}{\partial x} = 0 \tag{5.1b}$$

将方程(5.1b)式改写成守恒型方程

$$\frac{\partial u}{\partial t} + \frac{\partial E}{\partial x} = 0, E = \frac{u^2}{2} \tag{5.44}$$

初始条件:当 $t=0.0$ 时,

$$u(x,0) = \begin{cases} 1.0 & 0.0 \leqslant x \leqslant 2.0 \\ 0.0 & 2.0 < x \leqslant 4.0 \end{cases} \tag{5.125}$$

边界条件:当 $t \geqslant 0.0$ 时,

$$u(0,t) = 1.0, u(4,t) = 0.0 \tag{5.126}$$

另外,在初始条件中包含一个间断面。在数值计算中,选取网格间距 $\Delta x = 0.1$,并根据 $c = \frac{\Delta t}{\Delta x}$,来确定时间步长。

(1)一阶精度 TVD 的有限差分格式

具有一阶精度 TVD 的有限差分格式,其方程为

$$u_i^{n+1} = u_i^n - \frac{c}{2}(E_{i+1}^n - E_{i-1}^n + \phi_{i+1/2}^n - \phi_{i-1/2}^n) \tag{5.127}$$

对于有限差分方程(5.127)式,加入不同的通量限制函数就能得到不同的 TVD 有限差分格式。在这里,我们采用通量限制函数(5.128a)式和(5.128b)式,获得一阶精度的 TVD 有限差分格式。从图 5.31 可知,该 TVD 格式在计算过程中保持着良好的间断面结构分布,没有出现任何数值振荡现象,并且选取 $\Delta t = 0.1$ 和 $\Delta t = 0.05$ 时间步长进行数值计算,其影响不明显。

$$\phi_{i+1/2}^n = -\operatorname{sgn}(\alpha_{i+1/2})(E_{i+1}^n - E_i^n) \tag{5.128a}$$

$$\phi_{i-1/2}^n = -\operatorname{sgn}(\alpha_{i-1/2})(E_i^n - E_{i-1}^n) \tag{5.128b}$$

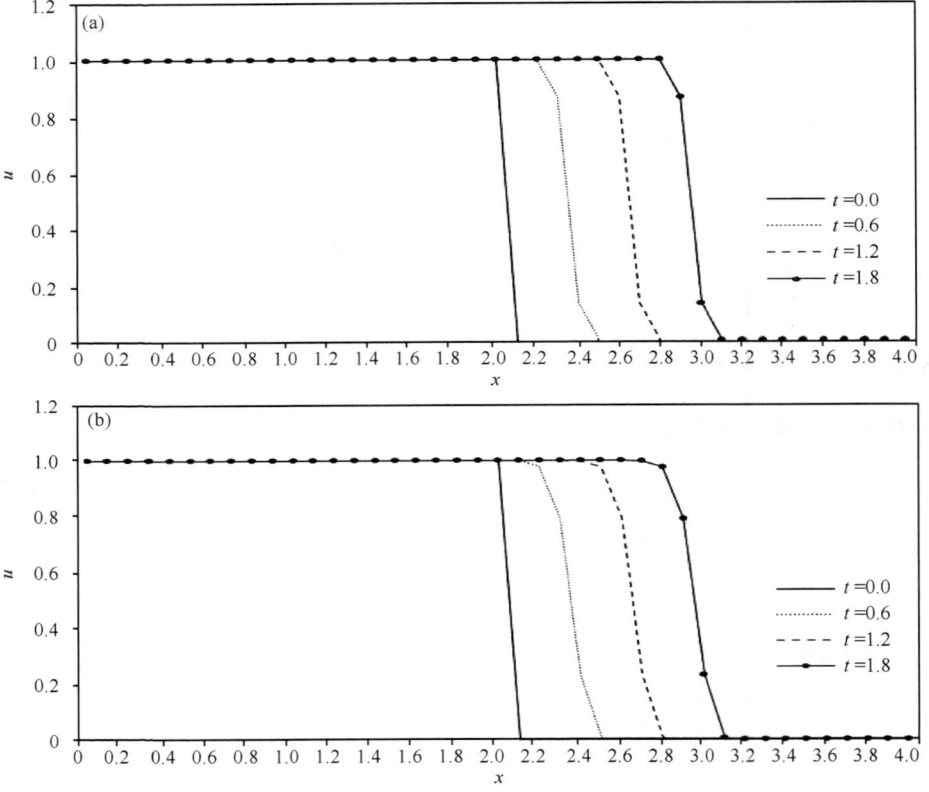

图 5.31 一阶精度 TVD 的有限差分格式计算结果的演化规律
(a) $\Delta t = 0.1$, (b) $\Delta t = 0.05$

(2) Harten-Yee 迎风 TVD 有限差分格式

Harten-Yee 迎风 TVD 有限差分格式,其表达式为

$$u_i^{n+1} = u_i^n - \frac{c}{2}(E_{i+1}^n - E_{i-1}^n) - \frac{c}{2}(\phi_{i+1/2}^n - \phi_{i-1/2}^n) \quad (5.129)$$

当上述有限差分方程采用通量限制函数(5.130a)式和(5.130b)式时,称作为 Harten-Yee 迎风 TVD 的有限差分格式。在数值计算中,采用了 G 函数(5.131)式,这也是最简单的 min mod 函数。min mod 函数的计算方法在上节已经说明。采用了 G 函数(5.131)式的 Harten-Yee 迎风 TVD 的有限差分格式,从图 5.32 可知,在计算中完全保持了间断面的结构分布,间断面的结构分布保持着比一阶精度 TVD 的有限差分格式计算结果明显要好,由此可知 Harten-Yee 迎风 TVD 的有限差分格式要优于一阶精度 TVD 的有限差分格式。

$$\phi_{i+1/2}^n = (G_{i+1} + G_i) - \varphi(\alpha_{i+1/2} + \beta_{i+1/2})(u_{i+1}^n - u_i^n) \quad (5.130a)$$

$$\phi_{i-1/2}^n = (G_i + G_{i-1}) - \varphi(\alpha_{i-1/2} + \beta_{i-1/2})(u_i^n - u_{i-1}^n) \quad (5.130b)$$

式中 $\alpha_{i+1/2} = \begin{cases} u_i^n & \Delta u_{i+1/2}^n = 0 \\ \dfrac{E_{i+1}^n - E_i^n}{u_{i+1}^n - u_i^n} & \Delta u_{i+1/2}^n \neq 0 \end{cases}$; $\alpha_{i-1/2} = \begin{cases} u_i^n & \Delta u_{i-1/2}^n = 0 \\ \dfrac{E_i^n - E_{i-1}^n}{u_i^n - u_{i-1}^n} & \Delta u_{i-1/2}^n \neq 0 \end{cases}$;

$\beta_{i+1/2} = \begin{cases} 0 & \Delta u_{i+1/2}^n = 0 \\ \dfrac{G_{i+1} - G_i}{u_{i+1}^n - u_i^n} & \Delta u_{i+1/2}^n \neq 0 \end{cases}$; $\beta_{i-1/2} = \begin{cases} 0 & \Delta u_{i-1/2}^n = 0 \\ \dfrac{G_i - G_{i-1}}{u_i^n - u_{i-1}^n} & \Delta u_{i-1/2}^n \neq 0 \end{cases}$;

$$\varphi(y) = \begin{cases} |y| & |y| \geqslant \varepsilon \\ \dfrac{y^2 + \varepsilon^2}{2\varepsilon} & |y| < \varepsilon \end{cases}; G_i = \min \text{mod}[(u_i^n - u_{i-1}^n), (u_{i+1}^n - u_i^n)] \quad (5.131)$$

将上述有限差分方程采用通量限制函数(5.132a)式和(5.132b)式时,其他条件与上述 Harten-Yee 迎风 TVD 的有限差分格式选取相同。从图 5.32 可知,在计算中仍完全保持了间断面的图形;但是,从图 5.33 可知,采用通量限制函数(5.132a)式和(5.132b)式的 Harten-Yee 迎风 TVD 有限差分格式计算结果比没有采用通量限制函数(5.130a)式和(5.130b)式的 Harten-Yee 迎风 TVD 的有限差分格式计算结果明显要好。但是它的数值计算结果比采用通量限制函数(5.130a)式和(5.130b)式的 Harten-Yee 迎风 TVD 有限差分格式计算结果要差一些,即采用通量限制函数(5.130a)式和(5.130b)式的 Harten-Yee 迎风 TVD 有限差分格式数值计算结果最好。

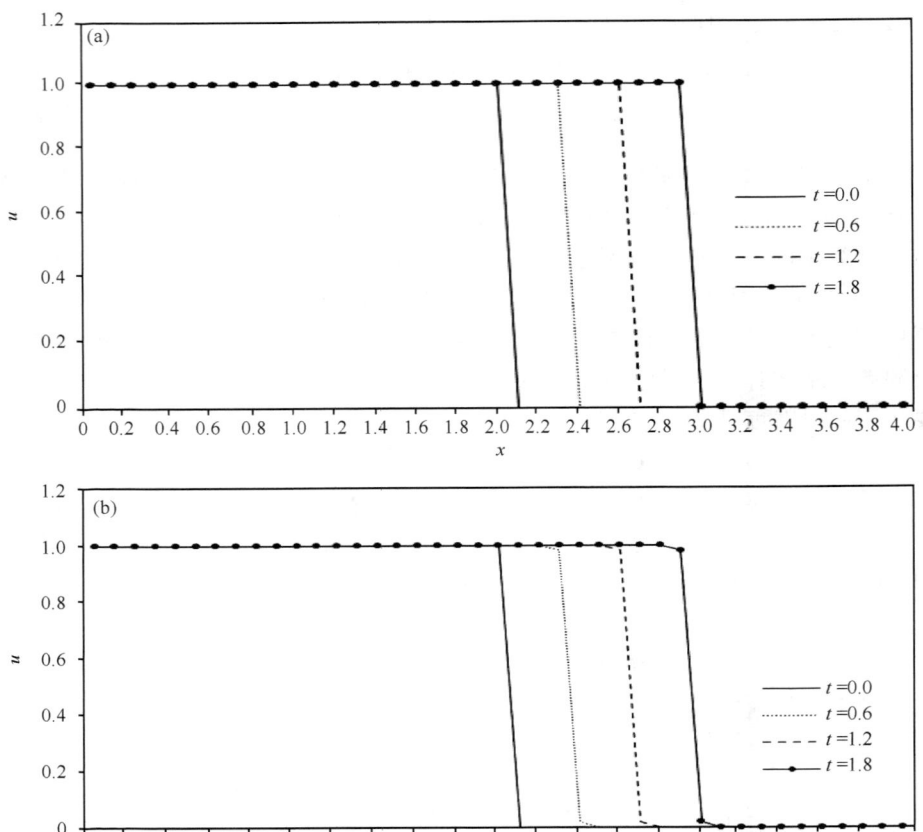

图 5.32　Harten-Yee 迎风 TVD 的有限差分格式计算结果的演化规律

(a) $\Delta t=0.1$, (b) $\Delta t=0.05$

$$\phi_{i+1/2}^n = \zeta_{i+1/2}(G_{i+1} + G_i) - \varphi(\alpha_{i+1/2} + \beta_{i+1/2})(u_{i+1}^n - u_i^n) \quad (5.132a)$$

$$\phi_{i-1/2}^n = \zeta_{i-1/2}(G_i + G_{i-1}) - \varphi(\alpha_{i-1/2} + \beta_{i-1/2})(u_i^n - u_{i-1}^n) \quad (5.132b)$$

式中 $\zeta_{i+1/2} = \dfrac{1}{2}\varphi(\alpha_{i+1/2}) + c(\alpha_{i+1/2})^2$；$\zeta_{i-1/2} = \dfrac{1}{2}\varphi(\alpha_{i-1/2}) + c(\alpha_{i-1/2})^2$；

$$\beta_{i+1/2} = \begin{cases} 0 & \Delta u_{i+1/2}^n = 0 \\ \zeta_{i+1/2}\dfrac{G_{i+1} - G_i}{u_{i+1}^n - u_i^n} & \Delta u_{i+1/2}^n \neq 0 \end{cases}; \beta_{i-1/2} = \begin{cases} 0 & \Delta u_{i-1/2}^n = 0 \\ \zeta_{i-1/2}\dfrac{G_i - G_{i-1}}{u_i^n - u_{i-1}^n} & \Delta u_{i-1/2}^n \neq 0 \end{cases}$$

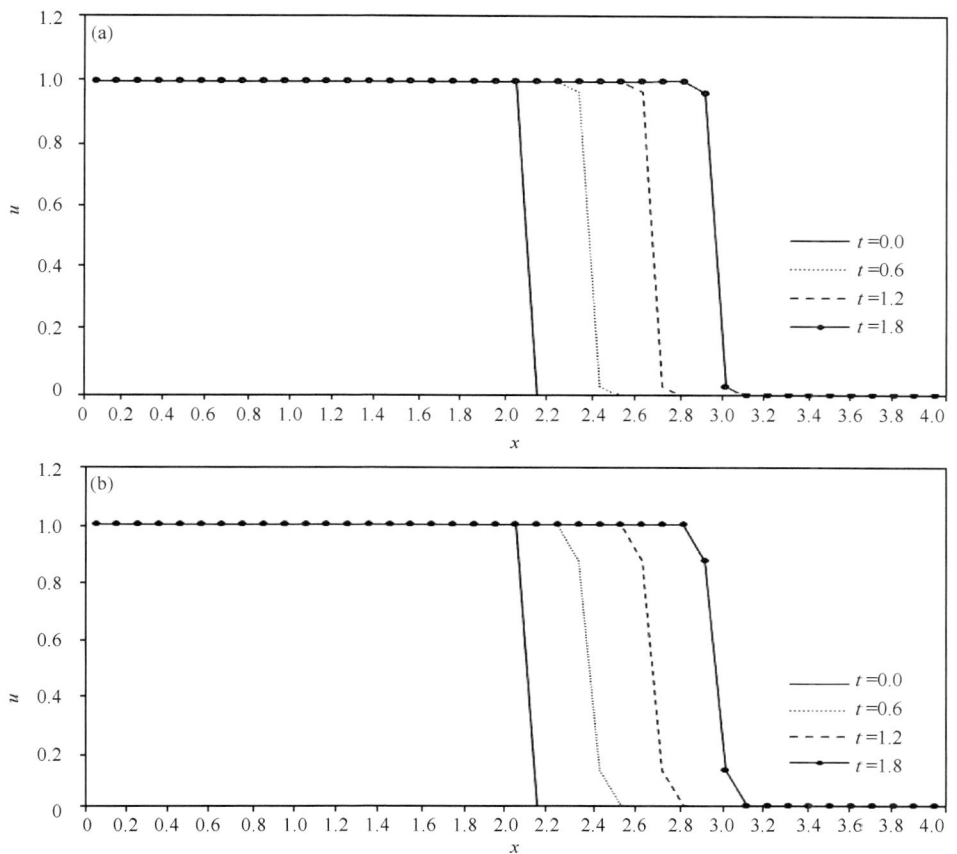

图 5.33 Harten-Yee 迎风 TVD 的有限差分格式计算结果的演化规律
(a)$\Delta t=0.1$,(b)$\Delta t=0.05$

(3)Davis-Yee 对称 TVD 有限差分格式

当 Davis-Yee 对称 TVD 有限差分格式采用通量限制函数(5.133a)式和(5.133b)式时,就称它为 Davis-Yee 对称 TVD 格式,且 G 函数采用(5.134a)式和(5.134b)式的形式。图 5.34 显示,结果也较好的保持了间断面的结构分布。

$$\phi_{i+1/2}^n = -c(\alpha_{i+1/2})^2 G_{i+1/2} - \varphi(\alpha_{i+1/2})(u_{i+1}^n - u_i^n - G_{i+1/2}) \quad (5.133a)$$

$$\phi_{i-1/2}^n = -c(\alpha_{i-1/2})^2 G_{i-1/2} - \varphi(\alpha_{i-1/2})(u_i^n - u_{i-1}^n - G_{i-1/2}) \quad (5.133b)$$

$$G_{i+1/2} = \min \mod [2(u_i^n - u_{i-1}^n), 2(u_{i+1}^n - u_i^n),$$
$$2(u_{i+2}^n - u_{i+1}^n), (u_{i+2}^n - u_{i+1}^n + u_i^n - u_{i-1}^n)/2] \quad (5.134a)$$

$$G_{i-1/2} = \min \mod [2(u_{i+1}^n - u_i^n), 2(u_i^n - u_{i-1}^n),$$
$$2(u_{i-1}^n - u_{i-2}^n), (u_{i-1}^n - u_{i-2}^n + u_{i+1}^n - u_i^n)/2] \quad (5.134b)$$

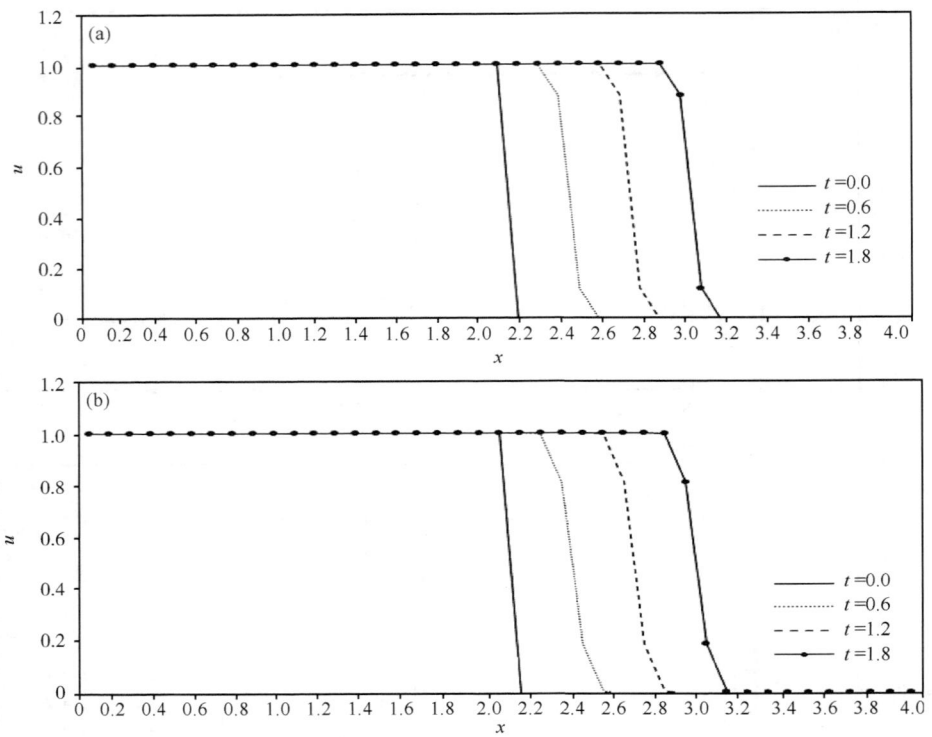

图 5.34　Davis-Yee 对称 TVD 的有限差分格式计算结果的演化规律
(a)$\Delta t=0.1$,(b)$\Delta t=0.05$

(4) TVD Runge-Kutta 有限差分格式

TVD Runge-Kutta 的有限差分格式,其表达式为

$$u_i^{(1)} = u_i^n \qquad (5.135a)$$

$$u_i^{(2)} = u_i^n - \frac{\Delta t}{4}\left(\frac{\partial E}{\partial x}\right)_i^{(1)} \qquad (5.135b)$$

$$u_i^{(3)} = u_i^n - \frac{\Delta t}{3}\left(\frac{\partial E}{\partial x}\right)_i^{(2)} \qquad (5.135c)$$

$$u_i^{(4)} = u_i^n - \frac{\Delta t}{2}\left(\frac{\partial E}{\partial x}\right)_i^{(3)} \qquad (5.135d)$$

$$u_i^{n+1} = u_i^n - \Delta t\left(\frac{\partial E}{\partial x}\right)_i^{(4)} \qquad (5.135e)$$

$$u_i^{n+1} = u_i^n - \frac{\Delta t}{2\Delta x}(\phi_{i+1/2}^n - \phi_{i-1/2}^n) \qquad (5.136)$$

在 Runge-Kutta 有限差分格式计算的最后一步加入通量限制函数来构造具有 TVD 特性的 Runge-Kutta 有限差分格式。在这里,我们采用的是 Davis-Yee 通量限

制函数 G 函数(5.133a)式和(5.133b)式。从图 5.35 可知,数值计算结果没有再产生原来 Runge-Kutta 格式计算所带来的数值振荡,也能较好地保持了间断面的结构分布。

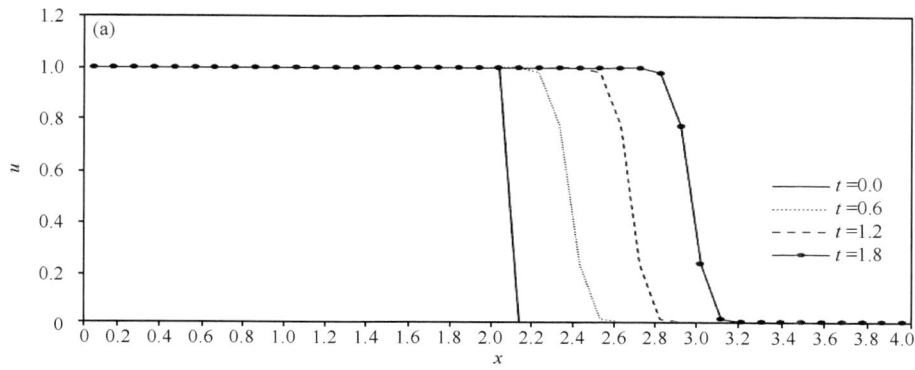

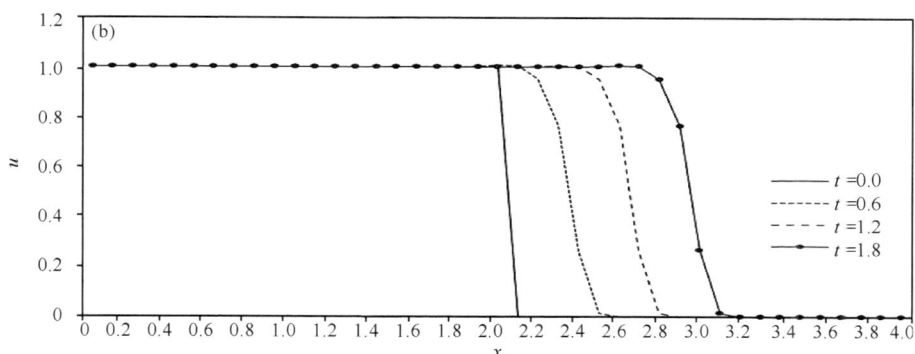

图 5.35　TVD Runge-Kutta 的有限差分格式计算结果的演化规律

(a)$\Delta t=0.1$,(b)$\Delta t=0.05$

为便于学生自学和练习,在这里给出了 Harten-Yee 迎风 TVD 有限差分格式求解该物理问题的源程序设计,详细见附录Ⅴ。

5.4　其他类型的有限差分格式

(1) MUSCL 的有限差分格式(它是 Monotone Upstream-centered Schemes for Conservation Laws 的简称)

MUSCL 的有限差分格式是由 Van Leer 提出的高分辨率激波捕捉格式,而且 MUSCL 的有限差分格式也满足于 TVD 条件。

模型方程 $\dfrac{\partial u}{\partial t} + \dfrac{\partial f(u)}{\partial x} = 0$ （5.137）

对模型方程进行半离散，得

$$\frac{\partial u}{\partial t} + \frac{f(u^*_{i+1/2}) - f(u^*_{i-1/2})}{\Delta x} = 0 \tag{5.138}$$

其中，(5.138)式中的变量 $u^*_{i+1/2}, u^*_{i-1/2}$ 为

$$u^*_{i+1/2} = u^*_{i+1/2}(u^L_{i+1/2}, u^R_{i+1/2}), u^*_{i-1/2} = u^*_{i-1/2}(u^L_{i-1/2}, u^R_{i-1/2}) \tag{5.139}$$

在上式中 $u^L_{i+1/2}, u^R_{i+1/2}, u^L_{i-1/2}$ 及 $u^R_{i-1/2}$ 分别为

$$u^L_{i+1/2} = u_i + \frac{1}{2}\Phi(r_i)(u_{i+1} - u_i) \tag{5.140a}$$

$$u^R_{i+1/2} = u_{i+1} - \frac{1}{2}\Phi(r_{i+1})(u_{i+2} - u_{i+1}) \tag{5.140b}$$

$$u^L_{i-1/2} = u_{i-1} + \frac{1}{2}\Phi(r_{i-1})(u_i - u_{i-1}) \tag{5.140c}$$

$$u^R_{i-1/2} = u_i - \frac{1}{2}\Phi(r_i)(u_{i+1} - u_i) \tag{5.140d}$$

$$r_i = \frac{u_{i+1} - u_i}{u_i - u_{i-1}} \tag{5.141}$$

式中 $\Phi(r)$ 是通量限制器，由 Van Leer 提出，其表达式为

$$\Phi(r) = \frac{r + |r|}{1 + |r|} \tag{5.142}$$

这就是 Van Leer 提出的 MUSCL 格式。

(2) 无波动、无自由参数的耗散型有限差分格式（Non oscillatory, No free parameters and Dissipative Schemes，通常简称为 NND 格式）

NND 格式是由张涵信等（1977）提出的一个满足熵条件和 TVD 条件的高分辨率激波捕捉格式。

以一维线性波动方程为例来讨论，其方程为

$$\frac{\partial u}{\partial t} + \frac{\partial f(u)}{\partial x} = 0, f(u) = au \tag{5.143}$$

定义：$a = a^+ + a^-$ （5.144）

且 $a^+ = \dfrac{a + |a|}{2}, a^- = \dfrac{a - |a|}{2}$ （5.145）

则方程(5.137)式，可改写成如下形式

$$\frac{\partial u}{\partial t} + \frac{\partial f^+}{\partial x} + \frac{\partial f^-}{\partial x} = 0 \tag{5.146}$$

采用空间半离散形式，可以改写成如下表达式

$$\frac{\partial f}{\partial x} = \frac{h_{i+1/2} - h_{i-1/2}}{\Delta x} \tag{5.147}$$

$$h_{i+1/2} = f^+_{i+1/2L} + f^-_{i+1/2R} \tag{5.148}$$

式中

$$f^+_{i+1/2L} = f^+_i + \frac{1}{2}\min\mathrm{mod}[(f^+_i - f^+_{i-1}), (f^+_{i+1} - f^+_i)] \tag{5.149a}$$

$$f^-_{i+1/2R} = f^-_{i+1} + \frac{1}{2}\min\mathrm{mod}[(f^-_{i+1} - f^-_i), (f^-_{i+2} - f^-_{i+1})] \tag{5.149b}$$

上述格式修正了激波附近虚假波动的三阶色散项。在大多数计算区域都保持了二阶精度的，仅只在个别点具有一阶精度。即在激波附近具有一阶精度，其他区域保持二阶精度的差分格式，提高了捕捉激波的分辨率。

(3) 无波动(Essential Non Oscillatory,简称为 ENO)和加权无波动(Weighted Essential Non Oscillatory,简称为 WENO)的有限差分格式

ENO 的有限差分格式采用非线性适应策略自动选择局部梯度最光滑的网格模板进行插值，尽可能地避免插值横跨间断面。但是，ENO 的有限差分格式对流场过于敏感，于是又出现了 WENO 的有限差分格式。WENO 的有限差分格式把逻辑判断选择最光滑模板的方法改进为所有模板加权平均，使得格式在捕捉激波的同时对流场不会太敏感。

对于模型方程为

$$\frac{\partial u}{\partial t} + \frac{\partial f(u)}{\partial x} = 0 \tag{5.150}$$

采用空间半离散形式，可以改写成如下表达式

$$\frac{\partial u}{\partial t} + \frac{\hat{f}_{i+1/2} - \hat{f}_{i-1/2}}{\Delta x} = 0 \tag{5.151}$$

其中，通量分裂 $\hat{f}_{i+1/2}$ 的表达式为

$$\hat{f}_{i+1/2} = \hat{f}^+_{i+1/2} + \hat{f}^-_{i+1/2} \tag{5.152}$$

采用的模板定义为如下形式

$$S(k,r) = (x_{i+k-r+1}, x_{i+k-r+2}, \cdots, x_{i+k}), k = 0, 1, \cdots, r-1 \tag{5.153}$$

光滑度量的定义式为

$$IS(k,r) = \sum_{l}^{r-1} \frac{\sum_{j=1}^{l}[\Delta^{r-l}(u_{i+k-r+j})]^2}{l}, \Delta^k(u_i) = \Delta^{k-1}(u_{i+1}) - \Delta^{k-1}(u_i) \tag{5.154}$$

ENO 格式就是选取最为光滑的一个格点附近的模板来进行插值，得

$$\hat{f}_{i+1/2} = q^r_k(\bar{f}_{j+k-r+1}, \cdots, \bar{f}_{j+k}) \tag{5.155}$$

q^r_k 是模板 $S(k,r)$ 上的插值函数，其表达式为

$$q^r_k(x) = |\ p^r_k(x)\ |' \tag{5.156}$$

$p^r_k(x)$ 是拉格朗日插值函数，其表达式为

$$p^r_k(x) = \sum_{l=0}^{r} W_{i+k-r+l+1/2} L^r_{k,l}(x) \tag{5.157}$$

$$L_{k,l}^r(x) = \prod_{j=0,j\neq l}^{r} \frac{x - x_{i+k-r+j+1/2}}{x_{i+k-r+l+1/2} - x_{i+k-r+j+1/2}} \tag{5.158}$$

这里的 W 是离散积分,其形式为

$$W_{l+1/2} = W_{l-1/2} + \bar{u}_l \Delta x \tag{5.159}$$

WENO 的有限差分格式改进了 ENO 的有限差分格式对光滑模板的选择,把连续模板加权组合得到插值,其表达形式为

$$\hat{f}_{i+1/2} = \sum_{k=0}^{r-1} \omega_k q_k^r(\bar{f}_{j+k-r+1}, \cdots, \bar{f}_{j+k}) \tag{5.160}$$

式中 ω_k 为权重系数,其表达式为

$$\omega_k = \frac{\alpha_k}{\alpha_0 + \cdots + \alpha_{r-1}}, \alpha_k = \frac{C_k}{(\varepsilon + IS_k^r)^3}, k = 1, \cdots, r-1 \tag{5.161}$$

这里 $\varepsilon = 10^{-6}$。

本章习题

1. 假设有一个三角形波自左向右沿 x 轴正方向以 200 m/s 的速度在传播。传播方程

$$\frac{\partial u}{\partial t} + a\frac{\partial u}{\partial x} = 0$$

三角形波为等腰三角形,高 20 m,底边长 20 m。计算域为 $x \in [0,70]$, $a = 200$ m/s;

初始条件:当 $t = 0.0$ 时,$\begin{cases} u(x,0.0) = 0.0 & 0.0 \leqslant x \leqslant 5.0 \\ u(x,0.0) = 2.0(x-5.0) & 5.0 < x \leqslant 15.0 \\ u(x,0.0) = 2.0(25.0-x) & 15.0 < x \leqslant 25.0 \\ u(x,0.0) = 0.0 & 25.0 < x \leqslant 70.0 \end{cases}$

边界条件:当 $t \geqslant 0.0$ 时,$\begin{cases} u(0.0,t) = 0.0 & x = 0.0 \\ u(70.0,t) = 0.0 & x = 70.0 \end{cases}$

计算总时间可选取为 0.15 s。网格间距可取为 $\Delta x = 1.0$ m。采用一阶迎风格式,Lax-Wendroff 格式和隐式欧拉格式来计算该问题。观察不同时间步长对不同格式的计算结果影响,时间步长推荐选取为 $\Delta t = 0.005$ s,$\Delta t = 0.0025$ s,$\Delta t = 0.00125$ s。

2. 控制方程同习题 1。假设存在一个矩形波自左向右沿 x 轴正方向以 200 m/s 的速度在传播。矩形波高 20 m,底边长 20 m。计算域为 $x \in [0,70]$, $a = 200$ m/s;

初始条件:当 $t = 0.0$ s 时,$\begin{cases} u(x,0.0) = 0.0 \text{ m/s} & 0.0 \text{ m} \leqslant x < 5.0 \text{ m} \\ u(x,0.0) = 20.0 \text{ m/s} & 5.0 \text{ m} \leqslant x \leqslant 25.0 \text{ m} \\ u(x,0.0) = 0.0 \text{ m/s} & 25.0 \text{ m} < x < 70.0 \text{ m} \end{cases}$

边界条件:当 $t \geqslant 0.0$ s 时,$\begin{cases} u(0.0,t) = 0.0 \text{ m/s} & x = 0.0 \text{ m} \\ u(70.0,t) = 0.0 \text{ m/s} & x = 70.0 \text{ m} \end{cases}$

计算总时间为 0.15 s。网格间距可选取 $\Delta x = 1.0$ m。采用一阶迎风格式,Lax-Wendroff 格式和隐式欧拉格式来计算该问题。观察不同时间步长不同格式的计算结果影响,时间步长推荐选取 $\Delta t = 0.005$ s,$\Delta t = 0.0025$ s,$\Delta t = 0.00125$ s。

3. 求解线性问题时,其方程为

$$\frac{\partial u}{\partial t} + f \frac{\partial u}{\partial x} = 0, f = 40\pi$$

初始条件:当 $t = 0.0$ 时,$t = 0, u(x,0) = 2\exp\left[-\left(\frac{x - 3\pi}{\pi/2}\right)^2\right]$

边界条件:当 $t \geqslant 0.0$ 时,$\begin{cases} u(0.0,t) = 0.0 & x = 0.0 \\ u(30.0,t) = 0.0 & x = 30.0 \end{cases}$

采用一阶迎风格式,Lax-Wendroff 格式和隐式欧拉格式来计算该问题。网格间距选取 $\Delta x = (10\pi)/50$,时间步长依据 Courant 数确定,分别取 Courant 数为 $c = 1.0$,$c = 0.5, c = 0.25$。计算区域为 $0.0 \leqslant x \leqslant 30.0$。计算总时间为 $t = 0.1$ 观察数值计算结果的演变。

4. 求解非线性问题时,其模型方程为

$$\frac{\partial u}{\partial t} + u \frac{\partial u}{\partial x} = 0$$

初始条件:当 $t = 0.0$ 时,$\begin{cases} u(x,0) = 0.0 & 0.0 \leqslant x \leqslant 20.0 \\ u(x,0) = 5.0 & 20.0 < x \leqslant 40.0 \end{cases}$

边界条件:当 $t \geqslant 0.0$ 时,$u(40.0,t) = 0.0, u(0.0,t) = 5.0$。

采用 Lax 格式、Lax-Wendroff 格式、MacCormack 格式来计算该非线性问题,并观察数值计算结果。网格间距选取 $\Delta x = 1.0$,时间步长取为 $\Delta t = 0.1, \Delta t = 0.2$。计算总时间推荐选定为 $t = 2.4$。

第 6 章 紧致型有限差分方法

为了精确地数值模拟流体力学中一些复杂而精细的物理问题,高精度有限差分格式日益受到人们的普遍重视。Rai 和 Moin(1991)利用高精度差分格式对不可压缩充分发展的槽道湍流进行了直接数值模拟,与谱方法相比,有限差分具有方法简单、边界处理灵活方便的优点。Lele(1992)提出了不限于三个网格点的紧致有限差分格式,如五点六阶精度差分格式;与普通差分格式相比,紧致有限差分是具有高精度、高分辨率的差分格式。Fu 和 Ma(1979,1993)将迎风机制也引入到紧致有限差分格式中,构造出了迎风紧致有限差分格式,该格式除了具有很高的精度以外,还能消除高频非物理振荡现象,从而抑制了数值计算中的混淆误差。Gamet 等(1999)提出基于非等间距网格的紧致有限差分格式,该格式可以在物理空间网格变化剧烈的情况下仍保持较高的精度,适用于在壁面附近剪切湍流问题求解时可进行任意加密网格,以便获得更精细的数值解。李新亮等(2001)基于 Fu 和 Ma 与 Gamet 的思想,在法向构造了基于非等间距网格的迎风紧致型有限差分格式,对不可压缩 N—S 方程进行了直接数值模拟,并对二维槽道流动的非线性行为进行了分析,获得一些有意义的结果。张立和唐登斌(2006)将 Dennis 和 Hudson(1979)的四阶精度紧致有限差分格式拓展到三维空间,得到十九点四阶精度的三维紧致有限差分格式,并完成了槽道近壁湍流的直接数值模拟,得到了令人满意的成果。紧致型有限差分格式相比于传统型差分格式,在相同的计算模板上,具有更高的精度和分辨率以及较小的耗散误差。但是,高精度有限差分通常是指二阶以上精度的差分格式,采用高精度有限差分计算是物理问题对数值计算方法的精度和分辨率要求的结果,同时也带来了新的问题,例如边界条件的处理、复杂流动中的应用等。本章将重点介绍高精度的有限差分格式方法,它包含:传统型的有限差分方法和紧致有限差分方法。

6.1 高精度有限差分格式

6.1.1 传统型的有限差分格式

(1)一阶偏导数

逼近一阶偏导数 $\left(\dfrac{\partial u}{\partial x}\right)$ 的通用差分格式为

$$F_j = \sum_l a_l (u_{j+l+1} - u_{j+l}), \quad \sum_l a_l = 1 \tag{6.1}$$

对于传统型中心差分格式逼近一阶偏导数 $\left(\dfrac{\partial u}{\partial x}\right)$ 的通用表达式为

$$F_j = \sum_{l>0} a_l \dfrac{u_{j+l} - u_{j-l}}{l}, \quad \sum_{l>1} a_l = 1 \tag{6.2}$$

式中参数 a_l 满足相容性条件。

根据精度要求,选取适当的节点,对上式进行 Taylor 级数展开,并忽略高阶偏导数项的影响或者令高阶偏导数项的系数为零,可以得到一组关于 a_l 的代数方程组,结合相容性条件,可求得 a_l 的系数解。若构造 N 阶精度的差分格式,通常需要 $N+1$ 个节点。

逼近一阶偏导数 $\left(\dfrac{\partial u}{\partial x}\right)$ 的二阶、四阶精度传统型中心差分格式为

$$F_j = \dfrac{1}{2}(u_{j+1} - u_{j-1}) \tag{6.3}$$

$$F_j = \dfrac{1}{12}[8(u_{j+1} - u_{j-1}) - (u_{j+2} - u_{j-2})] \tag{6.4}$$

从上式可知,我们构造出一阶偏导数的二阶、四阶精度的传统型中心差分格式用到了三个网格节点和五个网格节点上的函数值。

一般传统型中心差分格式属于无耗散型的格式。如果我们在数值计算中更多地考虑上游(波的传播方向)节点的差分格式,则称它为迎风偏斜型格式,通常该格式是属于耗散型格式。但是,若采用过强的迎风偏斜型格式可能导致数值解的不稳定性。

(2) 二阶偏导数

逼近二阶偏导数 $\left(\dfrac{\partial^2 u}{\partial x^2}\right)$ 的通用型有限差分方程为

$$S_j = \sum_{l>0} b_l \dfrac{u_{j+l} - 2u_j + u_{j-l}}{l^2}, \quad \sum_{l>1} b_l = 1 \tag{6.5}$$

在流体力学中,一般二阶偏导数代表的性质是反映流体的黏性特征;通常在有限差分离散格式中,采用中心型差分格式来逼近二阶偏导数。

逼近二阶偏导数的二阶、四阶精度传统型中心差分格式为

$$S_j = \dfrac{1}{2}(u_{j+1} - 2u_j + u_{j-1}) \tag{6.6}$$

$$S_j = \dfrac{4}{3}(u_{j+1} - 2u_j + u_{j-1}) - \dfrac{1}{12}(u_{j+2} - 2u_j + u_{j-2}) \tag{6.7}$$

从上式可知,我们构造二阶偏导数的二阶、四阶精度的传统型中心差分格式用到了三个网格节点和五个网格节点上的函数值。

6.1.2 紧致有限差分格式

与传统型高精度的有限差分格式相比较,紧致有限差分格式可以用较少的网格

节点构造出更高精度的有限差分格式。

(1) 一阶偏导数

① 逼近一阶偏导数的通用型中心紧致有限差分格式为

$$\sum_{l\geqslant 0} \alpha_l (F_{j+l} + F_{j-l})/2 = \sum_{l>0} a_l (u_{j+l} - u_{j-l})/2 \qquad (6.8)$$

方程(6.8)式的相容条件为

$$\sum_{l\geqslant 0} \alpha_l = \sum_{l>0} a_l \qquad (6.9)$$

下面,我们给出了四阶精度紧致有限差分格式,即将(6.8)式左边取两项,右边取一项,得

$$\alpha_0 F_j + \frac{\alpha_1}{2}(F_{j+1} + F_{j-1}) = \frac{a_1}{2}(u_{j+1} - u_{j-1}) \qquad (6.10)$$

则将方程(6.10)式在网格节点 j 处进行 Taylor 级数展开,得

$$F_{j+1} = F_j + \Delta x F_j^{(1)} + \frac{(\Delta x)^2}{2!} F_j^{(2)} + \frac{(\Delta x)^3}{3!} F_j^{(3)} + \frac{(\Delta x)^4}{4!} F_j^{(4)} + \cdots$$

$$F_{j-1} = F_j - \Delta x F_j^{(1)} + \frac{(\Delta x)^2}{2!} F_j^{(2)} - \frac{(\Delta x)^3}{3!} F_j^{(3)} + \frac{(\Delta x)^4}{4!} F_j^{(4)} - \cdots$$

$$u_{j+1} = u_j + \Delta x u_j^{(1)} + \frac{(\Delta x)^2}{2!} u_j^{(2)} + \frac{(\Delta x)^3}{3!} u_j^{(3)} + \frac{(\Delta x)^4}{4!} u_j^{(4)} + \cdots$$

$$u_{j-1} = u_j - \Delta x u_j^{(1)} + \frac{(\Delta x)^2}{2!} u_j^{(2)} - \frac{(\Delta x)^3}{3!} u_j^{(3)} + \frac{(\Delta x)^4}{4!} u_j^{(4)} - \cdots$$

将上式代入(6.10)式,整理得

$$\alpha_0 F_j + \frac{\alpha_1}{2}\left(2F + 2\frac{1}{2!}(\Delta x)^2 \frac{\partial^2 F}{\partial x^2} + 2\frac{1}{4!}(\Delta x)^4 \frac{\partial^4 F}{\partial x^4}\right)_j = \left(a_1 \Delta x \frac{\partial u}{\partial x} + a_1 \frac{1}{3!}(\Delta x)^3 \frac{\partial^3 u}{\partial x^3}\right)_j \qquad (6.11)$$

又因为 $F = \Delta x \frac{\partial u}{\partial x}$,并比较方程两边对应项的系数必须相等,则有

$$\alpha_0 + \alpha_1 = a_1, \alpha_1 = \frac{a_1}{3} \qquad (6.12)$$

忽略其他高阶无穷小量,取 $a_1 = 1$,可得:$\alpha_1 = \frac{1}{3}, \alpha_0 = \frac{2}{3}$。

则四阶精度的中心紧致有限差分格式为

$$\frac{1}{3} F_{j+1} + \frac{4}{3} F_j + \frac{1}{3} F_{j-1} = \delta_x^0 u_j \qquad (6.13)$$

式中 $\delta_x^0 u_j = u_{j+1} - u_{j-1}$。由略去的小量可知,$\frac{F_j}{\Delta x}$ 逼近于一阶偏导数 $\frac{\partial u}{\partial x}$,且收敛的精度是四阶的。

从上面逼近一阶偏导数 $\frac{\partial u}{\partial x}$ 的四阶精度传统型中心有限差分格式可知,其计算模

板由五个网格节点构成,而逼近一阶偏导数 $\frac{\partial u}{\partial x}$ 的四阶精度中心紧致有限差分格式仅需三个网格节点,则相同离散精度的紧致有限差分格式的计算模板区域明显比传统型中心有限差分格式的计算模板区域要小。

根据 Lele(1992) 的文章可知,逼近一阶偏导数的紧致有限差分格式,可写成如下通式

$$\beta(F'_{j+2} + F'_{j-2}) + \alpha(F'_{j+1} + F'_{j-1}) + F'_j$$
$$= c\frac{u_{j+3} - u_{j-3}}{6} + b\frac{u_{j+2} - u_{j-2}}{4} + a\frac{u_{j+1} - u_{j-1}}{2} \tag{6.14}$$

对方程(6.14)式中每个变量在网格节点(j)处进行 Taylor 级数展开,可得

$$F_{j+2} = F_j + 2\Delta x F_j^{(1)} + \frac{(2\Delta x)^2}{2!}F_j^{(2)} + \frac{(2\Delta x)^3}{3!}F_j^{(3)} + \frac{(2\Delta x)^4}{4!}F_j^{(4)} + \cdots$$

$$F_{j+1} = F_j + \Delta x F_j^{(1)} + \frac{(\Delta x)^2}{2!}F_j^{(2)} + \frac{(\Delta x)^3}{3!}F_j^{(3)} + \frac{(\Delta x)^4}{4!}F_j^{(4)} + \cdots$$

$$F_{j-1} = F_j - \Delta x F_j^{(1)} + \frac{(\Delta x)^2}{2!}F_j^{(2)} - \frac{(\Delta x)^3}{3!}F_j^{(3)} + \frac{(\Delta x)^4}{4!}F_j^{(4)} - \cdots$$

$$F_{j-2} = F_j - 2\Delta x F_j^{(1)} + \frac{(2\Delta x)^2}{2!}F_j^{(2)} - \frac{(2\Delta x)^3}{3!}F_j^{(3)} + \frac{(2\Delta x)^4}{4!}F_j^{(4)} - \cdots$$

$$u_{j+3} = u_j + 3\Delta x u_j^{(1)} + \frac{(3\Delta x)^2}{2!}u_j^{(2)} + \frac{(3\Delta x)^3}{3!}u_j^{(3)} + \frac{(3\Delta x)^4}{4!}u_j^{(4)} + \cdots$$

$$u_{j+2} = u_j + 2\Delta x u_j^{(1)} + \frac{(2\Delta x)^2}{2!}u_j^{(2)} + \frac{(2\Delta x)^3}{3!}u_j^{(3)} + \frac{(2\Delta x)^4}{4!}u_j^{(4)} + \cdots$$

$$u_{j+1} = u_j + \Delta x u_j^{(1)} + \frac{(\Delta x)^2}{2!}u_j^{(2)} + \frac{(\Delta x)^3}{3!}u_j^{(3)} + \frac{(\Delta x)^4}{4!}u_j^{(4)} + \cdots$$

$$u_{j-1} = u_j - \Delta x u_j^{(1)} + \frac{(\Delta x)^2}{2!}u_j^{(2)} - \frac{(\Delta x)^3}{3!}u_j^{(3)} + \frac{(\Delta x)^4}{4!}u_j^{(4)} - \cdots$$

$$u_{j-2} = u_j - 2\Delta x u_j^{(1)} + \frac{(2\Delta x)^2}{2!}u_j^{(2)} - \frac{(2\Delta x)^3}{3!}u_j^{(3)} + \frac{(2\Delta x)^4}{4!}u_j^{(4)} - \cdots$$

$$u_{j-3} = u_j - 3\Delta x u_j^{(1)} + \frac{(3\Delta x)^2}{2!}u_j^{(2)} - \frac{(3\Delta x)^3}{3!}u_j^{(3)} + \frac{(3\Delta x)^4}{4!}u_j^{(4)} - \cdots$$

将上式代入(6.14)式,整理合并,并忽略高阶无穷小量,比较上述方程两边对应项的系数必须相等,则得不同高精度的紧致有限差分格式,其系数之间的关系式如下:

二阶精度 $2(\beta + \alpha) + 1 = c + b + a$ \hfill (6.15a)

四阶精度 $2\frac{3!}{2!}(2^2\beta + \alpha) = 3^2 c + 2^2 b + a$ \hfill (6.15b)

六阶精度 $2\frac{5!}{4!}(2^4\beta + \alpha) = 3^4 c + 2^4 b + a$ \hfill (6.15c)

八阶精度 $2\dfrac{7!}{6!}(2^6\beta+\alpha)=3^6c+2^6b+a$ (6.15d)

十阶精度 $2\dfrac{9!}{8!}(2^8\beta+\alpha)=3^8c+2^8b+a$ (6.15e)

a. 四阶精度的中心紧致有限差分格式

当 $\beta=0,c=0,\alpha=\dfrac{1}{4},b=0,a=\dfrac{3}{2}$ 时，满足(6.15b)式的关系，则(6.13)式具有四阶精度的中心紧致有限差分格式为

$$\frac{1}{3}F_{j+1}+\frac{4}{3}F_j+\frac{1}{3}F_{j-1}=\delta_x^0 u_j,\ \delta_x^0 u_j=u_{j+1}-u_{j-1} \qquad (6.13)$$

由(6.13)式可知，在 j 点进行 Taylor 级数展开，并忽略高阶无穷小量，则 $\dfrac{F_j}{\Delta x}$ 逼近一阶偏导数 $\dfrac{\partial u}{\partial x}$，其收敛精度是四阶的。

b. 六阶精度的中心紧致有限差分格式

当 $\beta=0,c=0,\alpha=\dfrac{1}{3},b=\dfrac{1}{9},a=\dfrac{14}{9}$ 时，满足(6.15c)式的关系。可得六阶精度的中心紧致型有限差分格式

$$\frac{1}{3}F_{j+1}+F_j+\frac{1}{3}F_{j-1}=\frac{1}{36}(u_{j+2}-u_{j-2})+\frac{14}{18}(u_{j+1}-u_{j-1}) \qquad (6.16)$$

由(6.16)式可知，在 j 点进行 Taylor 级数展开，并忽略高阶无穷小量，则 $\dfrac{F_j}{\Delta x}$ 逼近一阶偏导数 $\dfrac{\partial u}{\partial x}$，其收敛精度是六阶的。

c. 八阶精度的中心紧致有限差分格式

当 $\alpha=\dfrac{4}{9},\beta=\dfrac{1}{36},a=\dfrac{40}{27},b=\dfrac{25}{54},c=0$ 时，满足(6.15d)式。可得八阶精度的中心紧致有限差分格式

$$\frac{1}{36}F_{j+2}+\frac{4}{9}F_{j+1}+F_j+\frac{4}{9}F_{j-1}+\frac{1}{36}F_{j-2}=\frac{25}{216}(u_{j+2}-u_{j-2})+\frac{40}{54}(u_{j+1}-u_{j-1})$$
(6.17)

由(6.17)式可知，在 j 点进行 Taylor 级数展开，并忽略高阶无穷小量，则 $\dfrac{F_j}{\Delta x}$ 逼近一阶偏导数 $\dfrac{\partial u}{\partial x}$，其收敛精度是八阶的。

d. 十阶精度的中心紧致型有限差分格式

当 $\alpha=\dfrac{1}{2},\beta=\dfrac{1}{20},a=\dfrac{17}{12},b=\dfrac{101}{150},c=\dfrac{1}{100}$ 时，满足(6.15e)式。可得十阶精度的中心紧致差分格式

$$\frac{1}{20}F_{j+2} + \frac{1}{2}F_{j+1} + F_j + \frac{1}{2}F_{j-1} + \frac{1}{20}F_{j-2}$$
$$= \frac{1}{600}(u_{j+3} - u_{j-3}) + \frac{101}{600}(u_{j+2} - u_{j-2}) + \frac{17}{24}(u_{j+1} - u_{j-1}) \quad (6.18)$$

由(6.18)式可知,在 j 点进行 Taylor 级数展开,并忽略高阶无穷小量,则 $\frac{F_j}{\Delta x}$ 逼近一阶偏导数 $\frac{\partial u}{\partial x}$,其收敛精度是十阶的。

②逼近一阶偏导数的通用迎风紧致型有限差分格式为

$$\sum_l \alpha_l F_{j+l} = \sum_l a_l (u_{j+l+1} - u_{j-l}) \quad (6.19)$$

方程(6.19)式的相容条件为

$$\sum_l \alpha_l = \sum_l a_l \quad (6.20)$$

对于非对称性的差分格式会产生数值耗散,为抑制数值解中的非物理高频振荡,当 $a>0$ 时,具有三阶精度的迎风紧致限差分格式为

$$\frac{2}{3}F_j + \frac{1}{3}F_{j-1} = \left(\frac{5}{6}\delta_x^- + \frac{1}{6}\delta_x^+\right)u_j, a > 0 \quad (6.21)$$

同理可证

当 $a<0$ 时, $\frac{2}{3}F_j + \frac{1}{3}F_{j+1} = \left(\frac{5}{6}\delta_x^+ + \frac{1}{6}\delta_x^-\right)u_j \quad (6.22)$

式中 $\delta_x^+ u_j = u_{j+1} - u_j, \delta_x^- u_j = u_j - u_{j-1}$。

为了能够有效地抑制数值计算偏微分方程而引起的混淆误差,傅德薰和马延文(2002)构造了五阶迎风紧致型有限差分格式为

$$\frac{3}{5}F_j + \frac{2}{5}F_{j-1} = \frac{1}{60}\delta_x^-(-u_{j+2} + 11u_{j+1} + 47u_j + 3u_{j-1}), a > 0 \quad (6.23)$$

同理可证,当 $a<0$ 时

$$\frac{3}{5}F_j + \frac{2}{5}F_{j+1} = \frac{1}{60}\delta_x^+(-u_{j-2} + 11u_{j-1} + 47u_j + 3u_{j+1})u_j \quad (6.24)$$

式中 $\delta_x^+ u_j = u_{j+1} - u_j, \delta_x^- u_j = u_j - u_{j-1}$。

同理,可将(6.21)~(6.24)式在 j 点进行 Taylor 级数展开,可证(6.21)~(6.24)式所得到的 $\frac{F_j}{\Delta x}$,分别以三阶精度和五阶精度的迎风紧致型有限差分来逼近一阶偏导数 $\frac{\partial u}{\partial x}$。

(2)二阶偏导数 $\left(\frac{\partial^2 u}{\partial x^2}\right)$

由 Taylor 级数展开,可得

$$u_{j+1} = u_j + \Delta x u_j^{(1)} + \frac{(\Delta x)^2}{2!} u_j^{(2)} + \frac{(\Delta x)^3}{3!} u_j^{(3)} + \frac{(\Delta x)^4}{4!} u_j^{(4)} + \cdots$$

$$u_{j-1} = u_j - \Delta x u_j^{(1)} + \frac{(\Delta x)^2}{2!} u_j^{(2)} - \frac{(\Delta x)^3}{3!} u_j^{(3)} + \frac{(\Delta x)^4}{4!} u_j^{(4)} - \cdots$$

则

$$u_{j+1} - 2u_j + u_{j-1} = \Delta x^2 \left(\frac{\partial^2 u}{\partial x^2}\right)_j + \frac{1}{12} \Delta x^4 \left(\frac{\partial^4 u}{\partial x^4}\right)_j + O[(\Delta x)^6] \quad (6.25)$$

令

$S_j = (\Delta x)^2 \left(\frac{\partial^2 u}{\partial x^2}\right)_j$,则上式中的四阶偏导数可以用离散值 S_j 来近似,有

$$\Delta x^4 \left(\frac{\partial^4 u}{\partial x^4}\right)_j = (\Delta x)^2 \left[\frac{\partial^2}{\partial x^2}\left((\Delta x)^2 \frac{\partial^2 u}{\partial x^2}\right)\right]_j = (\Delta x)^2 \left(\frac{\partial^2}{\partial x^2} S\right)_j$$
$$= S_{j+1} - 2S_j + S_{j-1} + O[(\Delta x)^6]$$

将上式代入式(6.25)中,整理可得

$$\frac{1}{12} S_{j+1} + \frac{5}{6} S_j + \frac{1}{12} S_{j-1} = u_{j+1} - 2u_j + u_{j-1} = \delta_x^2 u_j \quad (6.26)$$

从上式可知,$\frac{S_j}{(\Delta x)^2}$ 是以四阶精度的紧致型有限差分格式来逼近二阶偏导数 $\left(\frac{\partial^2 u}{\partial x^2}\right)$。对于给定 S_0,S_n,需要求解 $n+1$ 个代数方程组,可得到其他 S_j。

同理可以证明,六阶精度的紧致型有限差分格式逼近二阶偏导数的表达式为

$$S_{j+1} + \frac{11}{2} S_j + S_{j-1} = \frac{1}{8}(3u_{j+2} + 48u_{j+1} - 102u_j + 48u_{j-1} + 3u_{j-2}) \quad (6.27)$$

同样可以看出,$\frac{S_j}{(\Delta x)^2}$ 是以六阶精度的紧致型有限差分格式来逼近二阶偏导数 $\left(\frac{\partial^2 u}{\partial x^2}\right)$。对于给定 S_0,S_n,需要求解 $n+1$ 个代数方程组,可得到其他 S_j。

逼近二阶偏导数的通用型中心紧致有限差分格式为

$$\sum_{l \geqslant 0} \beta_l (S_{j+l} + S_{j-l})/2 = \sum_{l > 0} b_l \frac{u_{j+l} - 2u_j + u_{j-l}}{l^2} \quad (6.28)$$

在上式中满足的相容条件为

$$\sum_{l \geqslant 0} \beta_l = \sum_{l > 0} b_l \quad (6.29)$$

根据 Lele(1992)文章可知,二阶偏导数离散为高精度的紧致有限差分格式的通式

$$\beta(f''_{i-2} + f''_{i+2}) + \alpha(f''_{i-1} + f''_{i+1}) + f''_i$$
$$= c \frac{f_{i+3} - 2f_i + f_{i-3}}{9h^2} + b \frac{f_{i+2} - 2f_i + f_{i-2}}{4h^2} + a \frac{f_{i+1} - 2f + _i f_{i-1}}{h^2} \quad (6.30)$$

对于方程(6.30)式在网格节点 i 处进行 Taylor 展开,可得

第 6 章 紧致型有限差分方法

$$f''_{i+1} = f''_i + hf_i^{(3)} + \frac{h^2}{2!}f_i^{(4)} + \frac{h^3}{3!}f_i^{(5)} + \frac{h^4}{4!}f_i^{(6)} + \cdots \tag{6.31a}$$

$$f''_{i-1} = f''_i - hf_i^{(3)} + \frac{h^2}{2!}f_i^{(4)} - \frac{h^3}{3!}f_i^{(5)} + \frac{h^4}{4!}f_i^{(6)} + \cdots \tag{6.31b}$$

$$f''_{i+2} = f''_i + (2h)f_i^{(3)} + \frac{(2h)^2}{2!}f_i^{(4)} + \frac{(2h)^3}{3!}f_i^{(5)} + \frac{(2h)^4}{4!}f_i^{(6)} + \cdots \tag{6.31c}$$

$$f''_{i-2} = f''_i - (2h)f_i^{(3)} + \frac{(2h)^2}{2!}f_i^{(4)} - \frac{(2h)^3}{3!}f_i^{(5)} + \frac{(2h)^4}{4!}f_i^{(6)} + \cdots \tag{6.31d}$$

$$f_{i+3} = f_i + 3hf_i^{(1)} + \frac{(3h)^2}{2!}f_i^{(2)} + \frac{(3h)^3}{3!}f_i^{(3)} + \frac{(3h)^4}{4!}f_i^{(4)} + \cdots \tag{6.31e}$$

$$f_{i+2} = f_i + 2hf_i^{(1)} + \frac{(2h)^2}{2!}f_i^{(2)} + \frac{(2h)^3}{3!}f_i^{(3)} + \frac{(2h)^4}{4!}f_i^{(4)} + \cdots \tag{6.31f}$$

$$f_{i+1} = f_i + hf_i^{(1)} + \frac{(h)^2}{2!}f_i^{(2)} + \frac{(h)^3}{3!}f_i^{(3)} + \frac{(h)^4}{4!}f_i^{(4)} + \cdots \tag{6.31g}$$

$$f_{i-1} = f_i - hf_i^{(1)} + \frac{(h)^2}{2!}f_i^{(2)} - \frac{(h)^3}{3!}f_i^{(3)} + \frac{(h)^4}{4!}f_i^{(4)} - \cdots \tag{6.31h}$$

$$f_{i-2} = f_i - 2hf_i^{(1)} + \frac{(2h)^2}{2!}f_i^{(2)} - \frac{(2h)^3}{3!}f_i^{(3)} + \frac{(2h)^4}{4!}f_i^{(4)} - \cdots \tag{6.31i}$$

$$f_{i-3} = f_i - 3hf_i^{(1)} + \frac{(3h)^2}{2!}f_i^{(2)} - \frac{(3h)^3}{3!}f_i^{(3)} + \frac{(3h)^4}{4!}f_i^{(4)} - \cdots \tag{6.31j}$$

将方程(6.31a)~(6.31j)式代入到方程(6.30)式中,并忽略高阶无穷小量,比较上述方程两边对应项的系数必须相等,则可获得具有高精度的紧致型有限差分格式,其系数之间的关系如下所示

二阶精度 $2(\beta+\alpha)+1 = c+b+a$ \hfill (6.32a)

四阶精度 $\dfrac{4!}{2!}(2^2\beta+\alpha) = 3^2 c + 2^2 b + a$ \hfill (6.32b)

六阶精度 $\dfrac{6!}{4!}(2^4\beta+\alpha) = 3^4 c + 2^4 b + a$ \hfill (6.32c)

八阶精度 $\dfrac{8!}{6!}(2^6\beta+\alpha) = 3^6 c + 2^6 b + a$ \hfill (6.32d)

十阶精度 $\dfrac{10!}{8!}(2^8\beta+\alpha) = 3^8 c + 2^8 b + a$ \hfill (6.32e)

a. 四阶精度的中心紧致有限差分格式

当 $\beta=0, b=0, c=0, \alpha=\dfrac{1}{10}, a=\dfrac{6}{5}$ 时,满足(6.32b)式,则紧致型有限差分方程(6.26)式具有四阶精度,其数学表达式为

$$\frac{1}{12}S_{j+1} + \frac{5}{6}S_j + \frac{1}{12}S_{j-1} = \delta_x^2 u_j, \delta_x^2 u_j = u_{j+1} - 2u_j + u_{j-1} \tag{6.26}$$

由(6.26)式可知,在 j 点进行 Taylor 级数展开,并忽略高阶无穷小量,则 $\dfrac{S_j}{(\Delta x)^2}$ 逼近

二阶偏导数 $\dfrac{\partial^2 u}{\partial x^2}$，收敛精度是四阶的。

b. 六阶精度的中心紧致有限差分格式

当 $\beta=0, c=0, \alpha=\dfrac{2}{11}, b=\dfrac{3}{11}, a=\dfrac{12}{11}$ 时，满足 (6.32c) 式，则紧致型有限差分方程 (6.27) 式具有四阶精度，其数学表达式为

$$S_{j+1}+\dfrac{11}{2}S_j+S_{j-1}=\dfrac{1}{8}(3u_{j+2}+48u_{j+1}-102u_j+48u_{j-1}+3u_{j-2}) \quad (6.27)$$

由 (6.27) 式可知，在 j 点进行 Taylor 级数展开，并忽略高阶无穷小量，则 $\dfrac{S_j}{(\Delta x)^2}$ 逼近二阶偏导数 $\dfrac{\partial^2 u}{\partial x^2}$，收敛精度是六阶的。

c. 八阶精度的中心紧致有限差分格式

当 $\alpha=\dfrac{344}{1179}, \beta=\dfrac{23}{2358}, a=\dfrac{960}{1179}, b=\dfrac{930}{1179}, c=0$ 时，满足 (6.32d) 式，则紧致有限差分格式具有八阶精度，其数学表达式

$$S_{j+2}+\dfrac{688}{23}S_{j+1}+\dfrac{2358}{23}S_j+\dfrac{688}{23}S_{j-1}+S_{j-2}$$
$$=\dfrac{5}{23}[93(u_{j+2}+u_{j-2})+384(u_{j+1}+u_{j-1})-114u_j] \quad (6.33)$$

由 (6.33) 式可知，在 j 点进行 Taylor 级数展开，并忽略高阶无穷小量，则 $\dfrac{S_j}{(\Delta x)^2}$ 逼近二阶偏导数 $\dfrac{\partial^2 u}{\partial x^2}$，收敛精度是八阶的。

d. 十阶精度的中心紧致有限差分格式

当 $\alpha=\dfrac{43}{1798}, \beta=\dfrac{334}{899}, a=\dfrac{1065}{1798}, b=\dfrac{1038}{899}, c=\dfrac{79}{1798}$ 时，满足 (6.32e) 式，则紧致有限差分格式具有十阶精度，其数学表达式

$$S_{j+2}+\dfrac{668}{43}S_{j+1}+\dfrac{2}{43}S_j+\dfrac{668}{43}S_{j-1}+S_{j-2}$$
$$=\dfrac{1}{387}[79(u_{j+3}+u_{j-3})+1038(u_{j+2}+u_{j-2})+158(u_{j+1}+u_{j-1})-11441u_j] \quad (6.34)$$

由 (6.34) 式可知，在 j 点进行 Taylor 级数展开，并忽略高阶无穷小量，则 $\dfrac{S_j}{(\Delta x)^2}$ 逼近二阶偏导数 $\dfrac{\partial^2 u}{\partial x^2}$，收敛精度是十阶的。

一般在计算流体力学中，我们通常采用四阶、六阶精度的紧致型有限差分格式来逼近二阶偏导数 $\dfrac{\partial^2 u}{\partial x^2}$。

6.2 双曲型方程的紧致有限差分方法

在这里我们采用第 5 章的算例,来分析紧致型有限差分格式的数值行为。以线性波动方程为例,来进行讨论。

$$\frac{\partial p}{\partial x} = 0 \tag{6.35}$$

设传播速度 $a=250$,网格间距 $\Delta x=5.0$,初始值:当 $t=0.0$ 时,

$$u(x) = 100\cos\left(\pi\frac{x}{60}\right), x \in [0,400] \tag{6.36}$$

解析解
$$u(x,t) = 100\cos\left(\pi\frac{x-at}{60}\right), x \in [0,400] \tag{6.37}$$

入流条件:当 $t \geqslant 0.0$ 时, $\quad u(0,t) = 100\cos\left(-\pi\frac{at}{60}\right) \tag{6.38}$

出流条件:采用线性外推,即当 $t \geqslant 0.0$ 时,

$$u(i_{\max},t) = 2.0u(i_{\max}-1,t) - u(i_{\max}-2,t) \tag{6.39}$$

式中 Courant 数为 $c=a\dfrac{\Delta t}{\Delta x}$。

如果时间偏导数采用向前差分、空间偏导数采用紧致有限差分格式逼近,该格式是一个不稳定格式。

$$\frac{u_i^{n+1} - u_i^n}{\Delta t} = -a\frac{\partial u}{\partial x} \tag{6.40}$$

一般我们需要采用一个稳定的时间格式来离散时间偏导数,为了保证紧致有限差分格式计算的稳定性。在这里我们采用修正后 Runge-Kutta 格式来离散时间偏导数,其表达式为

$$u_i^{(1)} = u_i^n \tag{6.41a}$$

$$u_i^{(2)} = u_i^n - \frac{\Delta t}{4}\left(a\frac{\partial u}{\partial x}\right)_i^{(1)} \tag{6.41b}$$

$$u_i^{(3)} = u_i^n - \frac{\Delta t}{3}\left(a\frac{\partial u}{\partial x}\right)_i^{(2)} \tag{6.41c}$$

$$u_i^{(4)} = u_i^n - \frac{\Delta t}{2}\left(a\frac{\partial u}{\partial x}\right)_i^{(3)} \tag{6.41d}$$

$$u_i^{n+1} = -\Delta t\left(a\frac{\partial u}{\partial x}\right)_i^{(4)} \tag{6.41e}$$

空间偏导数采用紧致型有限差分格式逼近,即空间偏导数离散分别采用四阶、六阶精度的中心紧致有限差分格式和三阶、五阶精度的迎风紧致型有限差分格式来计算。从图 6.1 与图 6.3 和图 6.5 与图 6.7 可知,四阶、六阶精度的中心紧致型有限差

分格式和三阶、五阶迎风紧致型有限差分格式的数值解与解析解吻合,这说明上述紧致型有限差分格式能有效地模拟波的传播问题。另外,从图6.2与图6.4和图6.6与图6.7的相对误差曲线相比较可以看出,四阶与六阶精度的中心紧致型有限差分格式计算获得的数值解的振荡要大于三阶与五阶精度的迎风紧致型有限差分格式计算获得的数值解,这说明迎风格式能有效地抑制数值振荡。另外,若将紧致型有限差分格式计算获得的数值解与第5章的传统有限差分二阶精度的格式计算获得的数值结果对比,紧致型有限差分格式的相对误差要远远小于传统二阶精度格式的相对误差,其精度至少要提高两个数量级左右。

(1)四阶精度的中心紧致有限差分格式:$\frac{1}{4}f'_{i+1}+f'_i+\frac{1}{4}f'_{i-1}=\frac{3}{4}(f_{i+1}-f_{i-1})$

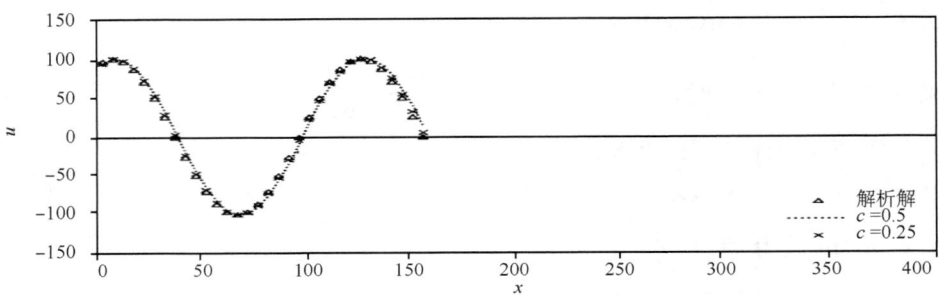

图 6.1　四阶精度的中心紧致有限差分格式($t=0.5$)计算结果

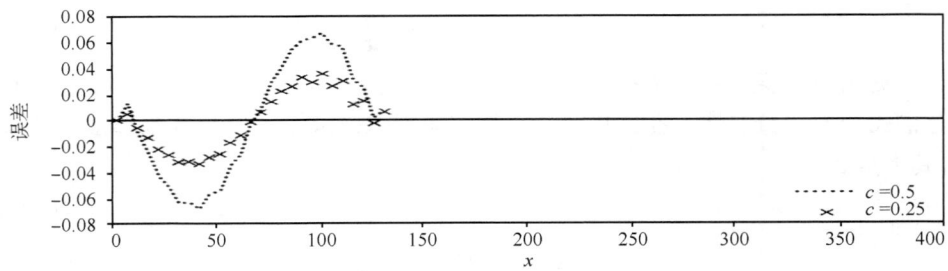

图 6.2　四阶精度的中心紧致型有限差分格式($t=0.5$)误差

(2)六阶精度的中心紧致有限差分格式:$\frac{1}{3}f'_{i-1}+f'_i+\frac{1}{3}f'_{i+1}=\frac{f_{i+2}+28f_{i+1}-28f_{i-1}-f_{i-2}}{36h}$

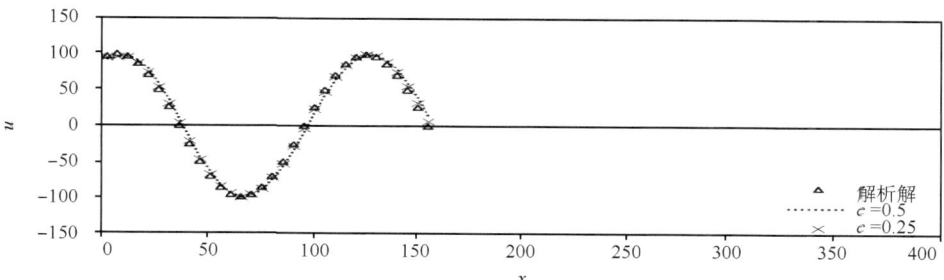

图 6.3 六阶精度的中心紧致有限差分格式($t=0.5$)计算结果

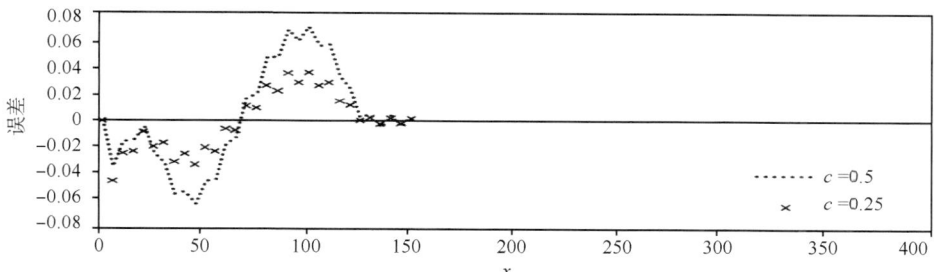

图 6.4 六阶精度的中心紧致有限差分格式($t=0.5$)误差

(3) 三阶精度的迎风紧致有限差分格式：$\dfrac{1}{3}f'_{i-1}+\dfrac{2}{3}f'_{i}=\dfrac{-5f_{i-1}+4f_{i}+f_{i+1}}{6h}$

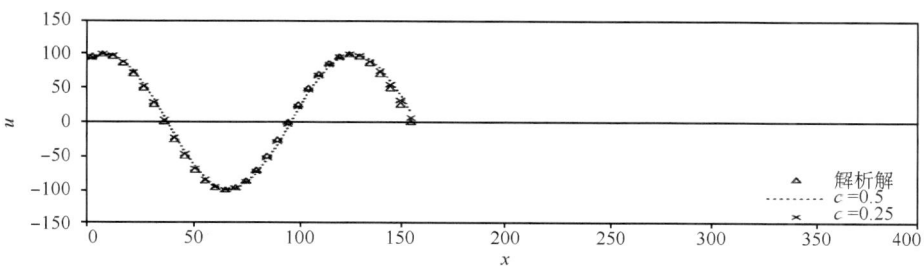

图 6.5 三阶精度的迎风紧致有限差分格式($t=0.5$)计算结果

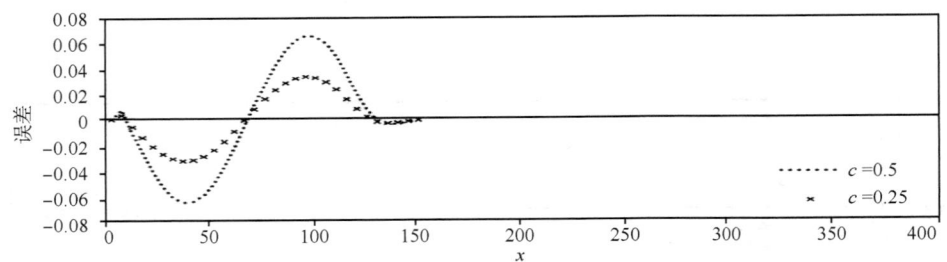

图 6.6　三阶精度的迎风紧致有限差分格式($t=0.5$)误差

(4) 五阶精度的迎风紧致有限差分格式

$$\frac{2}{5}f'_{i-1}+\frac{3}{5}f'_i=\frac{-3f_{i-2}-44f_{i-1}+36f_i+12f_{i+1}-f_{i+2}}{60h}$$

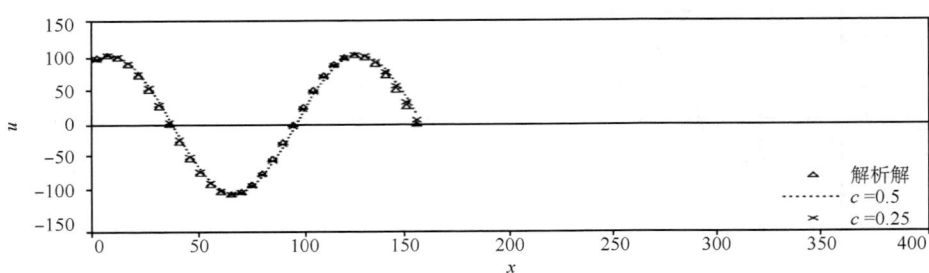

图 6.7　五阶精度的迎风紧致有限差分格式($t=0.5$)计算结果

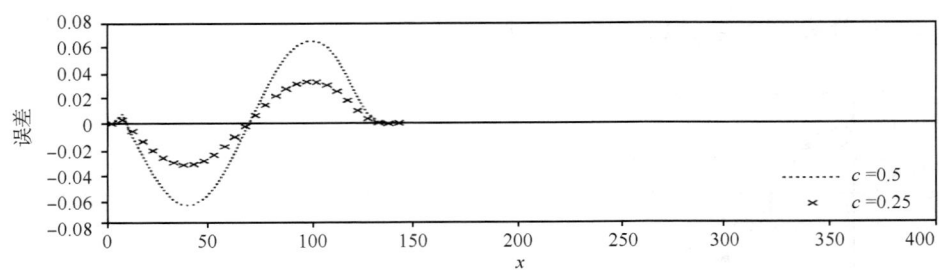

图 6.8　五阶精度的迎风紧致有限差分格式($t=0.5$)误差

(5) 紧致有限差分格式和传统型二阶精度的有限差分格式数值计算结果的误差对比

将紧致有限差分的数值计算结果与传统型二阶精度有限差分格式数值计算结果比较,发现紧致型有限差分的数值计算结果要比传统型二阶精度的有限差分的数值计算结果误差小,大约要小两个数量级左右,详见图 6.9 和图 6.10 所示,这说明紧致型有限差分格式相对于传统型有限差分格式的计算精度大约要高两个数量级。其中 Crank-Nicolson 格式的数值计算结果产生的误差最大,五阶精度迎风紧致有限差分格式(UCDA5)数值计算结果产生的误差最小。

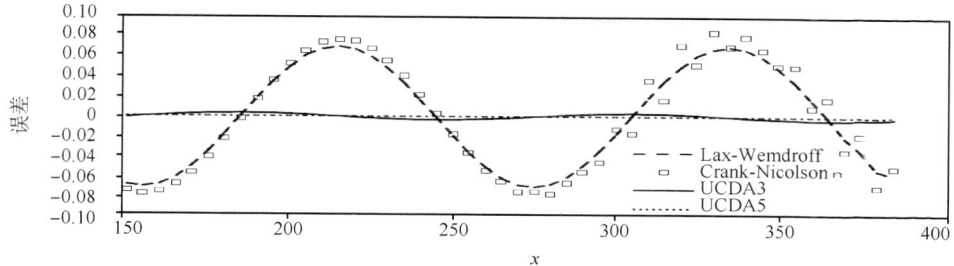

图 6.9　四种格式($t=0.25$)数值计算误差比较($c=0.25$)

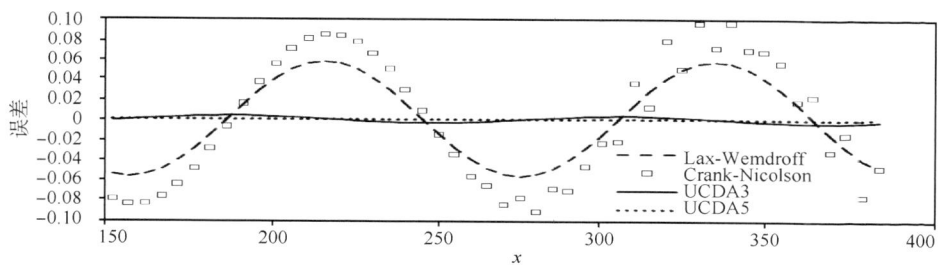

图 6.10　四种格式($t=0.5$)数值计算误差比较($c=0.5$)

6.3　抛物型方程的紧致有限差分方法

对于逼近二阶偏导数的紧致有限差分格式,采用第 3 章的算例,来研究该格式的数值行为。

模型方程为

$$\frac{\partial u}{\partial t} = \mu \frac{\partial^2 u}{\partial x^2} \qquad (6.42)$$

一般需要采用一个稳定的格式来逼近时间偏导数,为了保证紧致型有限差分格式计算的稳定性。在这里,我们采用修正后 Runge-Kutta 格式来逼近时间偏导数,其表达式如下

$$u_i^{(1)} = u_i^n \qquad (6.43\text{a})$$

$$u_i^{(2)} = u_i^n + \frac{\Delta t}{4}\left(\mu \frac{\partial^2 u}{\partial x^2}\right)_i^{(1)} \qquad (6.43\text{b})$$

$$u_i^{(3)} = u_i^n + \frac{\Delta t}{3}\left(\mu \frac{\partial^2 u}{\partial x^2}\right)_i^{(2)} \qquad (6.43\text{c})$$

$$u_i^{(4)} = u_i^n + \frac{\Delta t}{2}\left(\mu \frac{\partial^2 u}{\partial x^2}\right)_i^{(3)} \qquad (6.43\text{d})$$

$$u_i^{n+1} = u_i^n + \Delta t \left(\mu \frac{\partial^2 u}{\partial x^2} \right)_i^{(4)} \tag{6.43e}$$

对于空间偏导数采用紧致有限差分逼近,即空间偏导数离散采用四阶和六阶精度的中心紧致型有限差分格式,具体情况如下:

(1) 四阶精度的中心紧致型有限差分格式

$$f''_{i-1} + 10 f''_i + f''_{i+1} = \frac{12(f_{i-1} - 2f_i + f_{i+1})}{h^2}$$

(2) 六阶精度的中心紧致型有限差分格式

$$2 f''_{i-1} + 11 f''_i + 2 f''_{i+1} = \frac{3(f_{i-2} + 48 f_{i-1} - 102 f_i + 48 f_{i+1} + 3 f_{i+2})}{4 h^2}$$

在数值计算中,我们取 $\mu = 0.000217$,时间增量 $\Delta t = 0.002$,网格间距 $\Delta x = 0.001$,网格点数 $i_{\max} = 41$。

边界条件:当 $t \geqslant 0$ 时,$\begin{cases} u = 40.0 & x = 0.0 \\ u = 0.0 & x = 0.04 \end{cases}$

初始条件:当 $t = 0$ 时,$\begin{cases} u = 40.0 & x = 0.0 \\ u = 0.0 & 0.0 < x \leqslant 0.04 \end{cases}$

从图 6.11 和图 6.12 可知,数值计算得到的结果与第 3 章解析解吻合得相当好。

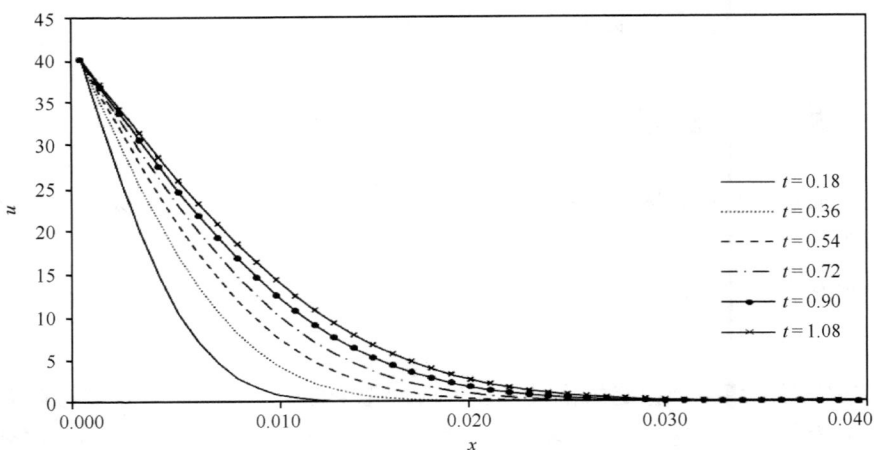

图 6.11 四阶精度的中心紧致有限差分格式($\Delta t = 0.002$)计算一维初边值问题

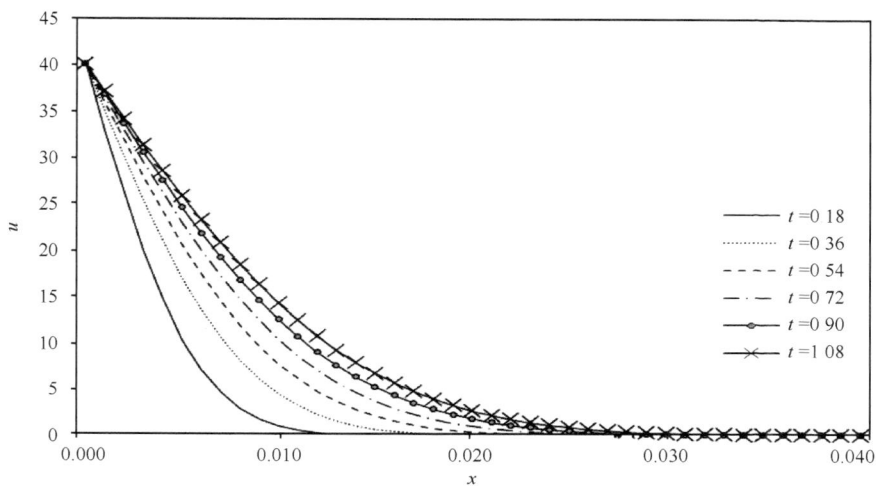

图 6.12 六阶精度的中心紧致有限差分格式($\Delta t = 0.002$)计算一维初边值问题

6.4 椭圆型方程的紧致有限差分方法

6.4.1 二维椭圆型方程的紧致有限差分格式

以二维椭圆型方程为例

$$\frac{\partial^2 f}{\partial x^2} + \frac{\partial^2 f}{\partial y^2} = R \tag{6.44}$$

下面,我们来推导二维椭圆型偏微分方程的四阶精度紧致有限差分格式,引入差分算符

$$\begin{cases} \delta_x^2 f = f_{i-1,j} - 2f_{i,j} + f_{i+1,j} \\ \delta_y^2 f = f_{i,j-1} - 2f_{i,j} + f_{i,j+1} \end{cases} \tag{6.45}$$

$$\begin{cases} \delta_x^4 f = \delta_x^2(\delta_x^2 f) = f_{i-2,j} - 4f_{i-1,j} + 6f_{i,j} - 4f_{i+1,j} + f_{i+2,j} \\ \delta_y^4 f = \delta_y^2(\delta_y^2 f) = f_{i,j-2} - 4f_{i,j-1} + 6f_{i,j} - 4f_{i,j+1} + f_{i,j+2} \end{cases} \tag{6.46}$$

对方程(6.44)式进行二阶精度离散,并写成差分算符的形式

$$\frac{\delta_x^2 f}{(\Delta x)^2} + \frac{\delta_y^2 f}{(\Delta y)^2} = R \tag{6.47}$$

再对方程(6.44)式进行四阶精度离散,并写成差分算符的形式

$$\left[\frac{\delta_x^2}{(\Delta x)^2} - \frac{\delta_x^4}{12(\Delta x)^2}\right]f + \left[\frac{\delta_y^2}{(\Delta y)^2} - \frac{\delta_y^4}{12(\Delta y)^2}\right]f = R \tag{6.48}$$

四阶精度有限差分方程(6.48)式两边都加上 $\dfrac{1}{12}\left[\dfrac{\delta_x^2\delta_y^2}{(\Delta y)^2}+\dfrac{\delta_x^2\delta_y^2}{(\Delta x)^2}\right]f$ 可得

$$\left[\dfrac{\delta_x^2}{(\Delta x)^2}-\dfrac{\delta_x^4}{12(\Delta x)^2}\right]f+\left[\dfrac{\delta_y^2}{(\Delta y)^2}-\dfrac{\delta_y^4}{12(\Delta y)^2}\right]f+$$

$$\dfrac{1}{12}\left[\dfrac{\delta_x^2\delta_y^2}{(\Delta y)^2}+\dfrac{\delta_x^2\delta_y^2}{(\Delta x)^2}\right]f=R+\dfrac{1}{12}\left[\dfrac{\delta_x^2\delta_y^2}{(\Delta y)^2}+\dfrac{\delta_x^2\delta_y^2}{(\Delta x)^2}\right]f \qquad (6.49)$$

经整理合并,得

$$\left[\dfrac{\delta_x^2}{(\Delta x)^2}+\dfrac{\delta_y^2}{(\Delta y)^2}\right]f+\dfrac{1}{12}\left[\dfrac{\delta_x^2\delta_y^2}{(\Delta y)^2}+\dfrac{\delta_x^2\delta_y^2}{(\Delta x)^2}\right]f$$

$$=R+\dfrac{\delta_x^2}{12}\left[\dfrac{\delta_x^2}{(\Delta x)^2}+\dfrac{\delta_y^2}{(\Delta y)^2}\right]f+\dfrac{\delta_y^2}{12}\left[\dfrac{\delta_x^2}{(\Delta x)^2}+\dfrac{\delta_y^2}{(\Delta y)^2}\right]f \qquad (6.50)$$

将二阶精度离散式(6.45)式代入(6.50)式,得到

$$\dfrac{\delta_x^2}{(\Delta x)^2}(12+\delta_y^2)f+\dfrac{\delta_y^2}{(\Delta y)^2}(\delta_x^2+12)f=(12+\delta_x^2+\delta_y^2)R \qquad (6.51)$$

将(6.51)式展开,经整理,得

$$\dfrac{10(f_{i+1,j}+f_{i-1,j})-2(f_{i,j+1}+f_{i,j-1})+(f_{i+1,j-1}+f_{i-1,j-1}+f_{i+1,j+1}+f_{i-1,j+1})-20f_{i,j}}{(\Delta x)^2}+$$

$$\dfrac{10(f_{i,j+1}+f_{i,j-1})-2(f_{i+1,j}+f_{i-1,j})+(f_{i+1,j-1}+f_{i-1,j-1}+f_{i+1,j+1}+f_{i-1,j+1})-20f_{i,j}}{(\Delta y)^2}$$

$$=8R_{i,j}+R_{i-1,j}+R_{i+1,j}+R_{i,j-1}+R_{i,j+1} \qquad (6.52)$$

(6.52)式就是四阶精度紧致有限差分格式。比起传统型四阶精度有限差分格式,紧致有限差分格式使用的计算模板区域较小,确保了全场迭代计算都能有较高的数值精度。

将紧致有限差分方程(6.52)式中引入松弛因子 ω,经适当整理可得紧致型有限差分的超松弛迭代方法,其表达式为

$$f_{i,j}^{k+1}=f_{i,j}^k+\omega\{\{(\Delta y)^2[10(f_{i+1,j}^k+f_{i-1,j}^{k+1})-2(f_{i,j+1}^k+f_{i,j-1}^{k+1})+(f_{i+1,j+1}^k+f_{i-1,j+1}^k+$$
$$f_{i+1,j-1}^{k+1}+f_{i-1,j-1}^{k+1})]+(\Delta x)^2[10(f_{i,j+1}^k+f_{i,j-1}^{k+1})-2(f_{i+1,j}^k+f_{i-1,j}^{k+1})+$$
$$(f_{i+1,j+1}^k+f_{i-1,j+1}^k+f_{i+1,j-1}^{k+1}+f_{i-1,j-1}^{k+1})]-(\Delta x)^2(\Delta y)^2[8R_{i,j}+R_{i-1,j}+$$
$$R_{i+1,j}+R_{i,j-1}+R_{i,j+1}]\}/20[(\Delta y)^2+(\Delta x)^2]-f_{i,j}^k\} \qquad (6.53)$$

6.4.2 三维椭圆型方程的紧致有限差分格式

对于三维椭圆型方程,我们也可以用离散二维椭圆型方程同样的方法,推导出三维椭圆型方程的四阶精度紧致有限差分格式

$$\dfrac{\partial^2 f}{\partial x^2}+\dfrac{\partial^2 f}{\partial y^2}+\dfrac{\partial^2 f}{\partial z^2}=R \qquad (6.54)$$

对方程(6.54)式进行二阶精度离散,得

第6章 紧致型有限差分方法

$$\frac{\delta_x^2 f}{(\Delta x)^2} + \frac{\delta_y^2 f}{(\Delta y)^2} + \frac{\delta_z^2 f}{(\Delta z)^2} = R \tag{6.55}$$

对方程(6.54)式进行四阶精度离散,得

$$\left[\frac{\delta_x^2}{(\Delta x)^2} - \frac{\delta_x^4}{12(\Delta x)^2}\right]f + \left[\frac{\delta_y^2}{(\Delta y)^2} - \frac{\delta_y^4}{12(\Delta y)^2}\right]f + \left[\frac{\delta_z^2}{(\Delta z)^2} - \frac{\delta_z^4}{12(\Delta z)^2}\right]f = R \tag{6.56}$$

在(6.56)式两边都加上 $\frac{1}{12}\left[\frac{\delta_x^2\delta_y^2}{(\Delta y)^2} + \frac{\delta_x^2\delta_z^2}{(\Delta z)^2} + \frac{\delta_z^2\delta_y^2}{(\Delta z)^2} + \frac{\delta_x^2\delta_y^2}{(\Delta x)^2} + \frac{\delta_x^2\delta_z^2}{(\Delta x)^2} + \frac{\delta_z^2\delta_y^2}{(\Delta y)^2}\right]$,得

$$\left[\frac{\delta_x^2}{(\Delta x)^2} - \frac{\delta_x^4}{12(\Delta x)^2}\right]f + \left[\frac{\delta_y^2}{(\Delta y)^2} - \frac{\delta_y^4}{12(\Delta y)^2}\right]f + \left[\frac{\delta_z^2}{(\Delta z)^2} - \frac{\delta_z^4}{12(\Delta z)^2}\right]f +$$
$$\frac{1}{12}\left[\frac{\delta_x^2\delta_y^2}{(\Delta y)^2} + \frac{\delta_x^2\delta_z^2}{(\Delta z)^2} + \frac{\delta_z^2\delta_y^2}{(\Delta z)^2} + \frac{\delta_x^2\delta_y^2}{(\Delta x)^2} + \frac{\delta_x^2\delta_z^2}{(\Delta x)^2} + \frac{\delta_z^2\delta_y^2}{(\Delta y)^2}\right]$$
$$= R + \frac{1}{12}\left[\frac{\delta_x^2\delta_y^2}{(\Delta y)^2} + \frac{\delta_x^2\delta_z^2}{(\Delta z)^2} + \frac{\delta_z^2\delta_y^2}{(\Delta z)^2} + \frac{\delta_x^2\delta_y^2}{(\Delta x)^2} + \frac{\delta_x^2\delta_z^2}{(\Delta x)^2} + \frac{\delta_z^2\delta_y^2}{(\Delta y)^2}\right] \tag{6.57}$$

整理,可得

$$\left[\frac{\delta_x^2}{(\Delta x)^2} + \frac{\delta_y^2}{(\Delta y)^2} + \frac{\delta_z^2}{(\Delta z)^2}\right]f +$$
$$\frac{1}{12}\left[\frac{\delta_x^2\delta_y^2}{(\Delta y)^2} + \frac{\delta_x^2\delta_z^2}{(\Delta z)^2} + \frac{\delta_z^2\delta_y^2}{(\Delta z)^2} + \frac{\delta_x^2\delta_y^2}{(\Delta x)^2} + \frac{\delta_x^2\delta_z^2}{(\Delta x)^2} + \frac{\delta_z^2\delta_y^2}{(\Delta y)^2}\right]f$$
$$= R + \frac{\delta_x^2}{12}\left[\frac{\delta_x^2}{(\Delta x)^2} + \frac{\delta_y^2}{(\Delta y)^2} + \frac{\delta_z^2}{(\Delta z)^2}\right]f +$$
$$\frac{\delta_y^2}{12}\left[\frac{\delta_x^2}{(\Delta x)^2} + \frac{\delta_y^2}{(\Delta y)^2} + \frac{\delta_z^2}{(\Delta z)^2}\right]f + \frac{\delta_z^2}{12}\left[\frac{\delta_x^2}{(\Delta x)^2} + \frac{\delta_y^2}{(\Delta y)^2} + \frac{\delta_z^2}{(\Delta z)^2}\right]f \tag{6.58}$$

将(6.55)式代入(6.58)式中,得

$$\frac{\delta_x^2}{(\Delta x)^2}(12 + \delta_y^2 + \delta_z^2)f + \frac{\delta_y^2}{(\Delta y)^2}(\delta_x^2 + 12 + \delta_z^2)f + \frac{\delta_z^2}{(\Delta z)^2}(\delta_x^2 + \delta_y^2 + 12)f$$
$$= (12 + \delta_x^2 + \delta_y^2 + \delta_z^2)R \tag{6.59}$$

又知

$$\begin{cases} \delta_x^2 f = f_{i-1,j,k} - 2f_{i,j,k} + f_{i+1,j,k} \\ \delta_y^2 f = f_{i,j-1,k} - 2f_{i,j,k} + f_{i,j+1,k} \\ \delta_z^2 f = f_{i,j,k-1} - 2f_{i,j,k} + f_{i,j,k+1} \end{cases} \tag{6.60}$$

这样,可求得

$$\frac{\delta_x^2}{(\Delta x)^2}(12 + \delta_y^2 + \delta_z^2)f = \frac{\delta_x^2}{(\Delta x)^2}(8f_{i,j,k} + f_{i,j-1,k} + f_{i,j+1,k} + f_{i,j,k-1} + f_{i,j,k+1})$$
$$= \frac{1}{(\Delta x)^2}(8f_{i-1,j,k} - 16f_{i,j,k} + 8f_{i+1,j,k} + f_{i-1,j-1,k} - 2f_{i,j-1,k} + f_{i+1,j-1,k} + f_{i-1,j+1,k} -$$
$$2f_{i,j+1,k} + f_{i+1,j+1,k} + f_{i-1,j,k-1} - 2f_{i,j,k-1} + f_{i+1,j,k-1} + f_{i-1,j,k+1} - 2f_{i,j,k+1} + f_{i+1,j,k+1})$$
$$\tag{6.61a}$$

$$\frac{\delta_y^2}{(\Delta y)^2}(\delta_x^2 + 12 + \delta_z^2)f = \frac{\delta_y^2}{(\Delta y)^2}(f_{i-1,j,k} + f_{i+1,j,k} + 8f_{i,j,k} + f_{i,j,k-1} + f_{i,j,k+1})$$

$$= \frac{1}{(\Delta y)^2}(f_{i-1,j-1,k} - 2f_{i-1,j,k} + f_{i-1,j+1,k} + f_{i+1,j-1,k} - 2f_{i+1,j,k} + f_{i+1,j+1,k} + 8f_{i,j-1,k} - 16f_{i,j,k} + 8f_{i,j+1,k} + f_{i,j-1,k-1} - 2f_{i,j,k-1} + f_{i,j+1,k-1} + f_{i,j-1,k+1} - 2f_{i,j,k+1} + f_{i,j+1,k+1})$$

$$(6.61b)$$

$$\frac{\delta_z^2}{(\Delta z)^2}(\delta_x^2 + \delta_y^2 + 12)f = \frac{\delta_z^2}{(\Delta z)^2}(f_{i-1,j,k} + f_{i+1,j,k} + f_{i,j-1,k} + f_{i,j+1,k} + 8f_{i,j,k})$$

$$= \frac{1}{(\Delta z)^2}(f_{i-1,j,k-1} - 2f_{i-1,j,k} + f_{i-1,j,k+1} + f_{i+1,j,k-1} - 2f_{i+1,j,k} + f_{i+1,j,k+1} + f_{i,j-1,k-1} - 2f_{i,j-1,k} + f_{i,j-1,k+1} + f_{i,j+1,k-1} - 2f_{i,j+1,k} + f_{i,j+1,k+1} + 8f_{i,j,k-1} - 16f_{i,j,k} + 8f_{i,j,k+1})$$

$$(6.61c)$$

$$(12 + \delta_x^2 + \delta_y^2 + \delta_z^2)R = 6R_{i,j,k} + R_{i-1,j,k} + R_{i+1,j,k} + R_{i,j-1,k} + R_{i,j+1,k} + R_{i,j,k-1} + R_{i,j,k+1} \qquad (6.61d)$$

将(6.61a)式、(6.61b)式、(6.61c)式以及(6.61d)式代入(6.59)式,得

$$\frac{1}{(\Delta x)^2}(8f_{i-1,j,k} - 16f_{i,j,k} + 8f_{i+1,j,k} + f_{i-1,j-1,k} - 2f_{i,j-1,k} + f_{i+1,j-1,k} + f_{i-1,j+1,k} - 2f_{i,j+1,k} + f_{i+1,j+1,k} + f_{i-1,j,k-1} - 2f_{i,j,k-1} + f_{i+1,j,k-1} + f_{i-1,j,k+1} - 2f_{i,j,k+1} + f_{i+1,j,k+1}) +$$

$$\frac{1}{(\Delta y)^2}(f_{i-1,j-1,k} - 2f_{i-1,j,k} + f_{i-1,j+1,k} + f_{i+1,j-1,k} - 2f_{i+1,j,k} + f_{i+1,j+1,k} + 8f_{i,j-1,k} - 16f_{i,j,k} + 8f_{i,j+1,k} + f_{i,j-1,k-1} - 2f_{i,j,k-1} + f_{i,j+1,k-1} + f_{i,j-1,k+1} - 2f_{i,j,k+1} + f_{i,j+1,k+1}) +$$

$$\frac{1}{(\Delta z)^2}(f_{i-1,j,k-1} - 2f_{i-1,j,k} + f_{i-1,j,k+1} + f_{i+1,j,k-1} - 2f_{i+1,j,k} + f_{i+1,j,k+1} + f_{i,j-1,k-1} - 2f_{i,j-1,k} + f_{i,j-1,k+1} + f_{i,j+1,k-1} - 2f_{i,j+1,k} + f_{i,j+1,k+1} + 8f_{i,j,k-1} - 16f_{i,j,k} + 8f_{i,j,k+1})$$

$$= 6R_{i,j,k} + R_{i-1,j,k} + R_{i+1,j,k} + R_{i,j-1,k} + R_{i,j+1,k} + R_{i,j,k-1} + R_{i,j,k+1} \qquad (6.62)$$

(6.62)式表示三维椭圆型方程具有四阶精度的紧致有限差分格式。与传统型的四阶精度有限差分格式相比较,紧致型有限差分格式同样具有较小的计算模板。

将三维椭圆型方程具有四阶精度的紧致有限差分方程(6.62)式,并引入超松弛因子ω,经整理合并,可得三维椭圆型方程具有四阶精度的紧致有限差分的超松弛迭代方法,其数学表达式为

$$f_{i,j,k}^{K+1} = f_{i,j,k}^K + \omega$$

$$\{\{(\Delta y \Delta z)^2(8f_{i-1,j,k}^K - 8f_{i+1,j,k}^K + f_{i-1,j-1,k}^K - 2f_{i,j-1,k}^K + f_{i+1,j-1,k}^K + f_{i-1,j+1,k}^K - 2f_{i,j+1,k}^K + f_{i+1,j+1,k}^K + f_{i-1,j,k-1}^K - 2f_{i,j,k-1}^K + f_{i+1,j,k-1}^K + f_{i-1,j,k+1}^K - 2f_{i,j,k+1}^K + f_{i+1,j,k+1}^K) +$$

$$(\Delta x \Delta z)^2(f_{i-1,j-1,k}^K - 2f_{i-1,j,k}^K + f_{i-1,j+1,k}^K + f_{i+1,j-1,k}^K - 2f_{i+1,j,k}^K + f_{i+1,j+1,k}^K + 8f_{i,j-1,k}^K + 8f_{i,j+1,k}^K + f_{i,j-1,k-1}^K - 2f_{i,j,k-1}^K + f_{i,j+1,k-1}^K + f_{i,j-1,k+1}^K - 2f_{i,j,k+1}^K + f_{i,j+1,k+1}^K) +$$

$$(\Delta x \Delta y)^2(f_{i-1,j,k-1}^K - 2f_{i-1,j,k}^K + f_{i-1,j,k+1}^K + f_{i+1,j,k-1}^K - 2f_{i+1,j,k}^K + f_{i+1,j,k+1}^K + f_{i,j-1,k-1}^K -$$

$$2f^K_{i,j-1,k} + f^K_{i,j-1,k+1} + f^K_{i,j+1,k-1} - 2f^K_{i,j+1,k} + f^K_{i,j+1,k+1} + 8f^K_{i,j,k-1} + 8f^K_{i,j,k+1}) -$$
$$(\Delta x \Delta y \Delta z)^2 (6R_{i,j,k} + R_{i-1,j,k} + R_{i+1,j,k} + R_{i,j-1,k} + R_{i,j+1,k} + R_{i,j,k-1} + R_{i,j,k+1})/$$
$$16[(\Delta y \Delta z)^2 + (\Delta x \Delta z)^2 + (\Delta x \Delta y)^2] - f^K_{i,j,k} \quad (6.63)$$

6.4.3 算例数值结果的比较与分析

采用四阶精度的紧致型有限差分格式来求解椭圆型方程,并与传统型有限差分格式的数值计算进行比较。

二维椭圆型方程为

$$\begin{cases} \dfrac{\partial^2 f}{\partial x^2} + \dfrac{\partial^2 f}{\partial y^2} = R(x,y) & (x,y) \in D \\ f(x,y) = g(x,y) & (x,y) \in \partial D \end{cases} \quad (6.64)$$

边界条件为第一类边界条件,即

$$f(x,y) = g(x,y) = e^{x+y} \quad (6.65)$$

式中 $R(x,y) = 2e^{x+y}$;定义域 $(D):x \in [0,1]$ 和 $y \in [0,1]$。

(1) 四阶精度中心紧致型有限差分格式的超松弛迭代法

$$f^{k+1}_{i,j} = f^k_{i,j} + \omega\{\{(\Delta y)^2 [10(f^{k+1}_{i+1,j} + f^{k+1}_{i-1,j}) - 2(f^k_{i,j+1} + f^k_{i,j-1}) + (f^k_{i+1,j+1} + f^k_{i-1,j+1} + f^{k+1}_{i+1,j-1} + f^{k+1}_{i-1,j-1})] + (\Delta x)^2 [10(f^k_{i,j+1} + f^{k+1}_{i,j-1}) - 2(f^k_{i+1,j} + f^{k+1}_{i-1,j}) + (f^k_{i+1,j+1} + f^k_{i-1,j+1} + f^{k+1}_{i+1,j-1} + f^{k+1}_{i-1,j-1})] - (\Delta x)^2 (\Delta y)^2 [8R_{i,j} + R_{i-1,j} + R_{i+1,j} + R_{i,j-1} + R_{i,j+1}]\}/20[(\Delta y)^2 + (\Delta x)^2] - f^k_{i,j}\}$$

(2) 四阶精度中心传统型有限差分格式的超松弛迭代法

$$f^{k+1}_{i,j} = f^k_{i,j} + \omega\{\{(\Delta y)^2 [-(f^{k+1}_{i-2,j} + f^k_{i+2,j}) + 16(f^{k+1}_{i-1,j} + f^k_{i+1,j})] + (\Delta x)^2 [-(f^{k+1}_{i,j-2} + f^k_{i,j+2}) + 16(f^{k+1}_{i,j-1} + f^k_{i,j+1})] - (\Delta x)^2 (\Delta y)^2 R_{i,j}\}/30[(\Delta x)^2 + (\Delta y)^2] - f^k_{i,j}\}$$

从图 6.13 和表 6.1 可知,即使是相同精度的迭代格式,紧致型有限差分格式依然优于中心传统型差分格式。但是在对椭圆型方程的数值计算过程中还发现,当边界条件为第一类边界问题时,无论迭代次数还是计算精度紧致型有限差分格式都要优越于具有相同阶精度的中心传统型差分格式;当边界条件为第二类边界问题时,紧致型有限差分格式要明显优越于具有相同精度的中心传统型有限差分格式,其计算速度和精度要远高于中心传统型有限差分。

表 6.1　四阶紧致有限差分与四阶中心传统型差分格式数值计算比较

松弛因子 (ω)	四阶紧致型差分有限格式		四阶中心传统型有限差分格式	
	迭代次数(N)	误差	迭代次数(N)	误差
0.1	27274	6.00E-4	39771	9.07E-4
0.2	14722	2.73E-4	21046	4.25E-4
0.3	9791	1.77E-4	14064	2.70E-4
0.4	7272	1.24E-4	10379	1.77E-4
0.5	5642	9.30E-5	7053	1.41E-4
0.6	4516	7.17E-5	6457	1.09E-4
0.7	3671	5.73E-5	5276	7.62E-5
0.7	3044	4.59E-5	4360	6.97E-5
0.9	2534	3.72E-5	3636	5.63E-5
1.0	2116	3.03E-5	3044	4.53E-5
1.1	1770	2.42E-5	2540	3.77E-5
1.2	1471	1.97E-5	2117	3.00E-5
1.3	1212	1.59E-5	1752	2.34E-5
1.4	977	1.23E-5	1423	1.76E-5
1.5	776	9.47E-6	1133	1.46E-5
1.6	603	6.96E-6	774	1.04E-5
1.7	437	4.55E-6	633	7.17E-6
1.7	277	2.43E-6	406	4.06E-6
1.9	147	1.63E-7	173	1.22E-6

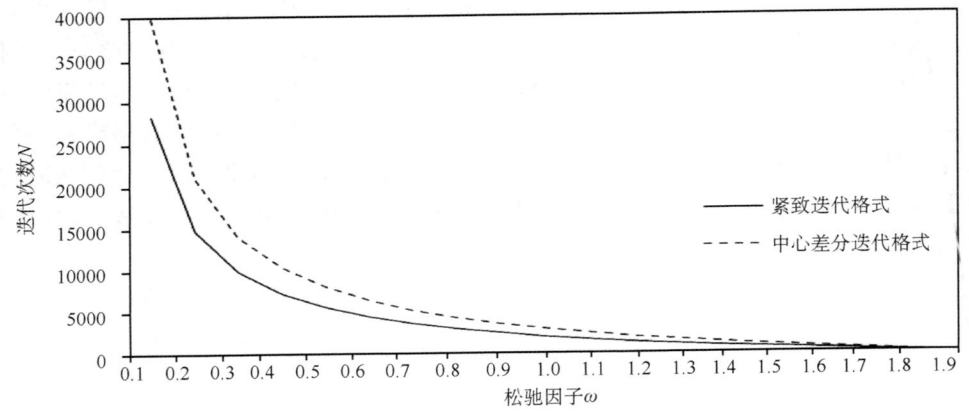

图 6.13　四阶紧致有限差分与四阶中心传统型差分格式数值计算的
超松弛因子与收敛次数关系比较

本章习题

1. 求解线性问题,其方程为

$$\frac{\partial u}{\partial t} + f\frac{\partial u}{\partial x} = 0, f = 40\pi$$

初始条件:当 $t=0.0$ 时,$u(x,0) = 2\exp\left[-\left(\frac{x-3\pi}{\pi/2}\right)^2\right]$

边界条件:当 $t \geqslant 0.0$ 时,$\begin{cases} u(0.0,t) = 0.0 & x=0.0 \\ u(30.0,t) = 0.0 & x=30.0 \end{cases}$

时间导数离散采用修正后四阶 Runge-Kutta 格式,空间离散采用四阶和六阶紧致有限差分格式以及迎风紧致格式。网格间距选取 $\Delta x = (10\pi)/50$,时间步长根据 Courant 数确定,建议选取 Courant 数为 $c=1.0, c=0.5, c=0.25$。计算区域为 $0.0 \leqslant x \leqslant 30.0$。计算总时间为 $t=0.1$ 观察数值计算结果。

2. 假设有一个三角形波自左向右沿 x 轴正方向以 200 m/s 的速度在传播。传播方程:

$$\frac{\partial u}{\partial t} + a\frac{\partial u}{\partial x} = 0$$

三角形波为等腰三角形,高 20 m,底边长 20 m。计算域为 $x \in [0,70], a = 200$ m/s;

初始条件:当 $t=0.0$ s 时,$\begin{cases} u(x,0.0) = 0.0 & 0.0 \text{ m} \leqslant x \leqslant 5.0 \text{ m} \\ u(x,0.0) = 2.0(x-5.0) & 5.0 \text{ m} < x \leqslant 15.0 \text{ m} \\ u(x,0.0) = 2.0(25.0-x) & 15.0 \text{ m} < x \leqslant 25.0 \text{ m} \\ u(x,0.0) = 0.0 & 25.0 \text{ m} < x < 70.0 \text{ m} \end{cases}$

边界条件:当 $t \geqslant 0.0$ s 时,$\begin{cases} u(0.0,t) = 0.0 & x=0.0 \text{ m} \\ u(70.0,t) = 0.0 & x=70.0 \text{ m} \end{cases}$

计算总时间为 0.15 s。计算网格间距可取 $\Delta x = 1.0$ m。时间导数离散采用修正后四阶 Runge-Kutta 格式,空间离散采用四阶和六阶紧致格式以及迎风紧致格式。观察不同时间步长的计算结果影响,时间步长建议选用 $\Delta t = 0.0025$ s,$\Delta t = 0.00125$ s。

第 7 章　不可压缩流体运动的直接数值模拟

计算流体力学中,有限差分方法的发展随着高速计算机的发展和模拟物理问题的复杂程度的深入而迅速发展。在过去的三四十年中,数值计算用于湍流问题的研究已经取得了突破性的进展,某些典型问题得到了与实验相一致的定量结果,而且还发现了一些新的机理。Qrszag 等人早在 20 世纪 70 年代就设计出了高精度的谱方法,并用此方法成功地计算了转捩问题;Rai 和 Moin(1991)、Moin 和 Kim 用差分方法较好地模拟了槽道湍流问题。到目前为止,大多数直接数值模拟主要是采用周期性边界条件的谱方法、传统型的有限差分法、有限元法、边界元法、有限体积法和紧致有限差分的方法来研究湍流极其复杂流动的物理问题。任何复杂的湍流运动都服从基本的守恒定律,数值求解 Navier-Stokes 方程可以在计算机上模拟任何湍流运动,从而来预测层流向湍流转捩的机制以及演化规律。这种通过数值求解 Navier-Stokes 方程来研究湍流的方法通常称为直接数值模拟(Direct Numerical Simulation,简称 DNS)。

下面我们可以简单地估算一下完成直接数值模拟所需要的网格数量。直接数值模拟的对象包含最大尺度到最小尺度的湍流运动。若湍流的最小尺度可参考科尔莫哥罗夫(Kolmogorov)长度 η,而其最大尺度可参考边界层厚度 δ。为了能够分辨出最小尺度的涡,则对应的最小尺度 Kolmogorov 长度 η 每个方向上至少要有 6 个网格。假设最小尺度 η 上有 6 个网格,这样可以得出所需要的总的网格数量 N 与 η,δ 的关系式。

$$N = \left(6\frac{\delta}{\eta}\right)^3 = 216\left(\frac{\delta}{\eta}\right)^3 \tag{7.1}$$

$$\eta = \left(\frac{v^3\delta}{U_0^3}\right)^{\frac{1}{4}} \tag{7.2}$$

以及雷诺数的定义:

$$Re = \frac{U_0\delta}{v} \tag{7.3}$$

将(7.2)式代入(7.1)式,整理可得网格总数与雷诺数之间的关系为

$$N = 216Re^{9/4} \tag{7.4}$$

从上式可以看到,直接数值模拟随着雷诺数的增大计算所需要的网格数也要大幅增加,当 $Re=1000$ 时,所需要的网格数量就达到了 $N\sim1.2\times10^9$。在实际计算中所用的网格数量会远远大于这个值,例如平板边界层计算区域的流向长度是边界层

厚度 δ 的数百倍之多。综上所述,直接数值模拟只能用于一些雷诺数较小的湍流问题研究。

在过去的几十年中,发展了很多种近似方法来求解湍流运动。这些近似方法大都是从流动的平均物理性质入手,并且假设高频扰动部分(小尺度脉动)与平均流动之间存在着简单的关系,这些简单关系就是著名的湍流模型。湍流模型最初都是相对于实际工程计算较为理想的流动实验中分析得到的。由于湍流模型只是近似求解湍流运动的方法,因此没有一种湍流模型具有捕捉所有尺度湍流的能力。湍流模型只能用于一些对精度没有很高要求的工程问题。另外,还有一种湍流模拟方法就是大涡模拟(Large Eddy Simulation,简称为 LES),即直接模拟流动中的大尺度结构,滤波得到的小尺度涡则由亚网格模型进行计算。相对于大尺度涡,小尺度涡具有更为相似且简单的结构,因此湍流模型更加适合于小尺度涡的计算。既然在大涡模拟中小尺度涡由湍流模型计算,那么网格的间距将大于湍流最小尺度 Kolmogorov 长度 η。这意味着计算所需网格数量会大大减少,使得大涡模拟能够使用于比直接数值模拟更大的雷诺数的数值计算问题。本章着重讨论不可压缩流体 Navier-Stokes 方程的时间分裂格式、龙格—库塔格式以及空间偏导数的高精度、高分辨率的紧致型有限差分格式。

7.1 经典有限差分格式的数值方法

基本方程为二维不可压缩的无量纲的 Navier-Stokes 方程

$$\frac{\partial u}{\partial x}+\frac{\partial v}{\partial y}=0 \tag{7.5a}$$

$$\frac{\partial u}{\partial t}+u\frac{\partial u}{\partial x}+v\frac{\partial u}{\partial y}+\frac{\partial p}{\partial x}=\frac{1}{Re}\left(\frac{\partial^{2} u}{\partial x^{2}}+\frac{\partial^{2} u}{\partial y^{2}}\right) \tag{7.5b}$$

$$\frac{\partial v}{\partial t}+u\frac{\partial v}{\partial x}+v\frac{\partial v}{\partial y}+\frac{\partial p}{\partial y}=\frac{1}{Re}\left(\frac{\partial^{2} v}{\partial x^{2}}+\frac{\partial^{2} v}{\partial y^{2}}\right) \tag{7.5c}$$

数值方法:时间导数采用一阶精度向前差分的显式格式推进,空间导数采用二阶精度的中心差分和一阶精度的迎风差分格式进行离散。对于不可压缩 Navier-Stokes 方程的求解过程分为两步:1)动量方程的显式推进;2)压力泊松方程的求解。

(1)动量方程的显式推进

为讨论问题的简单起见,以 x 方向动量方程为例进行讨论

$$\frac{\partial u}{\partial t}+u\frac{\partial u}{\partial x}+v\frac{\partial u}{\partial y}+\frac{\partial p}{\partial x}=\frac{1}{Re}\left(\frac{\partial^{2} u}{\partial x^{2}}+\frac{\partial^{2} u}{\partial y^{2}}\right) \tag{7.5b}$$

将 x 方向动量方程改写成如下形式

$$\frac{\partial u}{\partial t} = \frac{1}{Re}\left(\frac{\partial^2 u}{\partial x^2} + \frac{\partial^2 u}{\partial y^2}\right) - \frac{\partial p}{\partial x} - \left(u\frac{\partial u}{\partial x} + v\frac{\partial u}{\partial y}\right)$$
$$\Downarrow \qquad \Downarrow \qquad \Downarrow \qquad \Downarrow$$
$$1 \qquad 2 \qquad 3 \qquad 4 \tag{7.6}$$

①时间导数项采用一阶精度的显式格式离散

$$\frac{\partial u}{\partial t} = \frac{u_{i,j}^{n+1} - u_{i,j}^n}{\Delta t} \tag{7.7}$$

②黏性项采用二阶精度的中心差分格式进行离散

$$\frac{\partial^2 u}{\partial x^2} = \frac{u_{i+1,j}^n - 2u_{i,j}^n + u_{i-1,j}^n}{(\Delta x)^2}; \frac{\partial^2 u}{\partial y^2} = \frac{u_{i,j+1}^n - 2u_{i,j}^n + u_{i,j-1}^n}{(\Delta y)^2} \tag{7.8}$$

③压力项采用二阶精度的中心差分格式进行离散 $\dfrac{\partial p}{\partial x} = \dfrac{p_{i+1,j}^n - p_{i-1,j}^n}{2\Delta x}$ (7.9)

④对流项 $u\dfrac{\partial u}{\partial x} + v\dfrac{\partial u}{\partial y}$，则采用一阶精度的显式迎风格式进行离散

$$\begin{cases} u\dfrac{\partial u}{\partial x} = u_{i,j}^n \dfrac{u_{i,j}^n - u_{i-1,j}^n}{\Delta x} & u > 0 \\ u\dfrac{\partial u}{\partial x} = u_{i,j}^n \dfrac{u_{i+1,j}^n - u_{i,j}^n}{\Delta x} & u < 0 \end{cases}; \begin{cases} v\dfrac{\partial u}{\partial y} = v_{i,j}^n \dfrac{u_{i,j}^n - u_{i,j-1}^n}{\Delta y} & v > 0 \\ v\dfrac{\partial u}{\partial y} = v_{i,j}^n \dfrac{u_{i,j+1}^n - u_{i,j}^n}{\Delta y} & v < 0 \end{cases}$$
(7.10)

将上述差分格式代入到(7.6)式，得如下表达式

$$\frac{u_{i,j}^{n+1} - u_{i,j}^n}{\Delta t} = \frac{1}{Re}\left[\frac{u_{i+1,j}^n - 2u_{i,j}^n + u_{i-1,j}^n}{(\Delta x)^2} + \frac{u_{i,j+1}^n - 2u_{i,j}^n + u_{i,j-1}^n}{(\Delta y)^2}\right] - \frac{p_{i+1,j}^n - p_{i-1,j}^n}{2\Delta x} -$$
$$\left(\frac{u_{i,j}^n + |u_{i,j}^n|}{2}\frac{u_{i,j}^n - u_{i-1,j}^n}{\Delta x} + \frac{u_{i,j}^n - |u_{i,j}^n|}{2}\frac{u_{i+1,j}^n - u_{i,j}^n}{\Delta x} + \right.$$
$$\left.\frac{v_{i,j}^n + |v_{i,j}^n|}{2}\frac{u_{i,j}^n - u_{i,j-1}^n}{\Delta y} + \frac{v_{i,j}^n - |v_{i,j}^n|}{2}\frac{u_{i,j+1}^n - u_{i,j}^n}{\Delta y}\right) \tag{7.11}$$

数值计算(7.11)式，可得 $u_{i,j}^{n+1}$ 的值；然而，采用同样的方法可求得 $v_{i,j}^{n+1}$ 的值。

(2) 压力泊松方程的求解

在求得速度场 $u_{i,j}^{n+1}$，$v_{i,j}^{n+1}$ 后，还需要求解压力的泊松方程才能获得 $p_{i,j}^{n+1}$。将 x 方向和 y 方向动量方程分别求 $\dfrac{\partial}{\partial x}$ 和 $\dfrac{\partial}{\partial y}$ 偏导数，然后将它们相加得压力泊松方程

$$\frac{\partial^2 p}{\partial x^2} + \frac{\partial^2 p}{\partial y^2} = \frac{\partial}{\partial x}\left[\frac{1}{Re}\left(\frac{\partial^2 u}{\partial x^2} + \frac{\partial^2 u}{\partial y^2}\right) - \left(\frac{\partial u}{\partial t} + u\frac{\partial u}{\partial x} + v\frac{\partial u}{\partial y}\right)\right] +$$
$$\frac{\partial}{\partial y}\left[\frac{1}{Re}\left(\frac{\partial^2 v}{\partial x^2} + \frac{\partial^2 v}{\partial y^2}\right) - \left(\frac{\partial v}{\partial t} + u\frac{\partial v}{\partial x} + v\frac{\partial v}{\partial y}\right)\right] \tag{7.12}$$

整理，可得

$$\frac{\partial^2 p}{\partial x^2} + \frac{\partial^2 p}{\partial y^2} = \frac{\partial \phi_x}{\partial x} + \frac{\partial \phi_y}{\partial y} - \frac{\partial}{\partial t}\left(\frac{\partial u}{\partial x} + \frac{\partial v}{\partial y}\right)$$
$$\Downarrow \qquad\qquad \Downarrow \qquad\qquad \Downarrow$$
$$1 \qquad\qquad 2 \qquad\qquad 3 \tag{7.13}$$

其中，
$$\begin{cases} \phi_x = \dfrac{1}{Re}\left(\dfrac{\partial^2 u}{\partial x^2}+\dfrac{\partial^2 u}{\partial y^2}\right)-\left(u\dfrac{\partial u}{\partial x}+v\dfrac{\partial u}{\partial y}\right) \\ \phi_y = \dfrac{1}{Re}\left(\dfrac{\partial^2 v}{\partial x^2}+\dfrac{\partial^2 v}{\partial y^2}\right)-\left(u\dfrac{\partial v}{\partial x}+v\dfrac{\partial v}{\partial y}\right) \end{cases} \quad (7.14)$$

① 压力项采用二阶精度中心差分格式离散

$$\frac{\partial^2 p}{\partial x^2}+\frac{\partial^2 p}{\partial y^2}=\frac{p_{i+1,j}^{n+1}-2p_{i,j}^{n+1}+p_{i-1,j}^{n+1}}{(\Delta x)^2}+\frac{p_{i,j+1}^{n+1}-2p_{i,j}^{n+1}+p_{i,j-1}^{n+1}}{(\Delta y)^2} \quad (7.15)$$

② $\dfrac{\partial \phi_x}{\partial x}+\dfrac{\partial \phi_y}{\partial y}$ 项采用二阶精度中心差分格式离散

$$\frac{\partial \phi_x}{\partial x}+\frac{\partial \phi_y}{\partial y}=\frac{(\phi_x)_{i+1,j}^{n+1}-(\phi_x)_{i-1,j}^{n+1}}{2\Delta x}+\frac{(\phi_y)_{i,j+1}^{n+1}-(\phi_y)_{i,j-1}^{n+1}}{2\Delta y} \quad (7.16)$$

式中 ϕ_x 和 ϕ_y 中的黏性项和对流项分别采用二阶精度中心差分格式和一阶精度显式迎风格式进行数值计算。

③ $\dfrac{\partial}{\partial t}\left(\dfrac{\partial u}{\partial x}+\dfrac{\partial v}{\partial y}\right)$ 的数值计算描述如下：

由连续性方程可知，$\dfrac{\partial u}{\partial x}+\dfrac{\partial v}{\partial y}=0$。但在实际计算过程中，若取 $\dfrac{\partial}{\partial t}\left(\dfrac{\partial u}{\partial x}+\dfrac{\partial v}{\partial y}\right)$ 等于零时，在压力的计算过程中将会产生数值不稳定，甚至导致数值计算无法进行。所以，我们将保留 n 时间步动量方程推进获得的散度，而将下一步 $n+1$ 的散度场强制为零来满足连续性方程。具体数值计算过程，作如下处理，即

$$\frac{\partial}{\partial t}\left(\frac{\partial u}{\partial x}+\frac{\partial v}{\partial y}\right)=\left[\left(\frac{\partial u}{\partial x}+\frac{\partial v}{\partial y}\right)^{n+1}-\left(\frac{\partial u}{\partial x}+\frac{\partial v}{\partial y}\right)^n\right]\Big/\Delta t=-\left(\frac{\partial u}{\partial x}+\frac{\partial v}{\partial y}\right)^n\Big/\Delta t \quad (7.17)$$

将上述差分格式代入到(7.13)式，得如下表达式

$$\begin{aligned}&\frac{p_{i+1,j}^{n+1}-2p_{i,j}^{n+1}+p_{i-1,j}^{n+1}}{(\Delta x)^2}+\frac{p_{i,j+1}^{n+1}-2p_{i,j}^{n+1}+p_{i,j-1}^{n+1}}{(\Delta y)^2}\\&=\frac{(\phi_x)_{i+1,j}^{n+1}-(\phi_x)_{i-1,j}^{n+1}}{2\Delta x}+\frac{(\phi_y)_{i,j+1}^{n+1}-(\phi_y)_{i,j-1}^{n+1}}{2\Delta y}+\left(\frac{\partial u}{\partial x}+\frac{\partial v}{\partial y}\right)^n\Big/\Delta t\end{aligned} \quad (7.18)$$

通过 Gauss-Seidel 迭代法，获得 $n+1$ 时间步的压力项 $p_{i,j}^{n+1}$，完成压力项计算。

依次反复循环，获得所需要的结果为止。为便于学生自学和练习，这里给出了经典有限差分格式来数值求解二维不可压缩无量纲 Navier-Stokes 方程的源程序(详见附录Ⅷ)。

7.2 混合显—隐相结合的数值方法

7.2.1 时间分裂法

对于基本方程(1.3d)式中的时间偏导数，采用 Karniadakis 等(1991)提出的混

合显-隐的时间分裂格式,具体离散过程可分解为下列三个步骤

$$\frac{\boldsymbol{V}' - \sum_{q=0}^{J_i-1} \alpha_q \boldsymbol{V}^{n-q}}{\Delta t} = -\sum_{q=0}^{J_e-1} \beta_q [(\boldsymbol{V}^{n-q} \cdot \boldsymbol{\nabla})\boldsymbol{V}^{n-q}] \tag{7.19}$$

$$\frac{\boldsymbol{V}'' - \boldsymbol{V}'}{\Delta t} = \boldsymbol{\nabla} p^{n+1}, \boldsymbol{\nabla} \cdot \boldsymbol{V}'' = 0 \tag{7.20}$$

$$\frac{\gamma_0 \boldsymbol{V}^{n+1} - \boldsymbol{V}''}{\Delta t} = -\frac{1}{Re} \boldsymbol{\nabla}^2 \boldsymbol{V}'' \tag{7.21}$$

上述基本方程称为混合显—隐的时间推进格式,也称为三阶精度的 Adams 方法。该方法是三步依序推进的方法,它不能直接起动开始。一般先用传统型一阶精度、二阶精度的有限差分格式开始计算,计算几个时间步长后,再用混合显—隐的时间分裂格式向前推进。

在(7.19)～(7.21)式中,$\boldsymbol{V} = \{u,v,w\}^T$ 为速度场,$\boldsymbol{V}' = \{u',v',w'\}^T$ 和 $\boldsymbol{V}'' = \{u'', v'', w''\}^T$ 为中间速度场,$\boldsymbol{\nabla} = \left\{\frac{\partial}{\partial x}, \frac{\partial}{\partial y}, \frac{\partial}{\partial z}\right\}$ 为梯度算子,$\boldsymbol{\nabla}^2 = \frac{\partial^2}{\partial x^2} + \frac{\partial^2}{\partial y^2} + \frac{\partial^2}{\partial z^2}$ 为拉普拉斯算子,Re 为雷诺数,J_i, J_e 为格式精度的参数,$\alpha_q, \beta_q, \gamma_0$ 是适当权数。对于上述时间分裂方法,逼近不同时间偏导数的精度所对应着的参数是不同的,现将这些对应的参数归纳于表 7.1。

表 7.1 混合显—隐格式的精度对应的参数关系

系数	一阶精度	二阶精度	三阶精度
γ_0	1	3/2	11/6
α_0	1	2	3
α_1	0	$-1/2$	$-3/2$
α_2	0	0	1/3
β_0	1	2	3
β_1	0	-1	-3
β_2	0	0	1
J_e	1	2	3
J_i	1	2	3

对于该格式的具体推导过程,可见 Karniadakis 等(1991)的文章。该格式的优点是当时间求积的精度增加时,分裂格式的稳定性几乎保持不变,并且很容易构造三阶或更高阶精度的格式,在相对比较大的 CFL(Courant)数时,仍保持稳定。

对(7.19)式、(7.20)式以及(7.21)式的具体计算步骤为:第一步采用一阶精度推进,第二步采用二阶精度推进,第三步采用三阶精度推进。

7.2.2 空间偏导数的数值离散

对(7.19)~(7.21)式中的空间偏导数的数值离散如下：

(1) 为了减少计算量将在 z 方向采用 Fourier 谱展开

若用函数 $\varphi(x,y,z,t)$ 表示流场中的物理量，则函数 $\varphi(x,y,z,t)$ 的 Fourier 谱展开式为

$$\varphi(x,y,z,t) = \sum_{m=-\frac{N}{2}}^{\frac{N}{2}-1} \varphi_m(x,y,t) e^{-1m\beta z} \tag{7.22}$$

式中 $m=-\dfrac{N}{2},\cdots,\dfrac{N}{2}-1$；$N$ 是截断误差的阶数，β 为展向波数。同理，可将物理量 u，v，w，p 等都可按此式展开。

对方程(7.19)式中的非线性项 $(\boldsymbol{V}\cdot\boldsymbol{\nabla})\boldsymbol{V}$ 进行 Fourier 谱展开，其数学表达式为

$$(\boldsymbol{V}\cdot\boldsymbol{\nabla})\boldsymbol{V} = \sum_{m=-\frac{N}{2}}^{\frac{N}{2}-1} F_m[(\boldsymbol{V}\cdot\boldsymbol{\nabla})\boldsymbol{V}] e^{-1m\beta z} \tag{7.23}$$

式中 $F_m[(\boldsymbol{V}\cdot\boldsymbol{\nabla})\boldsymbol{V}]$ 为方程(7.19)式中的非线性项 $(\boldsymbol{V}\cdot\boldsymbol{\nabla})\boldsymbol{V}$ 作傅里叶谱展开所获得的系数项。

(2) 非线性对流项的数值离散

在谱空间中的非线性项 $F_m[(\boldsymbol{V}\cdot\boldsymbol{\nabla})\boldsymbol{V}]$ 的数值计算，首先将谱空间的速度转变为物理空间的速度，再在物理空间上计算非线性项 $(\boldsymbol{V}\cdot\boldsymbol{\nabla})\boldsymbol{V}$；然后将非线性项 $(\boldsymbol{V}\cdot\boldsymbol{\nabla})\boldsymbol{V}$ 进行傅里叶谱展开，得谱空间 $F_m[(\boldsymbol{V}\cdot\boldsymbol{\nabla})\boldsymbol{V}]$ 的量；在每步时间推进时，依次循环计算上述过程。

在复杂湍流的数值计算中，用一般有限差分格式来逼近对流项时，其差分格式的精度和分辨率都较低，则将会扭曲真实的流体运动。本章引用傅德薰和马延文(2002)构建的五阶精度的迎风紧致有限差分格式来逼近对流项。

为讨论问题的简单起见，以 $u\dfrac{\partial u}{\partial x}$ 为例。当 $u>0$ 时，令 $F=\dfrac{\partial u}{\partial x}$；当 $u<0$ 时，令 $E=\dfrac{\partial u}{\partial x}$。五阶精度的迎风紧致型有限差分格式为

$$\frac{u+|u|}{2}F + \frac{u-|u|}{2}E \tag{7.24}$$

在这里，$3F_i + 2F_{i-1} = \delta_x^- u_i^+$，$u>0$；$2E_{i+1} + 3E_i = \delta_x^+ u_i^-$，$u<0$

其中

$$u_i^+ = \frac{-u_{i+2} + 11u_{i+1} + 47u_i + 3u_{i-1}}{12}$$

$$u_i^- = \frac{-u_{i-2} + 11u_{i-1} + 47u_i + 3u_{i+1}}{12}$$

$$\delta_x^+ u_i = \frac{u_{i+1} - u_i}{\Delta x}$$

$$\delta_x^- u_i = -\frac{u_{i-1} - u_i}{\Delta x}$$

另外,在上述表达式中,i 表示网格节点处的位置标号。

对于边界点的下标为 $i=1$ 和 $i=M$ 的点,分别表示为流场进口和出口的位置,采用单边插值的二阶精度有限差分格式进行数值计算,其表达式为

$$F_1 = \frac{1}{2\Delta x}(-u_3 + 4u_2 - 3u_1) \tag{7.25}$$

$$E_M = \frac{1}{2\Delta x}(3u_M - 4u_{M-1} + u_{M-2}) \tag{7.26}$$

对于邻近的边界点的下标为 $i=2$ 和 $i=M-1$ 的点,采用三阶精度的紧致型有限差分格式,其数学表达式为

$$2F_2 + F_1 = \frac{1}{2\Delta x}(u_3 + 4u_2 - 5u_1) \tag{7.27}$$

$$E_M + 2E_{M-1} = \frac{1}{2\Delta x}(5u_M - 4u_{M-1} - u_{M-2}) \tag{7.28}$$

对于方程(7.19)式中的其他对流项可作上述相类似的推导,考虑到内容的重复叙述省略其推导,这样离散后的方程(7.19)式就变成了迎风紧致型有限差分的代数方程组,从该代数方程组就很容易地求得中间速度场 $\boldsymbol{u}'$。

(3) 压力亥姆霍兹(Helmholtz)方程

为了使流场满足连续性方程,对方程(7.20)式取散度,并考虑到物理量的 Fourier 谱展开,整理可得压力 Helmholtz 方程。

压力 Helmholtz 方程的数学表达式为

$$\nabla_m^2 p_m = \frac{\nabla_m \cdot \boldsymbol{V}_m}{\Delta t} \tag{7.29}$$

其中

$$\nabla_m = \left\{ \frac{\partial}{\partial x}, \frac{\partial}{\partial y}, -\mathrm{I}m\beta \right\}$$

$$\nabla_m^2 = \left\{ \frac{\partial^2}{\partial x^2} + \frac{\partial^2}{\partial y^2} - m^2\beta^2 \right\}$$

令

$$b = m^2\beta^2, \Phi = p_m, f = \frac{\nabla_m \cdot \boldsymbol{V}'_m}{\Delta t}$$

这样就获得了压力函数 Φ 所满足的 Helmholtz 方程为

$$\frac{\partial^2 \Phi}{\partial x^2} + \frac{\partial^2 \Phi}{\partial y^2} - b\Phi = f \tag{7.30}$$

方程(7.30)式右端项 f 是已知的,求得 Φ 后,即可求得中间速度场 V''。

散度和梯度虽然在性质上不同,但形式上都是空间变量的一阶偏导数,只不过散度是标量,梯度是矢量而已。因此,我们对于散度,梯度的每项偏导数的数值计算方法选取相同的紧致有限差分格式逼近。

这里仅以散度为例,构建紧致型有限差分格式。对于梯度离散问题的推导省略。

对于散度 $\left\{\boldsymbol{\nabla} \cdot \boldsymbol{V} = \frac{\partial u}{\partial x} + \frac{\partial v}{\partial y} + \frac{\partial w}{\partial z}\right\}$ 的离散格式,在内点采用六阶精度的紧致有限差分格式(注:在大括号中的速度符号上省掉了一撇)。为讨论简单起见,仅选取 $\frac{\partial u}{\partial x}$ 为例,并令 $F = \frac{\partial u}{\partial x}$:

$$F_{i+1} + 3F_i + F_{i-1} = \frac{14}{3}\delta u_i + \frac{1}{6}\delta(u_{i+1} + u_{i-1}) \tag{7.31}$$

式中 F_i 为偏导数 $\frac{\partial u}{\partial x}$ 在网格节点 i 上的函数值。

$$\delta = \frac{1}{2}(\delta_x^+ + \delta_x^-)$$

$$\delta_x^+ = \frac{1}{\Delta x}(u_i - u_{i-1})$$

$$\delta_x^- = \frac{1}{\Delta x}(u_{i+1} - u_i)$$

在邻近边界点处,采用四阶精度的紧致型有限差分格式(适用于下标 $i=2, i=M-1$)

$$F_{i+1} + 4F_i + F_{i-1} = \frac{3}{4\Delta x}(u_{i+1} - u_{i-1}) \tag{7.32}$$

在边界上,采用三阶精度的紧致型有限差分格式(适用于下标 $i=1, M$)

$$2F_1 + 10F_2 = [7(u_3 - u_1) + (u_2 - u_4)]/\Delta x \tag{7.33}$$

$$10F_{M-1} + 2F_M = [-7(u_{M-2} - u_M) - (u_{M-1} - u_{M-3})]/\Delta x \tag{7.34}$$

对于 $\frac{\partial v}{\partial y}$ 和 $\frac{\partial w}{\partial z}$ 的数值计算,可仿照 $\frac{\partial u}{\partial x}$ 相同的离散格式进行数值计算,即可获得散度 $\left\{\boldsymbol{\nabla} \cdot \boldsymbol{V} = \frac{\partial u}{\partial x} + \frac{\partial v}{\partial y} + \frac{\partial w}{\partial z}\right\}$ 的数值解。

对方程(7.30)式,采用九点四阶精度紧致型有限差分格式离散,其代数方程为

$$\frac{10(\Phi_{i+1} + \Phi_{i-1}) - 2(\Phi_{i+2} + \Phi_{i-2}) + (\Phi_{i+3} + \Phi_{i-3} + \Phi_{i+4} + \Phi_{i-4}) - 20\Phi_i}{(\Delta x)^2} +$$

$$\frac{10(\Phi_{i+2} + \Phi_{i-2}) - 2(\Phi_{i+1} + \Phi_{i-1}) + (\Phi_{i+3} + \Phi_{i-3} + \Phi_{i+4} + \Phi_{i-4}) - 20\Phi_i}{(\Delta y)^2} -$$

$$b(8\Phi_i + \Phi_{i-1} + \Phi_{i+1} + \Phi_{i-2} + \Phi_{i+2}) = 8f_i + f_{i-1} + f_{i+1} + f_{i-2} + f_{i+2} \tag{7.35}$$

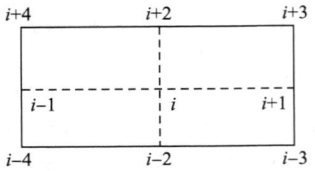

图 7.1　九点四阶精度的紧致差分格式在 i 节点处邻近的单网格框架

对于方程 (7.35) 式，可采用超松弛迭代法，其数学表达式为

$$\Phi_i^{k+1} = \Phi_i^k +$$
$$\omega\{\{(\Delta y)^2[10(\Phi_{i+1}^k + \Phi_{i-1}^{k+1}) - 2(\Phi_{i+2}^k + \Phi_{i-2}^{k+1}) + (\Phi_{i+3}^k + \Phi_{i-3}^k + \Phi_{i+4}^{k+1} + \Phi_{i-4}^{k+1})] +$$
$$(\Delta x)^2[10(\Phi_{i+2}^k + \Phi_{j-2}^{k+1}) - 2(\Phi_{i+1}^k + \Phi_{i-1}^{k+1}) + (\Phi_{i+3}^k + \Phi_{i-3}^k + \Phi_{i+4}^{k+1} + \Phi_{i-4}^{k+1})] -$$
$$(\Delta x)^2(\Delta y)^2[8f_{i,j} + f_{i-1,j} + f_{i+1,j} + f_{i,j-1} + f_{i,j+1} + b(\Phi_{i-1} + \Phi_{i+1} + \Phi_{i-2} + \Phi_{i+2})]\}/$$
$$\{20[(\Delta y)^2 + (\Delta x)^2] + 8b(\Delta x\Delta y)^2\} - \Phi_{i,j}^k\}$$

(4) 黏性扩散方程的数值离散

为讨论方便起见，我们仅讨论 x 方向上的黏性扩散方程的离散情况，并考虑 (7.21) 式在 z 方向上进行 Fourier 谱展开，整理后的 x 向方程为

$$\frac{\gamma_0 u^{n+1} - u''}{\Delta t} = \frac{1}{Re}\left(\frac{\partial^2 u^{n+1}}{\partial x^2} + \frac{\partial^2 u^{n+1}}{\partial y^2} - m^2\beta^2 u^{n+1}\right) \tag{7.36}$$

如果我们讨论的问题满足雷诺数 (Re) 比较大的条件 $[Re \gg 1]$，且令 $B = m^2\beta^2$，$S = \frac{\Delta t}{Re\gamma_0}$，则在 (7.36) 式中加入一个小量 $\frac{S^2}{(1+SB)^2}\frac{\partial^2}{\partial x^2}\left(\frac{\partial^2 u^{n+1}}{\partial y^2}\right)$。经整理合并，上式可以近似地改写成下列近似式

$$\left(1 - \frac{S}{1+SB}\frac{\partial^2}{\partial x^2}\right)\left(1 - \frac{S}{1+SB}\frac{\partial^2}{\partial y^2}\right)u^{n+1} = \frac{u''}{\gamma_0(1+SB)} \tag{7.37}$$

再令

$$\psi_1 = \left(1 - \frac{S}{1+SB}\frac{\partial^2}{\partial y^2}\right)u^{n+1}; S1 = \frac{S}{1+SB}; C = \frac{u''}{\gamma_0(1+SB)}$$

这样方程 (7.37) 式，可转化为下列方程组

$$\left(1 - S1\frac{\partial^2}{\partial x^2}\right)\psi_1 = C \tag{7.38}$$

$$\left(1 - S1\frac{\partial^2}{\partial y^2}\right)u^{n+1} = \psi_1 \tag{7.39}$$

从 (7.37) 式和 (7.39) 式可知，显然可将 (7.37) 式和 (7.39) 式写成通式形式，其数学表达式为

$$\left(1 - A\frac{\partial^2}{\partial h^2}\right)\psi = D \tag{7.40}$$

式中 A 为常数，ψ 为因变量。

由 Lele(1992)的文章可得逼近二阶偏导数的四阶精度紧致型有限差分格式

$$\alpha\psi''_{i-1} + \psi''_i + \alpha\psi''_{i+1} = G(\psi_{i+1} - 2\psi_i + \psi_{i-1}) \tag{7.41}$$

在这里,$\alpha = \dfrac{1}{10}, G = \dfrac{12}{10h^2}$。

这样,方程(7.40)式的四阶精度紧致型有限差分格式为

$$(\alpha - GA)\psi_{i-1} + (1 - 2GA)\psi_i + (\alpha - GA)\psi_{i+1} = \alpha D_{i+1} + D_i + \alpha D_{i-1} \tag{7.42}$$

在边界点处,我们采用二阶精度的中心差分格式离散(7.40)式,根据 Moin 等人的经验这样处理边界点,不会对总的精度有大的影响。

对于 y 和 z 方向上的黏性扩散方程的数值计算,可仿照 x 方向上的黏性扩散方程的数值计算相同的离散格式进行,从而求得黏性扩散方程的数值解。

7.2.3 无反射出流边界条件

有关出流边界条件的研究已经很多,尤其是不可压缩流动。但是,对于直接数值模拟的有限计算区域,出流边界的选定可能会引起小扰动波向上游传播,以至于严重影响整个计算区域内的数值计算精度。从理论上来说,数值计算区域下游出流边界应取在无穷远处,而实际计算区域的流向长度不可能取无限长,因此在有限计算区域内下游出流边界可能会产生非物理现象的反射,从而影响整个计算区域的精度。这种人为造成的误差始终存在甚至相当严重,所以有必要设计一种新的无反射出流边界条件,以尽量减少在有限计算区域内人工出流边界反射引起的数值误差,从而保证直接数值模拟的精度和准确性。根据扰动波的传播特性和波动方程的性质以及流体的动力学规律,整理可得三维无反射出流边界条件的控制方程为

$$\frac{\partial \mathbf{V}}{\partial t} + u\frac{\partial \mathbf{V}}{\partial x} = \frac{1}{Re}\left[\frac{\partial^2 \mathbf{V}}{\partial y^2} + \frac{\partial^2 \mathbf{V}}{\partial z^2}\right] \tag{7.43}$$

式中 $\mathbf{V} = \{u, v, w\}^T$。对无反射出流边界条件的基本方程(7.43)式的直接数值模拟,可仿效上述叙述的数值方法逼近。

7.2.4 算例数值结果的比较与分析

以二维平板边界层为物理模型,令每个展向(z)截面上流场等同于二维平板边界层的流场,得三维基本流场,从而验证三维、非定常、不可压 Navier-Stokes 方程数值计算方法的计算精度、稳定性、收敛速度、可靠性以及无反射出流边界条件的正确性等。

计算区域为:$L_x \times L_y \times L_z = 70 \times 2 \times 4$;雷诺数 $Re = U_\infty \delta/\upsilon = 2900$(无穷远来流速度 U_∞ 为特征速度,下游边界层厚度 δ 为特征长度,υ 为流体运动黏性系数)。

计算网格点数为:$(N_x, N_y, N_z) = (ii, jj, kk) = (150, 100, 32)$;时间步长为 0.02。

流向 x 和法向 y 所在网格点坐标变换通用表达式为

$$x(i) = L\left[1 - \tanh\frac{a(ii/2 - i/2)}{ii - 1}\right]/\tanh b - c(ii - i)/ii$$

式中 $c = L\left(1 - \tanh\dfrac{a \times ii}{2(ii-1)}\right) \Big/ \tanh b$。当 $0 \leqslant i \leqslant ii, a = 1.25, b = 1.0, L = L_x$ 时，$x(i)$ 为流向网格点坐标；当 $0 \leqslant i \leqslant jj, a = 4, b = 2, L = L_y$ 时，$x(i)$ 为法向网格点坐标。

边界条件为：上游边界条件：平板边界层的布拉休斯(Blasius)解；

下游边界条件：平板边界层的 Blasius 解与无反射出流边界条件；

展向 z 边界条件：周期性边界条件；

壁面边界条件：$u = v = w = 0$；

边界层外缘边界条件：$\dfrac{\partial u}{\partial y} = \dfrac{\partial v}{\partial y} = \dfrac{\partial w}{\partial y} = 0$；

压力边界条件为上游与下游边界条件：$\dfrac{\partial p}{\partial x} = 0$，且上游与外缘边界交点处 $p = 0$；

边界层壁面与外缘边界条件：$\dfrac{\partial p}{\partial y} = 0$。

用上述直接数值模拟的方法求解了三维、非定常、不可压的 Navier-Stokes 方程，获得了层流平板边界层的数值解。

① 层流平板边界层下游出流边界条件为第一类边界条件（即平板边界层的 Blasius 解），求解得到的数值结果显示，在不同时间同一空间点上，流向和法向速度数值解几乎保持不变，最大误差大约在 10^{-6} 量级，可认为该流场为定常流动。该数值结果与边界层的 Blasius 解析解相比较，发现本章的数值解与 Blasius 解析解几乎相等，最大误差大约在 10^{-5} 量级，说明本章的直接数值模拟方法是合理可行的。该算例在普通计算机(PIV)上计算，所需计算时间大约 20 h，这反映了收敛速度快的特点，具体结果如表 7.2 所示。

② 层流平板边界层下游出流边界为无反射出流边界条件，在不同时刻，流向速度的数值解随 y 坐标的变化与边界层 Blasius 解析解相比较几乎不变，最大误差大约在 10^{-4} 量级，且在不同时间同一空间点上，流向速度数值解也几乎保持不变，即具有定常性。

该算例在普通计算机(PIV)上计算，所需计算时间大约 24 h，同样也反映了收敛速度较快的特性。具体数值结果见图 7.2。从表 7.2 和图 7.2 的结果可知，本节提出的直接数值模拟方法不仅具有计算精度高、稳定性好、收敛速度快等特点，而且下游出流边界的非物理反射影响小，该出流边界条件是一种合理可靠的无反射出流边界条件。

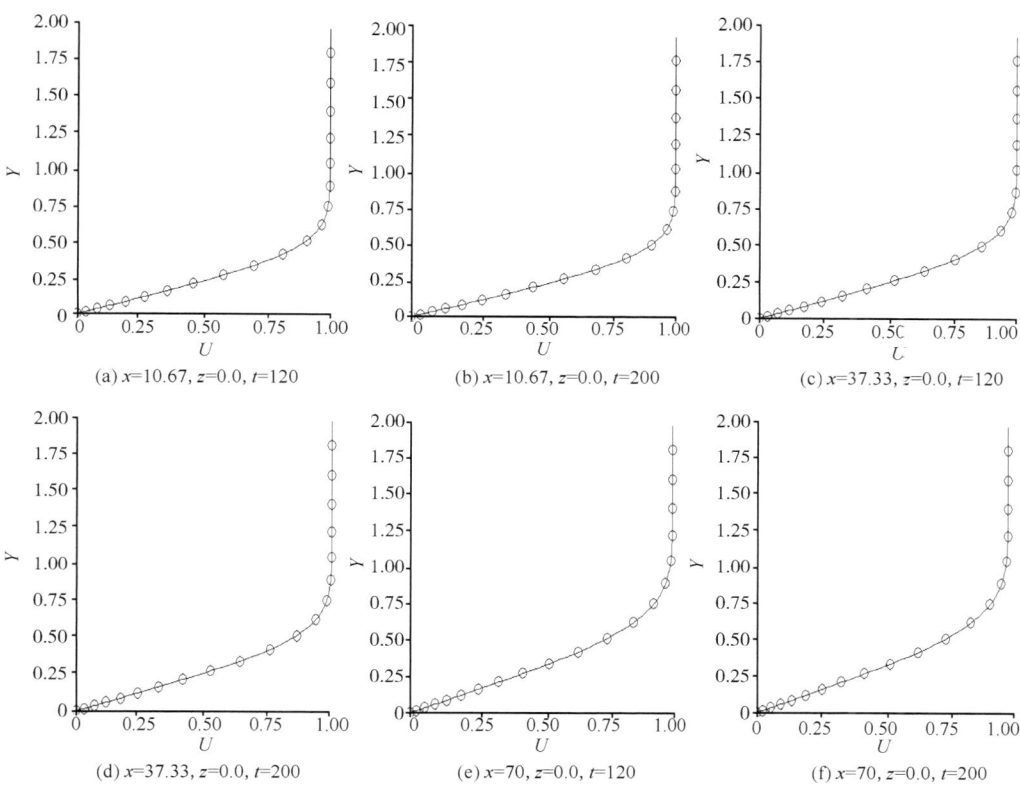

图 7.2 在不同截面和不同时刻流向速度随法向坐标(y)的变化规律

(○○○○○○表示边界层的 Blasius 解析解,——表示无反射出流边界条件的数值解)

表 7.2 流向速度和法向速度的数值解与 Blasius 解析解比较($z=0.0$)

时间坐标	$T=100$	$T=140$	$T=170$	$T=200$	Blasius 解析解
$x=30.3162$	0.0295132251	0.0295123627	0.0295121690	0.0295121420	0.0295207920
$y=0.04767$	0.0000015761	0.0000015767	0.0000015770	0.0000015770	0.0000015277
$x=30.3162$	0.3531795973	0.3531717054	0.3531701767	0.3531799711	0.3532560027
$y=0.5170$	0.0002193907	0.0002194757	0.0002195025	0.0002195067	0.0002195054
$x=30.3162$	0.9954949243	0.9954946152	0.9954945352	0.9954945233	0.9955157670
$y=2.19444$	0.0019732121	0.0019737067	0.0019737454	0.0019737663	0.0019732649
$x=60.5423$	0.0240407193	0.0240397079	0.0240390071	0.0240376694	0.0240433227
$y=0.04767$	0.0000007572	0.0000007571	0.0000007573	0.0000007573	0.0000007253
$x=60.5423$	0.2777066793	0.2777957777	0.2777767797	0.2777731443	0.2777312133
$y=0.5170$	0.0001192954	0.0001192775	0.0001192713	0.0001192706	0.0001193303
$x=60.5423$	0.9732676679	0.9732652433	0.9732625933	0.9732616706	0.9733014517
$y=2.19444$	0.0015074657	0.0015073705	0.0015075151	0.0015075545	0.0015079049

7.3 显式格式的数值方法

7.3.1 四阶精度修正后龙格—库塔显式格式

为了能够在精细的网格上实现高精度的直接数值模拟,要求数值计算在时间偏导数和空间偏导数上都具有较高的精度。Runge-Kutta 显式格式是一种常用的高精度时间多步分裂格式,再结合空间偏导数的高精度和高分辨率的紧致型有限差分格式,适合于数值模拟复杂流体运动的物理问题。

为讨论问题的简单起见,以 x 方向动量方程(1.3a)式为例进行讨论

$$\frac{\partial u}{\partial t} + u\frac{\partial u}{\partial x} + v\frac{\partial u}{\partial y} + w\frac{\partial u}{\partial z} + \frac{\partial p}{\partial x} = \frac{1}{Re}\left(\frac{\partial^2 u}{\partial x^2} + \frac{\partial^2 u}{\partial y^2} + \frac{\partial^2 u}{\partial z^2}\right) \qquad (1.3a)$$

对方程(1.3a)式改写成如下形式

$$\frac{\partial u}{\partial t} = \frac{1}{Re}\left(\frac{\partial^2 u}{\partial x^2} + \frac{\partial^2 u}{\partial y^2} + \frac{\partial^2 u}{\partial z^2}\right) - \left(u\frac{\partial u}{\partial x} + v\frac{\partial u}{\partial y} + w\frac{\partial u}{\partial z} + \frac{\partial p}{\partial x}\right) \qquad (7.44)$$

对于方程(7.44)式的时间偏导数,我们采用第 4 章介绍的四阶精度修正后 Runge-Kutta 显式格式的多步分裂方法,其方程(7.44)式的四阶精度修正后 Runge-Kutta 显式格式的时间多步分裂方法的步骤如下:

$$u^{(1)} = u^n \qquad (7.45a)$$

$$u^{(2)} = u^n + \frac{\Delta t}{4}\left(\frac{\partial u}{\partial t}\right)^{(1)} \qquad (7.45b)$$

$$u^{(3)} = u^n + \frac{\Delta t}{3}\left(\frac{\partial u}{\partial t}\right)^{(2)} \qquad (7.45c)$$

$$u^{(4)} = u^n + \frac{\Delta t}{2}\left(\frac{\partial u}{\partial t}\right)^{(3)} \qquad (7.45d)$$

$$u^{n+1} = u^n + \Delta t\left(\frac{\partial u}{\partial t}\right)^{(4)} \qquad (7.45e)$$

对于 y,z 方向上的动量方程采用类似于 x 方向的动量方程的时间推进方法类似进行。方程(7.44)式在空间偏导数上的离散,采用上节介绍紧致有限差分格式来进行数值计算。

方程(7.45a)~(7.45e)式的具体计算过程如下:

①根据(n)时刻的已知速度场,获得 $u^{(1)} = u^{(n)}$;

②利用(n)时刻的已知速度场,并根据上步求得 $u^{(1)}$ 代入方程(7.44)式后,数值计算该方程右端项中的非线性项、压力梯度项以及黏性项,可得 $\left(\frac{\partial u}{\partial t}\right)^{(1)}$;运用(7.45b)式,求得 $u^{(2)}$;

第 7 章　不可压缩流体运动的直接数值模拟

③利用(n)时刻的已知速度场,并根据上步求得 $u^{(2)}$ 代入方程(7.44)式,数值计算该方程右端项中非线性项、压力梯度项以及黏性项,可得 $\left(\dfrac{\partial u}{\partial t}\right)^{(2)}$;运用(7.45c)式,可求得 $u^{(3)}$;

④利用(n)时刻的已知速度场,并根据上步求得 $u^{(3)}$ 代入方程(7.44)式,数值计算该方程右端项中非线性项、压力梯度项以及黏性项,可得 $\left(\dfrac{\partial u}{\partial t}\right)^{(3)}$;再运用式(7.45d),可求得 $u^{(4)}$;

⑤利用(n)时刻的已知速度场,并根据上步求得 $u^{(4)}$ 代入方程(7.44)式,数值计算该方程右端项中非线性项、压力梯度项以及黏性项,可得 $\left(\dfrac{\partial u}{\partial t}\right)^{(4)}$;再运用(7.45e)式,可求得 $n+1$ 时刻 $u^{(n+1)}$ 的数值解。

同理,可求得 y 和 z 方向的动量方程,获得任何时刻在 y 方向的分速度 v 和任何时刻在 z 方向的分速度 w。在动量方程推进完成后,得到了新时间步的速度场 u^{n+1},v^{n+1},w^{n+1}。最终,依次反复循环获得任何时刻速度场的数值解。

7.3.2　空间偏导数的数值方法

对于上述非线性项、压力梯度项和黏性项的数值计算方法,同样采用紧致有限差分格式来逼近,详细计算过程如下:

(1) 非线性项

非线性项 $u\dfrac{\partial u}{\partial x}+v\dfrac{\partial u}{\partial y}+w\dfrac{\partial u}{\partial z}$,采用五阶精度的迎风紧致型有限差分格式计算,具体格式与上节格式完全相同;

(2) 黏性项

黏性项 $\dfrac{1}{Re}\left(\dfrac{\partial^2 u}{\partial x^2}+\dfrac{\partial^2 u}{\partial y^2}+\dfrac{\partial^2 u}{\partial z^2}\right)$,采用六阶精度的紧致型有限差分格式计算。在黏性项 $\dfrac{1}{Re}\left(\dfrac{\partial^2 u}{\partial x^2}+\dfrac{\partial^2 u}{\partial y^2}+\dfrac{\partial^2 u}{\partial z^2}\right)$ 中,令 $f=u$,并以二阶偏导数项 $\dfrac{\partial^2 f}{\partial x^2}$ 为例,讨论空间离散为六阶精度的对称紧致型有限差分格式,近边界点四阶精度的对称紧致型有限差分格式以及边界点三阶精度紧致型有限差分格式。具体数值计算方法如下:

内点,采用六阶精度的对称紧致型有限差分格式

$$2f''_{i-1}+11f''_i+2f''_{i+1}=\dfrac{3f_{i-2}+48f_{i-1}-102f_i+48f_{i+1}+3f_{i+2}}{4h^2} \qquad (7.46)$$

邻近边界点,四阶精度的对称紧致型有限差分格式

$$f''_{i-1}+10f''_i+f''_{i+1}=\dfrac{12(f_{i-1}-2f_i+f_{i+1})}{h^2} \qquad (7.47)$$

边界点,采用三阶精度紧致型有限差分格式

$$f''_0 + 11f''_1 = \frac{13f_0 - 27f_1 + 15f_2 - f_3}{h^2} \tag{7.48}$$

$$f''_{i\max} + 11f''_{i\max-1} = -\frac{13f_{i\max} - 27f_{i\max-1} + 15f_{i\max-2} - f_{i\max-3}}{h^2} \tag{7.49}$$

联立上述线性方程组,可得

$$\begin{vmatrix} 1 & 11 & & & & & & & \\ 1 & 10 & 1 & & & & & & \\ & 2 & 11 & 2 & & & & & \\ & & 2 & 11 & 2 & & & & \\ & & & \ddots & \ddots & \ddots & & & \\ & & & & 2 & 11 & 2 & & \\ & & & & & 1 & 10 & 1 \\ & & & & & & 11 & 1 \end{vmatrix} \cdot \begin{vmatrix} f''_0 \\ f''_1 \\ f''_2 \\ f''_3 \\ \vdots \\ f''_{i\max-2} \\ f''_{i\max-1} \\ f''_{i\max} \end{vmatrix}$$

$$= \begin{vmatrix} (13f_0 - 27f_1 + 15f_2 - f_3)/h^2 \\ 12(f_0 - 2f_1 + f_2)/h^2 \\ (3f_0 + 48f_1 - 102f_2 + 48f_3 + 3f_4)/4h^2 \\ (3f_1 + 48f_2 - 102f_3 + 48f_4 + 3f_5)/4h^2 \\ \vdots \\ (3f_{i\max-4} + 48f_{i\max-3} - 102f_{i\max-2} + 48f_{i\max-1} + 3f_{i\max})/4h^2 \\ 12(f_{i\max-2} - 2f_{i\max-1} + f_{i\max})/h^2 \\ -(13f_{i\max} - 27f_{i\max-1} + 15f_{i\max-2} - f_{i\max-3})/h^2 \end{vmatrix} \tag{7.50}$$

求解线性方程组(7.50)式,获得所需求解的二阶偏导数 $\frac{\partial^2 f}{\partial x^2}$ 的值。同理可求得二阶偏导数 $\frac{\partial^2 f}{\partial y^2}$ 和 $\frac{\partial^2 f}{\partial z^2}$ 的值。最终,获得黏性项 $\frac{1}{Re}\left(\frac{\partial^2 u}{\partial x^2} + \frac{\partial^2 u}{\partial y^2} + \frac{\partial^2 u}{\partial z^2}\right)$ 的数值解。

(3)压力项

压力 Helmholtz 方程数值计算的推导和步骤:

按照 Harlow 和 Welch(1965)的压力方程法,在这里推导一个满足不可压缩条件且数值计算稳定的压力方程。用四阶精度紧致型有限差分格式离散该泊松方程,构造压力求解的高精度数值方法。

为了书写简单,令

$$\phi_x = \frac{1}{Re}\left(\frac{\partial^2 u}{\partial x^2} + \frac{\partial^2 u}{\partial y^2} + \frac{\partial^2 u}{\partial z^2}\right) - \left(u\frac{\partial u}{\partial x} + v\frac{\partial u}{\partial y} + w\frac{\partial u}{\partial z}\right) \tag{7.51}$$

$$\phi_y = \frac{1}{Re}\left(\frac{\partial^2 v}{\partial x^2} + \frac{\partial^2 v}{\partial y^2} + \frac{\partial^2 v}{\partial z^2}\right) - \left(u\frac{\partial v}{\partial x} + v\frac{\partial v}{\partial y} + w\frac{\partial v}{\partial z}\right) \tag{7.52}$$

$$\phi_z = \frac{1}{Re}\left(\frac{\partial^2 w}{\partial x^2} + \frac{\partial^2 w}{\partial y^2} + \frac{\partial^2 w}{\partial z^2}\right) - \left(u\frac{\partial w}{\partial x} + v\frac{\partial w}{\partial y} + w\frac{\partial w}{\partial z}\right) \quad (7.53)$$

因此，三个方向动量方程可以简化为

x 方向动量方程
$$\frac{\partial u}{\partial t} + \frac{\partial p}{\partial x} = \phi_x \quad (7.54\text{a})$$

y 方向动量方程
$$\frac{\partial v}{\partial t} + \frac{\partial p}{\partial y} = \phi_y \quad (7.54\text{b})$$

z 方向动量方程
$$\frac{\partial w}{\partial t} + \frac{\partial p}{\partial z} = \phi_z \quad (7.54\text{c})$$

分别对方程(7.54a)~(7.54c)式，求 $\frac{\partial}{\partial x}, \frac{\partial}{\partial y}, \frac{\partial}{\partial z}$ 偏导数，可得

$$\frac{\partial^2 u}{\partial x \partial t} + \frac{\partial^2 p}{\partial x^2} = \frac{\partial \phi_x}{\partial x} \quad (7.55\text{a})$$

$$\frac{\partial^2 v}{\partial y \partial t} + \frac{\partial^2 p}{\partial y^2} = \frac{\partial \phi_y}{\partial y} \quad (7.55\text{b})$$

$$\frac{\partial^2 w}{\partial z \partial t} + \frac{\partial^2 p}{\partial z^2} = \frac{\partial \phi_z}{\partial z} \quad (7.55\text{c})$$

将以上三式相加，得三维压力 Helmholtz 方程

$$\frac{\partial^2 p}{\partial x^2} + \frac{\partial^2 p}{\partial y^2} + \frac{\partial^2 p}{\partial z^2} = \frac{\partial \phi_x}{\partial x} + \frac{\partial \phi_y}{\partial y} + \frac{\partial \varphi_z}{\partial z} - \frac{\partial}{\partial t}\left(\frac{\partial u}{\partial x} + \frac{\partial v}{\partial y} + \frac{\partial w}{\partial z}\right) \quad (7.56)$$

对于 Helmholtz 方程(7.56)式的右边项，令

$$RHS = \frac{\partial \phi_x}{\partial x} + \frac{\partial \phi_y}{\partial y} + \frac{\partial \phi_z}{\partial z} - \frac{\partial}{\partial t}\left(\frac{\partial u}{\partial x} + \frac{\partial v}{\partial y} + \frac{\partial w}{\partial z}\right) \quad (7.57)$$

注：在上式中 $\frac{\partial u}{\partial x} + \frac{\partial v}{\partial y} + \frac{\partial w}{\partial z}$ 为流体的散度。若满足连续性方程，则 $\frac{\partial u}{\partial x} + \frac{\partial v}{\partial y} + \frac{\partial w}{\partial z} = 0$。但在实际计算过程中，若将连续性方程代入上式消去 $\frac{\partial}{\partial t}\left(\frac{\partial u}{\partial x} + \frac{\partial v}{\partial y} + \frac{\partial w}{\partial z}\right)$，那么在压力的数值计算过程中会产生数值的非线性不稳定，可能会导致数值计算无法进行的现象。所以，我们保留该时间步动量方程推进获得的散度，而将下一步的散度场强制为零来满足连续性方程。

使用一阶精度的向前差分离散 $\frac{\partial}{\partial t}\left(\frac{\partial u}{\partial x} + \frac{\partial v}{\partial y} + \frac{\partial w}{\partial z}\right)$，可得

$$\left[\left(\frac{\partial u}{\partial x} + \frac{\partial v}{\partial y} + \frac{\partial w}{\partial z}\right)^{n+1} - \left(\frac{\partial u}{\partial x} + \frac{\partial v}{\partial y} + \frac{\partial w}{\partial z}\right)^n\right]\bigg/\Delta t \quad (7.58)$$

取
$$\left(\frac{\partial u}{\partial x} + \frac{\partial v}{\partial y} + \frac{\partial w}{\partial z}\right)^{n+1} = 0 \quad (7.59)$$

那么

$$\frac{\partial}{\partial t}\left(\frac{\partial u}{\partial x}+\frac{\partial v}{\partial y}+\frac{\partial w}{\partial z}\right)=-\left(\frac{\partial u}{\partial x}+\frac{\partial v}{\partial y}+\frac{\partial w}{\partial z}\right)^n\bigg/\Delta t \qquad (7.60)$$

将此项,代到右端项,可得

$$\frac{\partial^2 p}{\partial x^2}+\frac{\partial^2 p}{\partial y^2}+\frac{\partial^2 p}{\partial z^2}=\frac{\partial \phi_x}{\partial x}+\frac{\partial \phi_y}{\partial y}+\frac{\partial \phi_z}{\partial z}+\left(\frac{\partial u}{\partial x}+\frac{\partial v}{\partial y}+\frac{\partial w}{\partial z}\right)^n\bigg/\Delta t \qquad (7.61)$$

令 $R=\frac{\partial \phi_x}{\partial x}+\frac{\partial \phi_y}{\partial y}+\frac{\partial \phi_z}{\partial z}+\left(\frac{\partial u}{\partial x}+\frac{\partial v}{\partial y}+\frac{\partial w}{\partial z}\right)^n\bigg/\Delta t$,这就是数值计算过程求解的三维压力方程。

对于 Helmholtz 方程(7.61)式右端项中,空间偏导数使用紧致型有限差分格式求解,且非线性项用五阶精度迎风紧致型有限差分格式计算,其他偏导数的数值计算利用六阶精度的对称紧致型有限差分格式计算。

Helmholtz 方程(7.61)式,采用第 6 章推导的四阶精度的三维紧致型有限差分格式,具体表达为

$$\frac{\delta_x^2}{(\Delta x)^2}(12+\delta_y^2+\delta_z^2)p+\frac{\delta_y^2}{(\Delta y)^2}(\delta_x^2+12+\delta_z^2)p+\frac{\delta_z^2}{(\Delta z)^2}(\delta_x^2+\delta_y^2+12)p$$
$$=(12+\delta_x^2+\delta_y^2+\delta_z^2)R \qquad (7.62)$$

式中 $\delta_x^2 p = p_{i-1,j,k}-2p_{i,j,k}+p_{i+1,j,k}$

$\delta_y^2 p = p_{i,j-1,k}-2p_{i,j,k}+p_{i,j+1,k}$

$\delta_z^2 p = p_{i,j,k-1}-2p_{i,j,k}+p_{i,j,k+1}$

且 $\{i,j,k\}$ 分别表示 x 方向、y 方向和 z 方向。

这样,可求得

$$\frac{\delta_x^2}{(\Delta x)^2}(12+\delta_y^2+\delta_z^2)p = \frac{\delta_x^2}{(\Delta x)^2}(8p_{i,j,k}+p_{i,j-1,k}+p_{i,j+1,k}+p_{i,j,k-1}+p_{i,j,k+1})$$
$$=\frac{1}{(\Delta x)^2}(8p_{i-1,j,k}-16p_{i,j,k}+8p_{i+1,j,k}+p_{i-1,j-1,k}-2p_{i,j-1,k}+p_{i+1,j-1,k}+p_{i-1,j+1,k}-$$
$$2p_{i,j+1,k}+p_{i+1,j+1,k}+p_{i-1,j,k-1}-2p_{i,j,k-1}+p_{i+1,j,k-1}+p_{i-1,j,k+1}-2p_{i,j,k+1}+p_{i+1,j,k+1})$$
$$(7.63a)$$

$$\frac{\delta_y^2}{(\Delta y)^2}(\delta_x^2+12+\delta_z^2)p = \frac{\delta_y^2}{(\Delta y)^2}(p_{i-1,j,k}+p_{i+1,j,k}+8p_{i,j,k}+p_{i,j,k-1}+p_{i,j,k+1})$$
$$=\frac{1}{(\Delta y)^2}(p_{i-1,j-1,k}-2p_{i-1,j,k}+p_{i-1,j+1,k}+p_{i+1,j-1,k}-2p_{i+1,j,k}+p_{i+1,j+1,k}+8p_{i,j-1,k}-$$
$$16p_{i,j,k}+8p_{i,j+1,k}+p_{i,j-1,k-1}-2p_{i,j,k-1}+p_{i,j+1,k-1}+p_{i,j-1,k+1}-2p_{i,j,k+1}+p_{i,j+1,k+1})$$
$$(7.63b)$$

$$\frac{\delta_z^2}{(\Delta z)^2}(\delta_x^2+\delta_y^2+12)p = \frac{\delta_z^2}{(\Delta z)^2}(p_{i-1,j,k}+p_{i+1,j,k}+p_{i,j-1,k}+p_{i,j+1,k}+8p_{i,j,k})$$
$$=\frac{1}{(\Delta z)^2}(p_{i-1,j,k-1}-2p_{i-1,j,k}+p_{i-1,j,k+1}+p_{i+1,j,k-1}-2p_{i+1,j,k}+p_{i+1,j,k+1}+p_{i,j-1,k-1}-$$

$2p_{i,j-1,k} + p_{i,j-1,k+1} + p_{i,j+1,k-1} - 2p_{i,j+1,k} + p_{i,j+1,k+1} + 8p_{i,j,k-1} - 16p_{i,j,k} + 8p_{i,j,k+1})$
(7.63c)

$$(12 + \delta_x^2 + \delta_y^2 + \delta_z^2)R$$
$$= 6R_{i,j,k} + R_{i-1,j,k} + R_{i+1,j,k} + R_{i,j-1,k} + R_{i,j+1,k} + R_{i,j,k-1} + R_{i,j,k+1} \quad (7.63d)$$

将(7.63a)式、(7.63b)式、(7.63c)式以及(7.63d)式代入(7.62)式,可得

$\frac{1}{(\Delta x)^2}(8p_{i-1,j,k} - 16p_{i,j,k} + 8p_{i+1,j,k} + p_{i-1,j-1,k} - 2p_{i,j-1,k} + p_{i+1,j-1,k} + p_{i-1,j+1,k} -$
$2p_{i,j+1,k} + p_{i+1,j+1,k} + p_{i-1,j,k-1} - 2p_{i,j,k-1} + p_{i+1,j,k-1} + p_{i-1,j,k+1} - 2p_{i,j,k+1} + p_{i+1,j,k+1}) +$
$\frac{1}{(\Delta y)^2}(p_{i-1,j-1,k} - 2p_{i-1,j,k} + p_{i-1,j+1,k} + p_{i+1,j-1,k} - 2p_{i+1,j,k} + p_{i+1,j+1,k} + 8p_{i,j-1,k} -$
$16p_{i,j,k} + 8p_{i,j+1,k} + p_{i,j-1,k-1} - 2p_{i,j,k-1} + p_{i,j+1,k-1} - p_{i,j-1,k+1} - 2p_{i,j,k+1} + p_{i,j+1,k+1}) +$
$\frac{1}{(\Delta z)^2}(p_{i-1,j,k-1} - 2p_{i-1,j,k} + p_{i-1,j,k+1} + p_{i+1,j,k-1} - 2p_{i+1,j,k} + p_{i+1,j,k+1} + p_{i,j-1,k-1} -$
$2p_{i,j-1,k} + p_{i,j-1,k+1} + p_{i,j+1,k-1} - 2p_{i,j+1,k} + p_{i,j+1,k+1} + 8p_{i,j,k-1} - 16p_{i,j,k} + 8p_{i,j,k+1})$
$= 6R_{i,j,k} + R_{i-1,j,k} + R_{i+1,j,k} + R_{i,j-1,k} + R_{i,j+1,k} + R_{i,j,k-1} + R_{i,j,k+1} \quad (7.64)$

(7.64)式表示在三维椭圆型方程具有四阶精度的紧致有限差分格式。与传统型的四阶精度有限差分格式相比较,紧致型有限差分格式具有较小的计算模板。

将三维椭圆型方程具有四阶精度的紧致有限差分方程(7.64)式,经整理合并,并引入超松弛因子 ω,可得三维椭圆型方程具有四阶精度的紧致有限差分的超松弛迭代方法,其数学表达式为

$p_{i,j,k}^{K+1} = p_{i,j,k}^K + \omega\{\{(\Delta y \Delta z)^2(8p_{i-1,j,k}^K + 8p_{i+1,j,k}^K + p_{i-1,j-1,k}^K - 2p_{i,j-1,k}^K + p_{i+1,j-1,k}^K +$
$p_{i-1,j+1,k}^K - 2p_{i,j+1,k}^K + p_{i+1,j+1,k}^K + p_{i-1,j,k-1}^K - 2p_{i,j,k-1}^K + p_{i+1,j,k-1}^K + p_{i-1,j,k+1}^K -$
$2p_{i,j,k+1}^K + p_{i+1,j,k+1}^K) + (\Delta x \Delta z)^2(p_{i-1,j-1,k}^K - 2p_{i-1,j,k}^K + p_{i-1,j+1,k}^K + p_{i+1,j-1,k}^K -$
$2p_{i+1,j,k}^K + p_{i+1,j+1,k}^K + 8p_{i,j-1,k}^K + 8p_{i,j+1,k}^K + p_{i,j-1,k-1}^K - 2p_{i,j,k-1}^K + p_{i,j+1,k-1}^K +$
$p_{i,j-1,k+1}^K - 2p_{i,j,k+1}^K + p_{i,j+1,k+1}^K) + (\Delta x \Delta y)^2(p_{i-1,j,k-1}^K - 2p_{i-1,j,k}^K + p_{i-1,j,k+1}^K +$
$p_{i+1,j,k-1}^K - 2p_{i+1,j,k}^K + p_{i+1,j,k+1}^K + p_{i,j-1,k-1}^K - 2p_{i,j-1,k}^K + p_{i,j-1,k+1}^K + p_{i,j+1,k-1}^K -$
$2p_{i,j+1,k}^K + p_{i,j+1,k+1}^K + 8p_{i,j,k-1}^K + 8p_{i,j,k+1}^K) - (\Delta x \Delta y \Delta z)^2(6R_{i,j,k} + R_{i-1,j,k} +$
$R_{i+1,j,k} + R_{i,j-1,k} + R_{i,j+1,k} + R_{i,j,k-1} + R_{i,j,k+1})\}/16((\Delta y \Delta z)^2 + (\Delta x \Delta z)^2 +$
$(\Delta x \Delta y)^2) - p_{i,j,k}^K\}$
(7.65)

再利用物理问题的边值条件,进行迭代求解压力方程(7.65)式,获得数值解。然而,再利用六阶精度的对称紧致型差分格式,计算压力梯度 ∇p。

7.4 经典算例数值结果的比较与分析

为了讨论问题的方便起见,将第 7.2 和 7.3 节研究的三维物理问题简化成二维物理问题。以经典的驱动方腔流动为例来验证第 7.2 和 7.3 节构造的高精度、高分率的紧致型有限差分的可靠性、合理性以及正确性。驱动方腔流动是一个经典的非定常的物理问题,有很多学者以及研究工作者都曾经用驱动方腔流动为物理模型,研究高雷诺数情况下模拟不可压缩流体运动的数值计算方法有效性、准确性。例如,最早有 Rubin 和 Khosla(1977)、Nallasamy 和 Prasad(1977)进行了小雷诺数下的不可压缩方腔驱动问题的数值模拟,1972 年 Ghia 等采用涡量—流函数方程进行数值模拟,系统地研究了雷诺数 100~10000 的方腔驱动问题,在细网格上得到了高分辨率的结果。1990 年,Brunenn 和 Jouron 采用了不可压缩 Navier-Stokes 方程模拟了雷诺数最大 15000 的驱动方腔流动。本文采用第 7.2 和 7.3 节介绍的直接数值模拟的方法研究了驱动方腔流动问题,获得的结果与 1972 年 Ghia 等的数值解相比是相当令人满意的。

驱动方腔流动的边界条件:

上边界给定速度 $u=1.0, v=0.0$,压力取第二类边界条件 $\frac{\partial p}{\partial n}=0$;其他三个边界采用无滑移边界条件,压力取第二类边界条件 $\frac{\partial p}{\partial n}=0$。

压力迭代的收敛判据为

$$\Delta p_{\max}^k = \max\left(\left|\frac{p_{i,j}^{k+1} - p_{i,j}^k}{p_{i,j}^k}\right|\right) < 10^{-7} \tag{7.66}$$

满足该判据就表示压力步迭代计算完成。

计算收敛判据

$$\Delta u_{\max}^n = \max\left[\sqrt{(u_{i,j}^{n+1} - u_{i,j}^n)^2 + (v_{i,j}^{n+1} - v_{i,j}^n)^2}\right] < 10^{-6} \tag{7.67}$$

满足该判据,表示计算结果近似趋于定常。

Runge-Kutta 算法计算的结果与 Ghia 等计算的结果进行了对比,得到了较好的结果。在高雷诺数驱动方腔流动的计算中,次级二次涡以及更小的分离涡的捕捉,充分说明了本章构造的数值算法的精度高、分辨率好的优点。另外,经采用 Karniadakis 等(1991)建立的混合显—隐相结合的时间分裂式和四阶精度的修正 Runge-Kutta 显式格式分别计算驱动方腔流动,结果比较吻合良好,最大相对误差小于 10^{-5},这也充分说明了这两种数值方法是可靠的、合理的、正确的、实用的。根据以前许多学者的数值模拟结果,经整理综合分析,我们可以得到这样的结论,当驱动方腔流动在雷诺数 $Re < 5000$ 时,其驱动方腔流动将保持定常的状态。当雷诺数在

$5000<Re<10000$ 的范围内,其驱动方腔流动基本处于非定常的周期运动状态,若雷诺数 $Re>10000$ 时,其驱动方腔流动流场可能发展到湍流运动状态。当雷诺数分别为 100,400,1000,3200,5000,7500,10000 时,已存在数值计算的基本解。我们将用这些基本解来与上述两种算法进行对比,并衡量上述介绍的两种算法的分辨率和数值精确度的好坏。驱动方腔流动算例的雷诺数、时间步长和网格数,如表 7.3 所示。

表 7.3 驱动方腔流动的计算参数

雷诺数 Re	时间步长 Δt	网格数量
100	0.0010	128×128
400	0.0010	128×128
3200	0.0020	128×128
5000	0.0015	256×256
7500	0.0015	256×256
10000	0.0015	256×256

图 7.3 Runge-Kutta 算法与图 7.4 Ghia 等计算模拟驱动方腔流动获得的雷诺数 Re 取 100~10000 情况下的流线分布和图 7.5 与图 7.6 涡量等值线分布可知,本章介绍的算法获得的数值计算结果与 Ghia 等使用涡量—流函数方程计算的结果,以及刘宏等(1993)使用二维 Navier-Stokes 方程计算的结果进行了对比,得到了相当吻合的结果。在高雷诺数驱动方腔流动的计算中,本章介绍的算法获得的数值计算结果发现了次级二次涡以及更小的分离涡的捕捉,这充分说明了本章构造的数值算法具有较高的分辨率。

本章算法计算了和 Ghia 等(1972)以及刘宏等(1993)在相同雷诺数情况下的驱动方腔流动。雷诺数从 100,400,3200,5000,7500,10000 变化时的流线分布,与 Ghia 等(1972)使用涡量—流函数方程计算得到的结果也相当吻合的。另外,对涡量等值线分布也进行了比较,发现涡量等值线分布状态和大小同样吻合的相当一致。

另外,从图 7.7 可知,当雷诺数 10000 时,且计算网格数为 256×256,数值模拟了驱动方腔流动,在不同时刻流线的演变规律。从图 7.7 中可以看到整个流场在不同时刻流线的演化过程,其数值结果精确地捕获到了从边界上的旋涡产生、发展到合并,直至消亡的周期过程,以此周而复始的展现旋涡产生、发展、合并、消亡以及再生的全过程,还能清晰地分辨出了顶点处双涡旋结构。

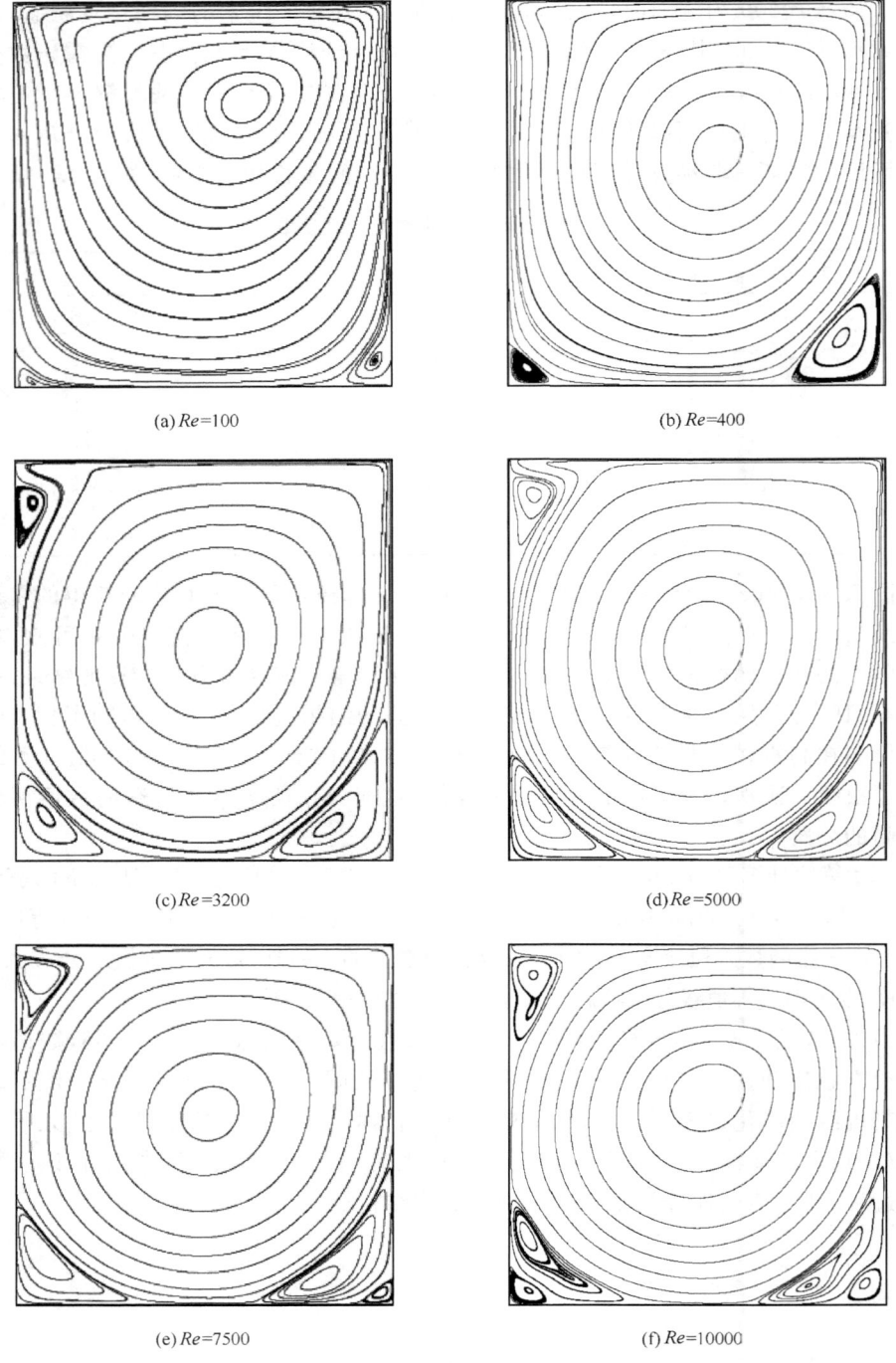

图 7.3 Runge-Kutta 算法计算驱动方腔流动获得(Re 取 100~10000)的流线分布

第 7 章 不可压缩流体运动的直接数值模拟

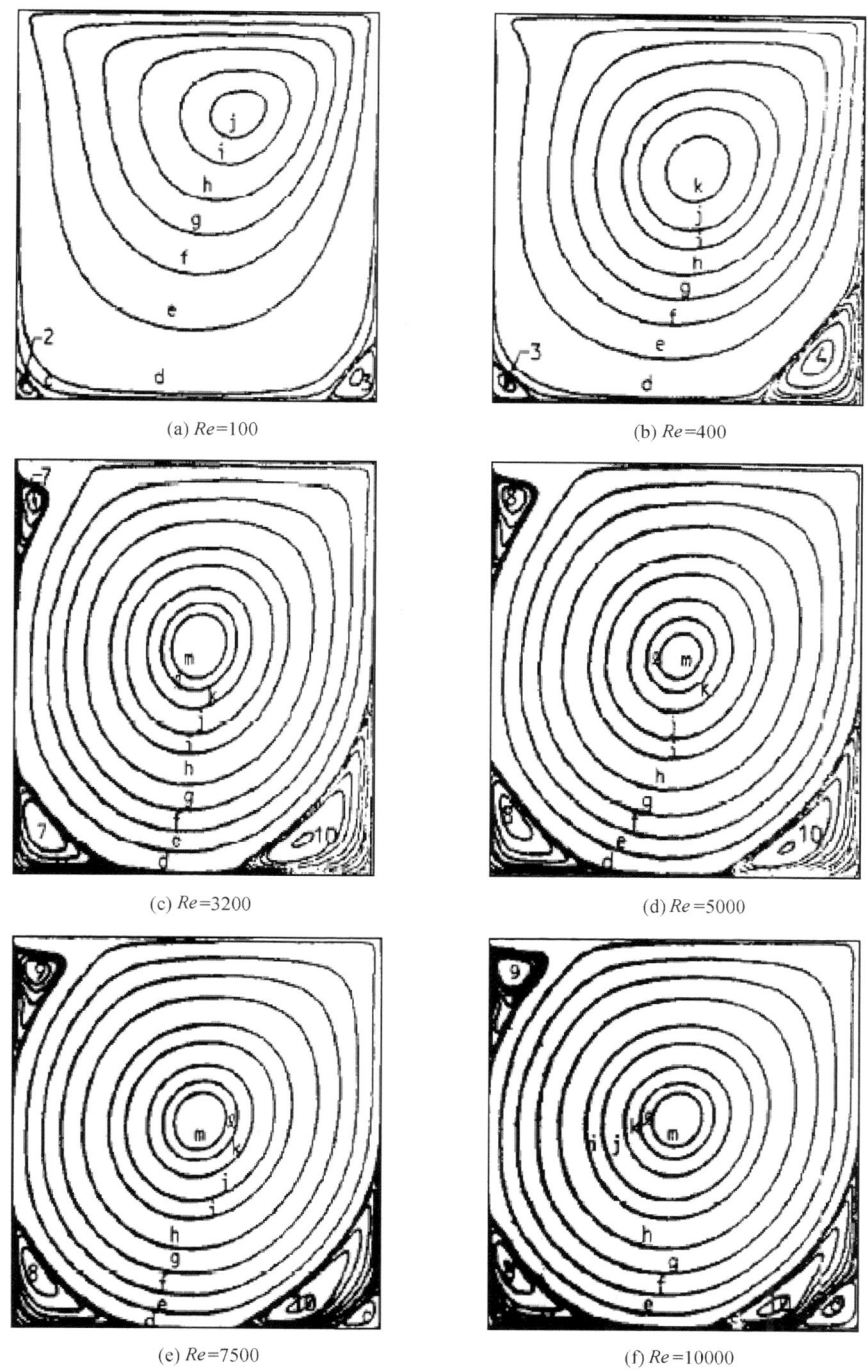

图 7.4 Ghia 等计算驱动方腔流动获得(Re 取 100～10000)的流线分布

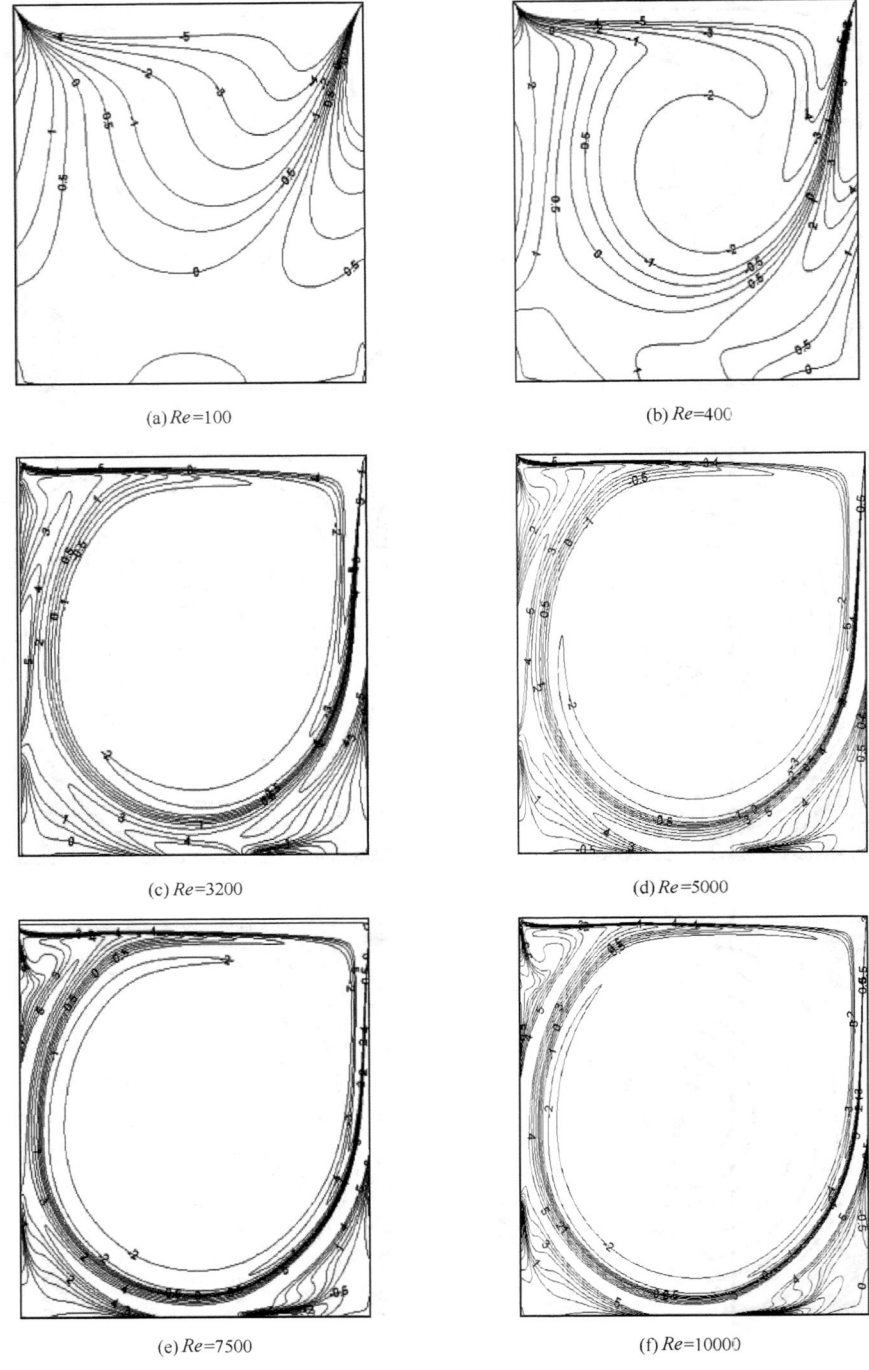

图 7.5 Runge-Kutta 算法计算驱动方腔流动获得(Re 取 100～10000)的涡量等值线分布

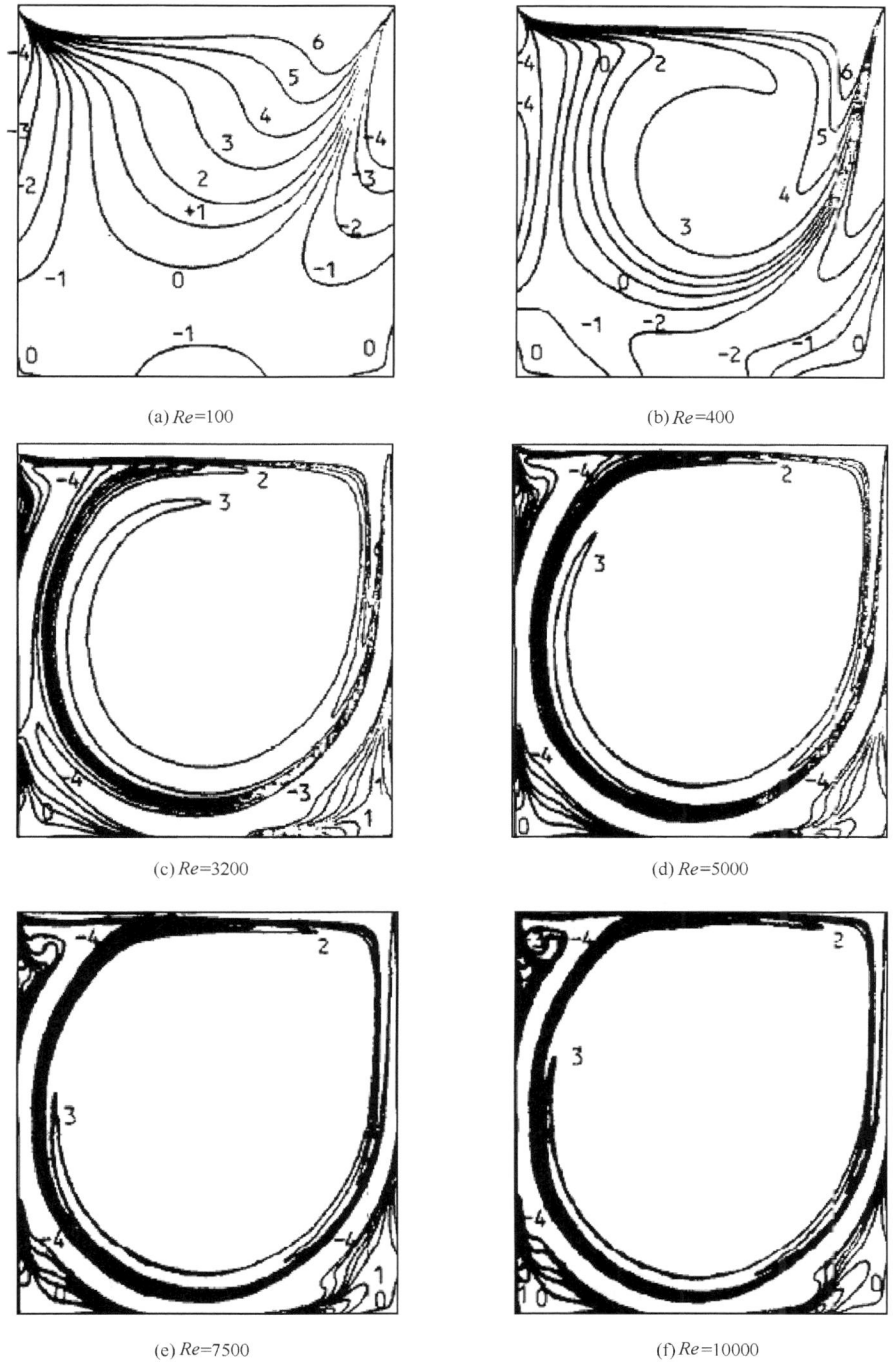

图 7.6 Ghia 等计算驱动方腔流动获得(Re 取 100~10000)的涡量等值线分布

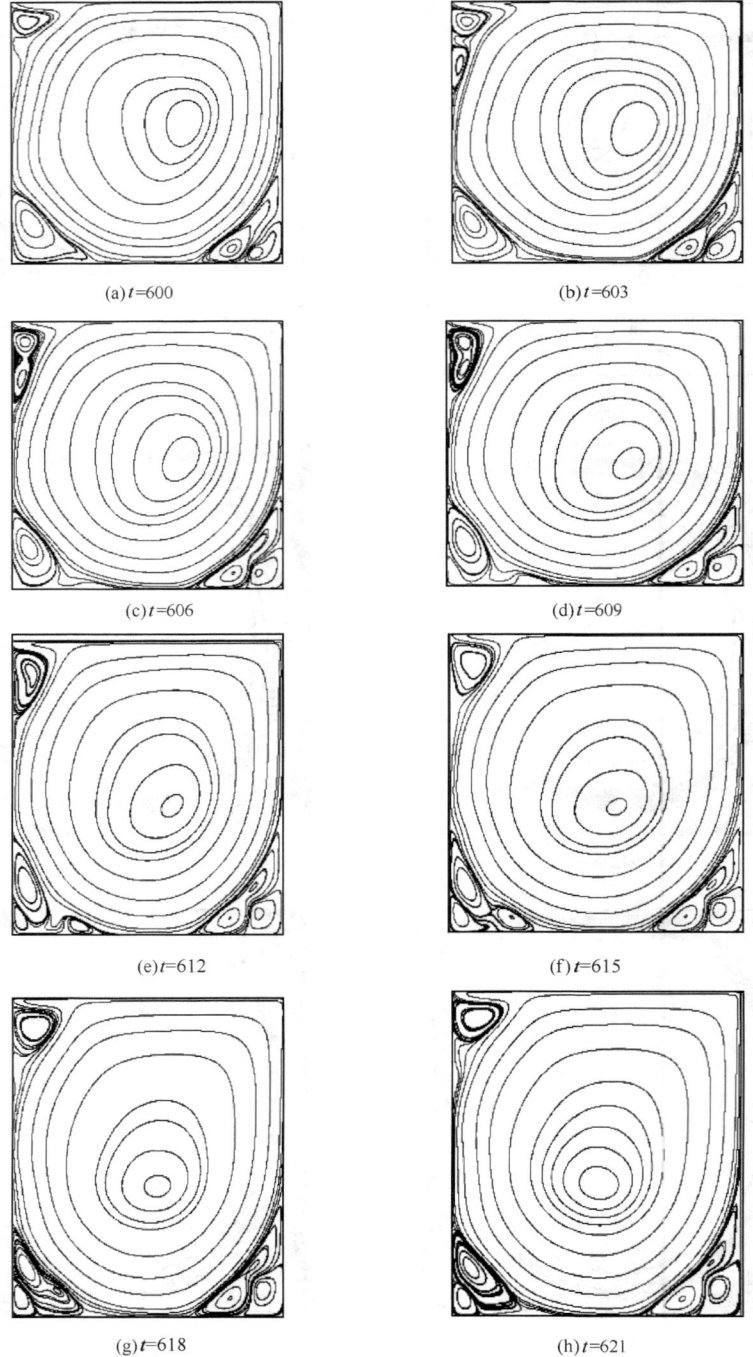

图 7.7 Runge-Kutta 算法数值计算流线随时间的演变规律($Re=10000$)

参考文献

陈才生.2002.数学物理方法.南京:东南大学出版社.
冯唐.1977.数值计算方法.北京:国防工业出版社.
傅德熏,马延文.2002.计算流体力学.北京:高等教育出版社.
李新亮.2000.槽道湍流的直接数值模拟.北京:中国科学院力学所.
李新亮,马延文,傅德熏.2001.不可压 N—S 方程高效算法及二维槽道湍流分析.力学学报,**33**(5):577-577.
梁昆淼.2010.数学物理方法(第四版).北京:高等教育出版社.
刘宏,傅德熏,马延文.1993.迎风紧致格式与驱动方腔流动问题的直接数值模拟.中国科学(A辑),**23**(6):657-665.
陆昌根.1997.近壁湍流单个相干结构的演化及流动稳定性问题中扰动波传播速度的数值模拟.天津:天津大学.
陆昌根,曹卫东,钱建华.2007.N—S 方程数值模拟方法研究及边界层中相干结构的非线性演化.空气动力学报,(9):345-350.
田振夫.1996.求解泊松方程的紧致高阶差分方法.西北大学学报,(2):109-114.
吴望一.1972.流体力学.北京:北京大学出版社.
约翰 D 安德森.2007.计算流体力学基础及其应用.吴颂平,刘赵淼,译.北京:机械工业出版社.
张涵信,无波动.1977.无自由参数的耗散差分格式.空气动力学报,**6**(2):143-165.
张立,唐登斌.2006.近壁剪切流动中湍流斑的非线性演化.中国科学 G 辑,(01):10-16.
周恒,陆昌根.1999.湍流边界层近壁区单个相干结构的模拟.中国科学 A 辑,(4):366-372.
Abdallah S. 1977. Numerical solutions for the incompressible Navier-Stokes equations in primitive variables using a non-staggered grid II. Journal of Computational Physics,(70):193-202.
Blazek J. 2001. Computational fluid dynamics:principles and applications. Elsevier.
Brunean C H,Jouron C. 1990. An efficient scheme for solving steady incompressible Navier-Stokes equations. Journal of Computational Physics,**79**(2):379-413.
Carpenter M H,Gottlieb D,Abarbanel S. 1991. The stability of numerical boundary treatments for compact high-order finite-difference schemes. NASA Contractor Report 177627,ICASE Report No. 91-71.
Carpenter M H,Gottlieb D,Abarbanel S. 1993. Stable and accurate boundary treatments for compact,high-order finite-difference schemes. Applied Numerical Mathematics,(12):55-77.
Chester C R. 1971. Techniques in partial differential equations. McGrall-Hill Book Company.
Chorin A J. 1967. A numerical method for solving incompressible viscous flow problems. Journal of Computational Physics,**2**(1):12-26.
Dennis S C R,Hudson J D. 1979. Compact h^4 finite-difference approximations to operators of Navier-Stokes type. Journal of Computational Physics,(75):390-416.
Fletcher C A J. 1991. Computational techniques for fluid dynamics. Springer.

Fu D X, Ma Y W. 1979. Proceedings, 3th international symposium on CFD. Nagoya. (1): 77-76.

Fu D X, Ma Y W, Liu H. 1993. Proceedings, 5th International symposium on CFD. Sendai. (1): 104.

Gamet L, Ducros F, Nicoud F, et al. 1999. Compact finite difference schemes on non-uniform meshes. Application to direct numerical simulations of compressible flows. International Journal For Numerical Methods in Fluids, (29): 159-191.

Ghia U, Ghia K N, Shin C T. 1972. High-resolutions for incompressible flow using the Navier-Stokes equations and a multigrid method. Journal of Computational Physics, **47**: 377-411.

Grundall M G, Majda A. 1970. Monotone difference approximations for scalar conservation laws. Mathematics of Computation, (34) 149: 1-21.

Gustafsson B, Kreiss H O, Sundstrom A. 1972. Stability theory of difference approximation for mixed initial boundary value problems. Mathematics of Computation, (26): 649-676.

Harlow F H, Welch J. E. 1965. Numerical calculation of time-dependent viscous incompressible flow of fluid with free surface. The Physics of Fluid, **12**(7): 2172-2179.

Harten A. 1973. High resolution schemes for hyperbolic conservation laws. Journal of Computational Physics, (9): 357-393.

Harten A, Hyman J, M, Lax P D. 1976. On finite-difference approximations and entropy conditions for shocks. Communication on Pure and Applied Mathematics, (29): 297-322.

Hellwig G. 1977. Partial differential equations: an introduction. B. G. Teubner, Stuttgart.

Hoffmann K A, Chiang S T. 2000. Computational fluid dynamics Vol. I. Engineering Education System.

Hoffmann K A. 2000. Computational fluid dynamics Vol. III. Engineering Education System,

Jameson A, Schmidt W, Friedrichshafen, et al. 1971. Numerical solution of the Euler equations by finite volume methods using Runge-Kutta time-stepping schemes. AIAA Paper.

Jin G, Braza M. 1993. A nonreflecting outlet boundary condition for incompressible unsteady Navier-Stokes equations calculation. Journal of Computational Physics, (107): 239-253.

Karniadakis G E, Israeli M, Orszag S. A. 1991. High-order splitting methods for the incompressible Navier-Stokes equations. Journal of Computational Physics, (97): 414-443.

Kim J, Moin P, Moser R. 1977. Turbulence statics in fully developed channel flow at low Reynolds number. J Fluid Mech, (177): 133-166.

Kline S L, Reynolds W C, Schraub F H, et al. 1967. The structure of turbulent boundary layers J. Fluid Mech, (30): 741-774.

Lele S K. 1992. Compact finite difference schemes with spectral-like resolution. Journal of computational physics, (103): 16-42.

Lu C G. 2002. Interactive study between identical coherent structures in the wall region of a turbulent boundary layer Journal of Hydrodynamics, Ser. B, **14**(1): 100-105.

Nallasamy M. and Prasad K. K. 1977. On cavity flow at high Reynolds numbers. Journal of Fluid Mechanics, (79): 391-414.

Petrila T, Trif D. 2005. Basics of fluid mechanics and introduction to computational fluid dynamics.

Springer.

Pletcher R H, Tannehill J C, Anderson D A. 2013. Computational fluid mechanics and heat transfer. CRC Press.

Roe L P. 1977. A survey of upwind differencing techniques. Proceedings of the 11th International Conference on Numerical Methods in Fluids Dynamics.

Rai M M, Moin P. 1991. Direct simulations of turbulent flow using finite-difference schemes. Journal of Computational Physics, (96): 15-53.

Reddy S, Papadakis M. 1993. TVD schemes and their relation to artifical dissipation. AIAA paper 93-0070.

Rubin S G, Khosla P K. 1977. Polynomial interpolation methods for viscous flow calculations. Journal of Computational Physics, 24(3): 217-244.

Russel J M, Landahl M T. 1974. The evolution of a flat eddy near a wall in an inviscid shear flow Phys. Fluids, (27)3: 557-563.

Surely P K. 1974. High resolution schemes using flux limiters in hyperbolic conservation laws. SIAM Journal of Numerical Analysis, (21): 995-1011.

Xiong Z, Ling G. 1996. Compact finite difference-Fourier spectral method for the three-dimensional incompressible Navier-Stokes equations. Acta Mechanica Sinica, 12(4): 296-306.

Yang H Q, Przekwas A J. 1992. A comparative study of advanced shock-capturing schemes applied to Burgers equation. Journal of Compuational Physics, (102): 139-159.

Yee H C. 1979. A class of high-resolution explicit and implicit shock-capturing methods. NASA TM-101077.

附　　录

附录 I

FTCS 格式和 Crank-Nicolson 格式求解抛物型方程源程序设计

```
!------------------------------
!   抛物型方程差分格式
!------------------------------
program main
    implicit none
    integer,parameter::ii=40
    real,parameter::alpha=0.000217
    real,parameter::dx=0.001
    real::dt,u(0:ii),time,delta
    real::u0(0:ii)
    integer::i,count
    real::analyze107(0:ii),analyze054(0:ii)
    !------------------------------
    dt=0.002
    call initial()    ! 初始值(边界条件)
    call ana_cal()    ! 解析解赋值
    time=0.0
    count=0
    !==============================
    do while(time<1.07)
        call FTCS(ii,u,delta)    ! 显式中心差分格式
        count=count+1
        time=time+dt    ! 时间累加
        if(mod(time,0.17)<0.001.or.mod(time,0.17)>0.179)then
        ! 输出间隔 0.17 s
            call output()    ! 输出子程序
```

```fortran
                print * ,"output",count,time
            end if
            if(mod(time,0.54)<0.001.or.mod(time,0.54)>0.539)then
                call error054()    ! 误差输出
                print * ,"error054",count,time
            !   stop
            end if
            if(mod(time,1.07)<0.001.or.mod(time,1.07)>1.079)then
                call error107()    ! 误差输出
                print * ,"error107",count,time
            end if
        end do
        ! ==================
    contains
    ! ---------------------
    ! 初始值
    ! ---------------------
        subroutine initial()
            implicit none
            u(0)=40.0
            delta=alpha*dt/dx**2
            print * ,"delta=",delta
            open(10,file="x.txt")
            do i=0,ii
                write(10,"(f9.5)")i*dx
            end do
            close(10)
        end subroutine initial
    ! ---------------------
    ! 解析解赋值
    ! ---------------------
        subroutine ana_cal()
            implicit none
            analyze107=(/40.000,37.523,37.049,35.572,34.123,32.376,&
            &    31.245,29.730,27.436,27.065,25.719,&
```

```
             &  24.399,23.109,21.750,20.623,19.430, &
             &  17.271,17.149,16.062,15.013,14.001, &
             &  13.025,12.077,11.174,10.317,9.475, &
             &  7.676,7.920,7.174,6.477,5.797, &
             &  5.143,4.511,3.900,3.307,2.732, &
             &  2.169,1.617,1.074,0.535,0.000/)
        analyze054=(/40.000,37.917,35.742,33.775,31.755,29.759, &
             &  27.704,25.900,24.051,22.264,20.544, &
             &  17.797,17.324,15.731,14.417,13.076, &
             &  11.737,10.670,9.575,7.570,7.653, &
             &  6.701,6.022,5.312,4.667,4.075, &
             &  3.561,3.090,2.669,2.293,1.957, &
             &  1.660,1.395,1.159,0.947,0.757, &
             &  0.576,0.427,0.279,0.137,0.000/)
    end subroutine ana_cal
!   ——————————————————————
!   输出子程序
!   ——————————————————————
    subroutine output()
        implicit none
        character*6::char_count
        call int_to_char(6,count,char_count)   ! char_count 计算
        open(10,file=char_count//"u.txt")
        do i=0,ii
            write(10,"(f9.5)")u(i)
        end do
        close(10)
    end subroutine output
!   ——————————————————————
!   误差输出 107
!   ——————————————————————
    subroutine error107()
        implicit none
        open(10,file="error107.txt")
        do i=0,ii
```

```fortran
            write(10,"(f9.5)")(u(i)-analyze107(i))/40.0    ! 相对误差
        end do
        close(10)
    end subroutine error107
!   ————————————————————————
!       误差输出 054
!   ————————————————————————
    subroutine error054()
        implicit none
        open(10,file="error054.txt")
        do i=0,ii
            write(10,"(f9.5)")(u(i)-analyze054(i))/40.0    ! 相对误差
        end do
        close(10)
    end subroutine error054
end program main
!   ————————————————————————
!!      显式中心差分格式
!!  ————————————————————————
subroutine FTCS(imax,u,delta)
    implicit none
    integer,intent(in)::imax
    real,intent(in)::delta
    real,intent(inout)::u(0:imax)
    integer::i
!   ————————————————————————
    if(delta>0.5)then
        print * ,"FTCS,warning",delta    ! 不满足稳定性条件
!       pause
    end if
    forall(i=1:imax-1)
        u(i)=u(i)+delta*(u(i+1)-2.0*u(i)+u(i-1))
    end forall
end subroutine FTCS
!   ————————————————————————
```

```fortran
!          Crank-Nicolson 格式
!          无条件稳定
!  ——————————————————————————
      subroutine Crank_Nicolson(imax,u,delta)
          implicit none
          integer,intent(in)::imax
          real,intent(in)::delta
          real,intent(inout)::u(0:imax)
          real::a(1:imax-1),b(1:imax-1),c(1:imax-1),d(1:imax-1)
          integer::i
          a=-delta/2.0
          b=1.0+delta
          c=-delta/2.0
          d=(1.0-delta)*u(1:imax-1)+delta/2.0*(u(0:imax-2)+u(2:&
          & imax))
          d(1)=d(1)-a(1)*u(0)
          d(imax-1)=d(imax-1)-c(imax-1)*u(imax)
!  ——————————————————————————
          call tri(imax,a,b,c,d,u(1:imax-1))
      end subroutine Crank_Nicolson
```

附录 Ⅱ

Gauss-Seidel 格式求解椭圆型方程源程序设计

```fortran
!  ——————————————————————————
!          椭圆型方程差分格式
!  ——————————————————————————
      program main
          implicit none
          integer,parameter::ii=30,jj=40
          real,parameter::dx=0.01,dy=0.01
          real,parameter::pi=3.1415926535797
          real,parameter::TV_limit=0.001
          real::time,beta_x,beta_y,omega
          real::u(0:ii,0:jj),x(0:ii,0:jj),y(0:ii,0:jj),analyze(0:ii,0:jj),temp(0:&
```

```
    &   ii,0:jj)
           integer::i,j,count,onoff,k
    !    ————————————————————
               omega=1.0
               call initial()    ! 初始值(边界条件)
               onoff=0
               count=0
               !   ====================
               do while(count<50000)
                   temp=u
                   call gauss_seidel(ii,jj,beta_x,beta_y,omega,u)   ! 高斯—赛德尔迭代
                   count=count+1
                   call TV_cal(onoff)    ! 总变差计算,满足条件⇒计算输出
                   if(onoff==1)   goto 2000
               end do
               !   ====================
               2000 continue
    !   end do
    contains
    !    ————————————————————
    !       初始值
    !    ————————————————————
           subroutine initial()
               implicit none
               beta_x=dx**2/(dx**2+dy**2)/2.0
               beta_y=dy**2/(dx**2+dy**2)/2.0
               forall(i=0:ii,j=0:jj)
                   x(i,j)=real(i)*dx
                   y(i,j)=real(j)*dy
               end forall
               u=0.0
               u(:,0)=40.0
           end subroutine initial
    !    ————————————————————
    !       解析解
```

```
!------------------------
subroutine analyze_cal()
    implicit none
    integer::m
    real::n,sum_error,sum_analyze
    real::temp(0:ii,0:jj),error(0:ii,0:jj)
    character*4::char_ii
    character*4::char_jj
    call int_to_char(4,ii+1,char_ii)   ! char_ii 计算
    call int_to_char(4,jj+1,char_jj)   ! char_jj 计算
    !------------------------
    temp=0
    analyze=0
    do m=1,20,2
        n=real(m)*pi
        forall(i=1:ii-1,j=1:jj-1)
            temp(i,j)=40.0*2.0*(1.0-cos(n))/n*sinh(n*(0.4-&
&  real(j)*dy)/0.3)/sinh(n*0.4/0.3)*sin(n*dx*real(i)/0.3)
        end forall
        analyze=analyze+temp
    end do
    analyze(:,0)=40.0
    !------------------------
    error=u-analyze
    error(:,0:1)=0
    sum_error=0.0
    do j=1,jj-1
        do i=1,ii-1
            sum_error=sum_error+abs(u(i,j)-analyze(i,j))
        end do
    end do
    sum_analyze=0.0
    do j=1,jj-1
        do i=1,ii-1
            sum_analyze=sum_analyze+abs(analyze(i,j))
```

```
            end do
        end do
        sum_error=sum_error/sum_analyze
        print * ,"sum_error=",sum_error
        print * ,"ERROR output"
        open(11,file="ERROR.txt")   ! 数据文件名
            write(11, * )   'title=T'   ! title
            write(11, * )   'variables="x","y","ERROR"'! variables
            write(11, * )   'zone i='//char_ii//',j='//char_jj//',k=1,f=&
&block'  ! zone
            write(11, * )   x
            write(11, * )   y
            write(11, * )   error
        close(11)
    end subroutine analyze_cal
!   ——————————————————
!       总变差计算
!   ——————————————————
    subroutine TV_cal(onoff)
        implicit none
        real::TV
        integer,intent(inout)::onoff
        onoff=0
        TV=0.0
        do j=1,jj-1
            do i=1,ii-1
                TV=TV+abs(u(i,j)-temp(i,j))
            end do
        end do
        print * ,TV
        if(TV<TV_limit)then
            call output()
            call analyze_cal()
            print * ,count
            onoff=1
```

```
                stop
            end if
        end subroutine TV_cal
!   ——————————————————————
!       输出子程序
!   ——————————————————————
        subroutine output()
            implicit none
            character*6::char_count
            character*4::char_ii
            character*4::char_jj
            call int_to_char(6,count,char_count)    ! char_count 计算
            call int_to_char(4,ii+1,char_ii)    ! char_ii 计算
            call int_to_char(4,jj+1,char_jj)    ! char_jj 计算
            open(10,file="data.txt")    ! 数据文件名
                write(10,*)  'title=T'   ! title
                write(10,*)  'variables="x","y","T" '! variables
                write(10,*)  'zone i='//char_ii//',j='//char_jj//',k=1,f=&
& block'   ! zone
                write(10,*)  x
                write(10,*)  y
                write(10,*)  u
            close(10)
        end subroutine output
    end program main
!   ——————————————————————
!       高斯—赛德尔迭代
!   ——————————————————————
        subroutine gauss_seidel(imax,jmax,beta_x,beta_y,omega,u)
            implicit none
            integer,intent(in)::imax,jmax
            real,intent(in)::beta_x,beta_y,omega
            real,intent(inout)::u(0:imax,0:jmax)
            integer::i,j
            do j=1,jmax-1
```

```fortran
            do i=1,imax-1
                u(i,j)=u(i,j)+omega*(beta_y*(u(i+1,j)+u(i-1,j))&
&+beta_x*(u(i,j+1)+u(i,j-1))-u(i,j))
            end do
        end do
    end subroutine gauss_seidel
```

附录 Ⅲ

一阶迎风格式求解线性双曲型方程源程序设计

```fortran
!   ————————————————————————
!   抛物型方程差分格式
!   ————————————————————————
program main
    implicit none
    integer,parameter::ii=70
    real,parameter::a=250,pi=3.1415926535797
    real,parameter::dx=5.0
    real::u(0:ii),time,cfl,analyze(0:ii),dt,temp(0:ii)
    real::u0(0:ii)
    integer::i,count
    dt=0.005
!   ————————————————————————
    call initial()    ! 初始值(边界条件)
    time=0.0
    count=0
    u0=u
!   ====================
    do while(time<0.5)
        temp=u
        call upwind(ii,cfl,u)
        u0=temp
        count=count+1
        time=time+dt    ! 时间累加
        call boundary()
```

```
!           if(mod(count,5)==0)call output
        end do
    !   ===================
        call analyze_cal()
        call output()
contains
!   ------------------------
!       初始值
!   ------------------------
    subroutine initial()
        implicit none
        forall(i=0:ii)
            u(i)=100.0*cos(pi*real(i)*dx/60.0)    ! 初始场
        end forall
        cfl=a*dt/dx
        print *,"cfl=",cfl
        open(10,file="x.txt")
        do i=0,ii
            write(10,"(f9.5)")i*dx
        end do
        close(10)
    end subroutine initial
!   ------------------------
!       边界条件
!   ------------------------
    subroutine boundary()
        implicit none
        u(0)=100.0*cos(-pi*a*time/60.0)
        u(ii)=2.0*u(ii-1)-u(ii-2)
    end subroutine boundary
!   ------------------------
!       输出子程序
!   ------------------------
    subroutine output()
        implicit none
```

```fortran
            character*6::char_count
            call int_to_char(6,count,char_count)    ! char_count 计算
            open(10,file=char_count//"result.txt")
            do i=0,ii
                write(10,"(f10.5)")u(i)
            end do
            close(10)
            open(10,file=char_count//"ERROR.txt")
            do i=0,ii
                write(10,"(f10.5)")(u(i)-analyze(i))/100.0
            end do
            close(10)
        end subroutine output
!———————————————————————
!       输出子程序
!———————————————————————
        subroutine analyze_cal()
            implicit none
            forall(i=0:ii)
                analyze(i)=100.0*cos(pi*(real(i)*dx-a*time)/60.0)
!   初始场
            end forall
            open(10,file="analyze.txt")
            do i=0,ii
                write(10,"(f10.5)")analyze(i)
            end do
            close(10)
        end subroutine analyze_cal
    end program main
!   ***********************************************
!———————————————————————
!       一阶显式迎风格式
!———————————————————————
    subroutine upwind(imax,cfl,u)
```

```
    implicit none
    integer,intent(in)::imax
    real,intent(in)::cfl
    real,intent(inout)::u(0:imax)
    integer::i
    forall(i=1:imax-1)
        u(i)=u(i)-cfl*(u(i)-u(i-1))
    end forall
end subroutine upwind
```

附录 Ⅳ

一阶迎风格式求解非线性双曲型方程源程序设计

```
!------------------------------
!       双曲型方程差分格式
!------------------------------
program main
    implicit none
    integer,parameter::ii=40
    real,parameter::pi=3.1415926535797
    real,parameter::dx=0.1
    real::u(0:ii),time,c,dt,E(0:ii),epi
    integer::i,count
    dt=0.01
    epi=0.1
!------------------------------
    call initial()    ! 初始值(边界条件)
    time=0.0
    count=0
    call output()
!   ==========================
    do while(time<1.7)
        call E_cal(ii,u,E)
        call upwind(ii,c,E,u)
        count=count+1
```

```
            time=time+dt    ! 时间累加
            if(mod(time,0.6)<0.0001.or.mod(time,0.6)>0.5999)call output
        end do
        !  ==================
        call output()
    contains
    !  ————————————————————
    !       初始值
    !  ————————————————————
        subroutine initial()
            implicit none
            u(0:ii/2)=1.0
            c=dt/dx
            open(10,file="x.txt")
            do i=0,ii
                write(10,"(f9.5)")i*dx
            end do
            close(10)
        end subroutine initial
    !  ————————————————————
    !       输出子程序
    !  ————————————————————
        subroutine output()
            implicit none
            character*6::char_count
            call int_to_char(6,count,char_count)    ! char_count 计算
            open(10,file=char_count//"result.txt")
            do i=0,ii
                write(10,"(f10.5)")u(i)
            end do
            close(10)
        end subroutine output
end program main
!    * * * * * * * * * * * * * * * * * * * * * * * * * * * *
!  ————————————————————
```

```fortran
        subroutine E_cal(imax,u,E)
            implicit none
            integer,intent(in)::imax
            real,intent(inout)::E(0:imax)
            real,intent(in)::u(0:imax)
            E=u**2/2.0
        end subroutine E_cal
!       --------------------------------
!           upwind
!       --------------------------------
        subroutine upwind(imax,c,E,u)
            implicit none
            integer,intent(in)::imax
            real,intent(in)::c,E(0:imax)
            real,intent(inout)::u(0:imax)
            integer::i
            forall(i=1:imax-1)
                u(i)=u(i)-c*(E(i)-E(i-1))
            end forall
        end subroutine upwind
```

附录 V

Harten-Yee 迎风 TVD 格式求解非线性双曲型方程源程序设计

```fortran
!       --------------------------------
!           双曲型方程差分格式
!       --------------------------------
        program main
            implicit none
            integer,parameter::ii=40
            real,parameter::pi=3.1415926535797
            real,parameter::dx=0.1
            real::u(0:ii),time,c,dt,E(0:ii),epi
            integer::i,count
            dt=0.01
```

```
        epi=0.1
!       ———————————————————————————
        call initial()    ! 初始值(边界条件)
        time=0.0
        count=0
        call output()
!       ==========================
        do while(time<1.7)
            call E_cal(ii,u,E)
            call Harten_Yee_TVD(ii,c,E,u)
            count=count+1
            time=time+dt    ! 时间累加
            if(mod(time,0.6)<0.0001.or.mod(time,0.6)>0.5999)call output
        end do
!       ==========================
        call output()
contains
!       ———————————————————————————
!           初始值
!       ———————————————————————————
        subroutine initial()
            implicit none
            u(0:ii/2)=1.0
            c=dt/dx
            open(10,file="x.txt")
            do i=0,ii
                write(10,"(f9.5)")i*dx
            end do
            close(10)
        end subroutine initial
!       ———————————————————————————
!           输出子程序
!       ———————————————————————————
        subroutine output()
            implicit none
```

```fortran
            character*6::char_count
            call int_to_char(6,count,char_count)   ! char_count 计算
            open(10,file=char_count//"result.txt")
            do i=0,ii
                write(10,"(f10.5)")u(i)
            end do
            close(10)
        end subroutine output
    end program main
!   * * * * * * * * * * * * * * * * * * * * * * * * * * * * *
!   ---------------------------------------------------------
    subroutine E_cal(imax,u,E)
        implicit none
        integer,intent(in)::imax
        real,intent(inout)::E(0:imax)
        real,intent(in)::u(0:imax)
        E=u**2/2.0
    end subroutine E_cal
!   ---------------------------------------------------------
!               Harten_Yee_TVD
!   ---------------------------------------------------------
    subroutine Harten_Yee_TVD(imax,c,E,u)
        implicit none
        integer,intent(in)::imax
        real,intent(in)::c,E(0:imax)
        real,intent(inout)::u(0:imax)
        real::alpha1(1:imax-1),alpha2(1:imax-1),beta1(1:imax-1),&
&           beta2(1:imax-1)
        real::G(0:imax),delta1(1:imax-1),delta2(1:imax-1),&
&           dec1(1:imax-1),dec2(1:imax-1)
        real::phi1(1:imax-1),phi2(1:imax-1)
        integer::i
        forall(i=1:imax-1)
            delta1(i)=u(i+1)-u(i)
            delta2(i)=u(i)-u(i-1)
```

```
        end forall
        forall(i=1:imax-1)
            alpha1(i)=(u(i)+u(i+1))/2.0
            alpha2(i)=(u(i)+u(i-1))/2.0
        end forall
        call G_cal()
        call Beta_cal()
        call fun(imax-2,alpha1+beta1,dec1)
        call fun(imax-2,alpha2+beta2,dec2)
        call phi_cal()    ! 通量限制函数
        forall(i=1:imax-1)
            u(i)=u(i)-c/2.0*(E(i+1)-E(i-1))   &
            &   -c/2.0*(phi1(i)-phi2(i))
        end forall
    contains
    ! ===============================
    subroutine G_cal()
        implicit none
        G=0.0
        forall(i=1:imax-1,delta1(i)*delta2(i)>0)
            G(i)=sign(1.0,delta1(i))*min(abs(delta1(i)),abs(delta2(i)))
        end forall
    end subroutine G_cal
    ! ===============================
    subroutine Beta_cal()
        implicit none
        forall(i=1:imax-1)
            beta1(i)=(G(i+1)-G(i))/delta1(i)
            beta2(i)=(G(i)-G(i-1))/delta2(i)
        end forall
        forall(i=1:imax-1,delta1(i)==0.0)
            beta1(i)=0.0
        end forall
        forall(i=1:imax-1,delta2(i)==0.0)
            beta2(i)=0.0
```

```
        end forall
    end subroutine Beta_cal
!================================
    subroutine fun(ii,x,y)
        implicit none
        integer,intent(in)::ii
        real,intent(in)::x(0:ii)
        real,intent(out)::y(0:ii)
        real::epi
        integer::i
        epi=0.1
        y=abs(x)
        forall(i=0:ii,abs(x(i))<epi)
            y(i)=(x(i)**2+epi**2)/2.0/epi
        end forall
    end subroutine fun
!================================
    subroutine phi_cal()
        implicit none
        forall(i=1:imax-1)
            phi1(i)=(G(i+1)+G(i))-dec1(i)*delta1(i)
            phi2(i)=(G(i)+G(i-1))-dec2(i)*delta2(i)
        end forall
    end subroutine phi_cal
end subroutine Harten_Yee_TVD
```

附录 Ⅵ

附录Ⅰ～Ⅴ程序所用到的通用子程序

```
!  ##############################
!  #   Tri   三对角矩阵求解器    #
!  ##############################
subroutine tri(ii,a,b,c,d,f)
    implicit none
    integer,intent(in)::ii
```

```
    real,intent(in)::a(1:ii-1),b(1:ii-1),c(1:ii-1),d(1:ii-1)
    real,intent(out)::f(1:ii-1)
    real::b2(1:ii-1),d2(1:ii-1)
    integer::i
    b2(1)=b(1)
    d2(1)=d(1)
        do i=2,ii-1
        b2(i)=b(i)-c(i-1)*a(i)/b2(i-1)    ！化为上二对角矩阵
        d2(i)=d(i)-d2(i-1)*a(i)/b2(i-1)
    end do
    call up_bi(ii,b2,c,d2,f)   ！求解上二对角矩阵
end subroutine tri
!  ###########################
!  #   Upper_Bi   上二对角矩阵求解器    #
!  ###########################
subroutine up_bi(ii,a,b,d,f)
    implicit none
    integer,intent(in)::ii
    real,intent(in)::a(1:ii-1),b(1:ii-1),d(1:ii-1)   ！a 为主对角线
    real,intent(out)::f(1:ii-1)
    integer::i
    f(ii-1)=d(ii-1)/a(ii-1)
    do i=ii-2,1,-1
        f(i)=(d(i)-b(i)*f(i+1))/a(i)
    end do
end subroutine up_bi
!  ————————————————————————
!     整形数字符转换程序
!  ————————————————————————
subroutine int_to_char(char_len,int,chara)
    implicit none
    integer,intent(in)::char_len,int
    character,intent(out)::chara(1:char_len)
    integer::i,k
    k=int
```

```fortran
        do i=char_len,1,-1
            chara(i:i)=char(mod(k,10)+ichar('0'))
            k=k/10
        end do
    end subroutine int_to_char
```

附录 Ⅶ

经典有限差分格式计算不可压二维 Navier-Stokes 方程源程序设计

```fortran
module deriv_use
    implicit none
contains
    subroutine upwind_line(ii,h,f,u,f1)
        implicit none
        integer,intent(in)::ii
        real*8,dimension(0:ii),intent(in)::h,f,u
        real*8,dimension(0:ii),intent(out)::f1
        call upwind_1(ii,h,f,u,f1)    ! 显式一阶迎风
    end subroutine upwind_line

    subroutine first_line(ii,h,f,f1)
        implicit none
        integer,intent(in)::ii
        real*8,dimension(0:ii),intent(in)::h,f
        real*8,dimension(0:ii),intent(out)::f1

        call first_cs(ii,h,f,f1)
    end subroutine first_line

    subroutine second_line(ii,h,f,f2)
        implicit none
        integer,intent(in)::ii
        real*8,dimension(0:ii),intent(in)::h,f
        real*8,dimension(0:ii),intent(out)::f2
        call second_cs(ii,h,f,f2)
```

```fortran
        end subroutine second_line
    end module


module global_use
    use deriv_use
    implicit none
    ! ——————全局常数声明——————
    integer,parameter::imax=128,jmax=128    ! 网格数
    real*8,parameter::dx=1.0/128.0,dy=1.0/128.0    ! 网格间距
    real*8,parameter::dt=0.001    ! 时间步长
    real*8,parameter::Re=100.0    ! 雷诺数
    integer,parameter::count_uplimit=100000    ! 时间积分上限
    integer,parameter::is_uplimit   =10000    ! 迭代次数上限

    real*8,parameter::omega=1.0d0    ! 松弛因子 omega

    real*8,parameter::max_dp_uplimit   =1.0d-4    ! 压力修正系数
    real*8,parameter::max_duv_uplimit  =1.0d-4    ! 收敛判据
    integer,parameter::output_inteval  =1000    ! 输出间隔
    ! ——————公共变量声明——————
    real*8::x(0:imax),y(0:jmax)    ! 网格 x,y 坐标
    real*8,dimension(0:imax,0:jmax)::u,v,p    ! 速度,压力 u,v,p
    real*8,dimension(0:imax,0:jmax)::Div    ! 散度
    real*8,dimension(0:imax,0:jmax)::error    ! 误差
    integer::i,j,k    ! 整型变量声明
    real*8,dimension(0:imax,0:jmax)::pdx,pdy,x_vis,y_vis,x_conv,&
&   y_conv,x_comp,y_comp
    contains
    !        散度计算
    subroutine div_cal()
        implicit none
        real*8,dimension(0:imax,0:jmax)::udx,vdy
        call first(1,u,udx)    ! udx
        call first(2,v,vdy)    ! vdy
        div=udx+vdy
```

```
        end subroutine div_cal

    subroutine div_max()
        implicit none
        real*8::max_div_inner,max_div_bound
        max_div_inner=0.0
        do j=1,jmax-1
            do i=1,imax-1
                max_div_inner=max(abs(div(i,j)),max_div_inner)
            end do
        end do
        do j=0,jmax
            max_div_bound=max(abs(div(   0,j)),max_div_bound)   ！西边界
            max_div_bound=max(abs(div(imax,j)),max_div_bound)   ！东边界
        end do
        do i=0,imax
            max_div_bound=max(abs(div(i,   0)),max_div_bound)   ！南边界
            max_div_bound=max(abs(div(i,jmax)),max_div_bound)   ！北边界
        end do
        print *,"max_Div_inner=",max_div_inner,"max_Div_bound=",&
& max_div_bound
    end subroutine div_max
!       迎风导数计算    direction=1,X方向;direction=2,Y方向
    subroutine upwind(direction,f,f1)
        implicit none
        integer,intent(in)::direction
        real*8,dimension(0:imax,0:jmax),intent(in)::f
        real*8,dimension(0:imax,0:jmax),intent(out)::f1
        select case(direction)
!           ##   direction=1,X方向,imax,dx
            case(1)
                do j=0,jmax
                    call upwind_line(imax,dx,f(:,j),u(:,j),f1(:,j))
                end do
!           ##   direction=2,Y方向,jmax,dy
```

```fortran
            case(2)
                do i=0,imax
                    call upwind_line(jmax,dy,f(i,:),v(i,:),f1(i,:))
                end do
            case default
                print * ,"upwind error!"
                stop
        end select
    end subroutine upwind
!       一阶导数计算    direction=1,X 方向;direction=2,Y 方向
    subroutine first(direction,f,f1)
        implicit none
        integer,intent(in)::direction
        real*8,dimension(0:imax,0:jmax),intent(in)::f
        real*8,dimension(0:imax,0:jmax),intent(out)::f1
        select case(direction)
!           ##   direction=1,X 方向,imax,dx
            case(1)
                do j=0,jmax
                    call first_line(imax,dx,f(:,j),f1(:,j))
                end do
!           ##   direction=2,Y 方向,jmax,dy
            case(2)
                do i=0,imax
                    call first_line(jmax,dy,f(i,:),f1(i,:))
                end do
            case default
                print * ,"first error!"
                stop
        end select
    end subroutine first
!       二阶导数计算    direction=1,X 方向;direction=2,Y 方向
    subroutine second(direction,f,f2)
        implicit none
        integer,intent(in)::direction
```

```fortran
        real*8,dimension(0:imax,0:jmax),intent(in)::f
        real*8,dimension(0:imax,0:jmax),intent(out)::f2
        select case(direction)
!           ##   direction=1,X方向,imax,dx
        case(1)
            do j=0,jmax
                call second_line(imax,dx,f(:,j),f2(:,j))
            end do
!           ##   direction=2,Y方向,jmax,dy
        case(2)
            do i=0,imax
                call second_line(jmax,dy,f(i,:),f2(i,:))
            end do
        case default
            print *,"second error!"
            stop
        end select
    end subroutine second
!       整形数字符转换程序
    subroutine int_to_char(char_len,int,chara)
        implicit none
        integer,intent(in)::char_len,int
        character,intent(out)::chara(1:char_len)
        integer::i,k
        k=int
        do i=char_len,1,-1
            chara(i:i)=char(mod(k,10)+ichar('0'))
            k=k/10
        end do
    end subroutine int_to_char
end module global_use
!       N—S方程求解模块   subs_use
module subs_use
    use global_use
    implicit none
```

contains
!   压力梯度计算
    subroutine pdxy_cal()
        implicit none
        call first(1,p,pdx)
        call first(2,p,pdy)
    end subroutine pdxy_cal
!   黏性项计算
    subroutine vis_cal()
        implicit none
        real * 8,dimension(0:imax,0:jmax)::udxx,udyy,vdxx,vdyy
        call second(1,u,udxx)
        call second(2,u,udyy)
        x_vis=(udxx+udyy)/Re   ! X方向黏性计算
        call second(1,v,vdxx)
        call second(2,v,vdyy)
        y_vis=(vdxx+vdyy)/Re   ! Y方向黏性计算
    end subroutine vis_cal
!   对流项非守恒格式
    subroutine conv_cal()
        implicit none
        real * 8,dimension(0:imax,0:jmax)::udx,udy,vdx,vdy
        call upwind(2,u,udy)
        x_conv=u*udx+v*udy   ! X方向对流项计算
        call upwind(1,v,vdx)
        y_conv=u*vdx+v*vdy   ! Y方向对流项计算
    end subroutine conv_cal
!   复合项计算
    subroutine comp_cal()
        implicit none
        call vis_cal()
        call conv_cal()
        x_comp=x_vis-x_conv
        y_comp=y_vis-y_conv
    end subroutine comp_cal

end module subs_use
!   泊松方程求解器
subroutine compact_iterative(ii,jj,dx,dy,omega,R,f1)
    implicit none
    integer,intent(in)::ii,jj
    real*8,intent(in)::dx,dy,omega
    real*8,intent(in)::R(0:ii,0:jj)
    real*8,intent(inout)::f1(0:ii,0:jj)
    real*8::f(-1:ii+1,-1:jj+1)   !（包含镜像点）矩阵
    real*8::delta_Gauss   ！迭代系数
    integer::i,j
    delta_Gauss=2.0*((dx**2)+(dy**2))/((dx**2)*(dy**2))
    f(0:ii,0:jj)=f1
    f(:,-1)=f(:,1)   ！镜像点赋值（物面第二类条件） 南边界
    f(:,jj+1)=f(:,jj-1)   ！镜像点赋值（物面第二类条件） 北边界
    f(-1,:)=f(1,:)   ！镜像点赋值（物面第二类条件） 西边界
    f(ii+1,:)=f(ii-1,:)   ！镜像点赋值（物面第二类条件） 东边界
    j=0
    do i=1,ii-1
        call Gauss_Seidel_cal()   ！镜像法边界点压力求解（南边界）
    end do
    do j=1,jj-1
        i=0
        call Gauss_Seidel_cal()   ！镜像法边界点压力求解（西边界）
        do i=1,ii-1
            call Gauss_Seidel_cal()
        end do
        i=ii
        call Gauss_Seidel_cal()   ！镜像法边界点压力求解（东边界）
    end do
    j=jj
    do i=1,ii-1
        call Gauss_Seidel_cal()   ！镜像法边界点压力求解（北边界）
    end do
    f1=f(0:ii,0:jj)

contains
!   高斯—塞德尔点迭代
    subroutine Gauss_Seidel_cal()
        implicit none
        real*8::temp_f
            temp_f=(f(i+1,j)+f(i-1,j))/(dx**2)+(f(i,j-1)+&
& f(i,j-1))/(dy**2)-R(i,j)
        temp_f=temp_f/delta_Gauss
            f(i,j)=f(i,j)+(temp_f-f(i,j))*omega
    end subroutine Gauss_Seidel_cal
end subroutine compact_iterative

subroutine first_cs(ii,h,f,f1)   ! 一阶导数,中心差分
    implicit none
    integer,intent(in)::ii
    real*8,intent(in)::h,f(0:ii)
    real*8,intent(out)::f1(0:ii)
    f1(0)=(f(1)-f(0))/h
    f1(ii)=-(f(ii-1)-f(ii))/h
    f1(1:ii-1)=(f(2:ii)-f(0:ii-2))/(2.0*h)
end subroutine first_cs

subroutine second_cs(ii,h,f,f2)   ! 二阶导数,中心差分
    implicit none
    integer,intent(in)::ii
    real*8,intent(in)::h,f(0:ii)
    real*8,intent(out)::f2(0:ii)
    f2(0)=(f(0)-2.0*f(1)+f(2))/(h**2)
    f2(ii)=(f(ii)-2.0*f(ii-1)+f(ii-2))/(h**2)
    f2(1:ii-1)=(f(2:ii)-2.0*f(1:ii-1)+f(0:ii-2))/(h**2)
end subroutine second_cs

subroutine upwind_1(ii,h,f,u,f1)   ! 显式一阶迎风
    integer,intent(in)::ii
    real*8,intent(in)::h,f(0:ii),u(0:ii)

```fortran
    real*8,intent(out)::f1(0:ii)
    f1(0)=(f(1)-f(0))/h
    f1(ii)=-(f(ii-1)-f(ii))/h
    where(u(1:ii-1)>0.0)
        f1(1:ii-1)=(f(1:ii-1)-f(0:ii-2))/h
    elsewhere(u(1:ii-1)<0.0)
        f1(1:ii-1)=-(f(1:ii-1)-f(2:ii))/h
    elsewhere(u(1:ii-1)==0.0)
        f1(1:ii-1)=(f(2:ii)-f(0:ii-2))/(2.0*h)
    end where
end subroutine upwind_1


!      主程序     main
program main
    use global_use
    implicit none
    real::time,cpu_time_start,cpu_time_now
    integer::count
    call cpu_time(cpu_time_start)    ! CPU 计时开始
    time=0.0
    count=0   ! 中继计算时需调整计算次数 count
    call initial()   ! 初始条件及网格划分
    ! call read_2D_data()   ! 读取中断前数据,用于中继计算
    call output_2D_data()   ! 输出初始场
!   ——————————————————————时间推进循环————
    do while(count<count_uplimit)   ! 时间积分上限 count_uplimit
        call Runge_Kutta()    ! 动量方程 Runge-Kutta 时间积分
        call Pressure_Solve()   ! 压力泊松方程求解压力场
        time=time+dt
        count=count+1
        print *,"SIM time=",time,"   count=",count   ! 屏幕输出
        if(mod(count,output_inteval)==0)then
            print *,"====>Output Data..."
            call output_2D_data()   ! 输出数据,数据输出间隔 output_inteval
        end if
```

```fortran
            call cpu_time(cpu_time_now)
            call cpu_time_convert()
        end do
!       ------------------------------------------------

        stop
    contains
!       网格划分
        subroutine initial()
            implicit none
            print * ,"setgrid"
            do i=0,imax
                x(i)=real(i)*dx
            end do

            do j=0,jmax
                y(j)=real(j)*dy
            end do
            print * ,"initial"
            u=0.0
            v=0.0
            p=0.0
        end subroutine initial
!       二维数据输出
        subroutine output_2D_data()
            implicit none
            character*6::char_count
            character*4::char_imax,char_jmax
            call int_to_char(6,count,char_count)     ! char_count 计算
            call int_to_char(4,imax+1,char_imax)     ! char_imax 计算
            call int_to_char(4,jmax+1,char_jmax)     ! char_jmax 计算
            open(10,file= "result"//char_count//".plt" )   ! 读取中断前数
据,数据文件名
                write(10,*) 'title="count='//char_count//'"'   ! title
                write(10,*) 'variables="x","y","u","v","p"'    ! variables
```

```fortran
            write(10,*)   'zone i='//char_imax//',j='//char_jmax//',k=&
&  1,f=block'   ! zone
            write(10,*)   ((x(i),i=0,imax),j=0,jmax)   ! 输出 x 坐标
            write(10,*)   ((y(j),i=0,imax),j=0,jmax)   ! 输出 y 坐标
            write(10,*)   u
            write(10,*)   v
            write(10,*)   p
        close(10)
    end subroutine output_2D_data
!           中继计算,二维数据读取
    subroutine read_2D_data()   ! 读取中断前数据
        implicit none
        real*8,dimension(0:imax,0:jmax)::xx,yy
        open(10,file="result010000.plt")
            read(10,*)   ! title
            read(10,*)   ! variables
            read(10,*)   ! zone
            read(10,*)   xx
            read(10,*)   yy
            read(10,*)   u
            read(10,*)   v
            read(10,*)   p
        close(10)
    end subroutine read_2D_data
!           CPU 时间显示
    subroutine cpu_time_convert()
        implicit none
        integer::cpu_time,cpu_time_sec,cpu_time_min,cpu_time_hour
        cpu_time=cpu_time_now-cpu_time_start
        cpu_time_sec=mod(cpu_time,60)
        cpu_time_min=mod(cpu_time/60,60)
        cpu_time_hour=cpu_time/3600
        write(*,"('CPU time=',i6,':',i2,':',i2)") cpu_time_hour,cpu_time_min,cpu_time_sec
    end subroutine cpu_time_convert
```

end program main
!   压力泊松方程求解子程序
subroutine Pressure_Solve()
    use subs_use
    implicit none
    real*8,dimension(0:imax,0:jmax)::x_comp_dx,y_comp_dy,RHS,p1
    real*8::max_dp   ! 最大压力变化
    integer::is   ! 记录迭代次数
!   ————————泊松方程源项（右项）计算————————
    call comp_cal()   ! 复合项计算   x_comp,y_comp,z_comp
    call comp_deriv_cal()   ! 求解复合项导数   x_comp_dx,y_comp_dy,z_
! comp_dz
    call div_cal()   ! 求解散度   div
    call div_max()
    RHS=x_comp_dx+y_comp_dy+div/dt
    is=0
    max_dp=0.1

    do while(max_dp>max_dp_uplimit.and.is<is_uplimit)   ! 迭代结束条
! 件设定
        p1=p   ! 储存迭代初始压力值
        call compact_iterative(imax,jmax,dx,dy,omega,RHS,p)   ! 松弛因
! 子 omega
        call p_boundary()   ! 压力边界条件
        call max_dp_cal()   ! 全场压力变差绝对值累加计算
        is=is+1
    end do
    print *,"total is=",is
    return
contains
!   复合项导数计算
    subroutine comp_deriv_cal()   ! x_comp,y_comp=>x_comp_dx,y_
! comp_dy
        implicit none
        call first(1,x_comp,x_comp_dx)   ! x_comp_dx

```fortran
            call first(2,y_comp,y_comp_dy)   ! y_comp_dy
        end subroutine comp_deriv_cal
!       压力变差最大值(绝对值)
        subroutine max_dp_cal()
            implicit none
            max_dp=0.0
            do j=1,jmax-1
                do i=1,imax-1
                    max_dp=max(max_dp,abs((p(i,j)-p1(i,j))/p1(i,j)))
                end do
            end do
        end subroutine max_dp_cal
!       压力边界
        subroutine p_boundary()
            p(0,0)=p(0,1)+p(1,0)-p(1,1)
            p(imax,0)=p(imax,1)+p(imax-1,0)-p(imax-1,1)
            p(0,jmax)=0.0   ! 西北角
            p(imax,jmax)=p(imax-1,jmax)+p(imax,jmax-1)-p(imax-1,&
&  jmax-1)
        end subroutine p_boundary
    end subroutine Pressure_Solve
!           动量方程求解子程序    Runge_Kutta
    subroutine Runge_Kutta()
        use subs_use
        implicit none
        real*8,dimension(0:imax,0:jmax)::u1,v1,resi_x,resi_y   !
        u1=u
        v1=v
        call resi_cal()
        u=u1+dt*resi_x/4.0
        v=v1+dt*resi_y/4.0
        call uv_boundary()
        call resi_cal()
        u=u1+dt*resi_x/3.0
        v=v1+dt*resi_y/3.0
```

```
        call uv_boundary()
        call resi_cal()
        u=u1+dt*resi_x/2.0
        v=v1+dt*resi_y/2.0
        call uv_boundary()

        call resi_cal()
        u=u1+dt*resi_x
        v=v1+dt*resi_y
        call uv_boundary()
        call convergence_judge()    ! 收敛判据
        return
    contains
    !       内点残值计算    N-S方程内点推进
        subroutine resi_cal()
            implicit none
            call comp_cal()    ! 复合项计算    x_comp,y_comp
            call pdxy_cal()    ! 压力梯度计算    pdx,pdy
            resi_x=x_comp-pdx
            resi_y=y_comp-pdy
        end subroutine resi_cal

        subroutine outflow_resi_cal()
            implicit none
            real*8,dimension(0:jmax)::outlet_speed,udyy(0:jmax),&
& vdyy(0:jmax)    ! 出流传播速度
            outlet_speed=(u(imax,:)+u(imax-1,:))/2.0    ! 平均出流速度
            call second_line(jmax,dy,u(imax,:),udyy)
            call second_line(jmax,dy,v(imax,:),vdyy)
            resi_x(imax,:)=(-3.0*u(imax,:)+4.0*u(imax-1,:)-&
& u(imax-2,:))/(2.0*dx)*outlet_speed
            resi_y(imax,:)=(-3.0*v(imax,:)+4.0*v(imax-1,:)-&
& v(imax-2,:))/(2.0*dx)*outlet_speed
        end subroutine outflow_resi_cal
    !       收敛判据
```

```fortran
    subroutine convergence_judge()
        implicit none
        real*8::max_duv
        max_duv=0.0
        do j=0,jmax
            do i=0,imax
                max_duv=max(max_duv,sqrt((u(i,j)-u1(i,j))**2+&
&  (v(i,j)-v1(i,j))**2))
            end do
        end do
        if(max_duv<max_duv_uplimit)pause
    end subroutine convergence_judge
!       速度边界条件
    subroutine uv_boundary()
        implicit none
        u(0,:)=0.0
        v(0,:)=0.0
        u(imax,:)=0.0
        v(imax,:)=0.0
        u(:,0)=0.0
        v(:,0)=0.0
        u(:,jmax)=1.0
        v(:,jmax)=0.0
    end subroutine uv_boundary
end subroutine Runge_Kutta
```